Technische Zuverlässigkeit

Problematik · Mathematische Grundlagen
Untersuchungsmethoden · Anwendungen

Herausgegeben von der
Messerschmitt-Bölkow-Blohm GmbH, München

Dritte, neubearbeitete und erweiterte Auflage

Mit 89 Abbildungen

Springer-Verlag Berlin Heidelberg New York
London Paris Tokyo 1986

Bearbeitet von:

Peter Bitter · Dr. Helmut Groß · Harald Hillebrand · Dr. Ernst Trötsch · Artfried Weihe
Messerschmitt-Bölkow-Blohm GmbH, München

unter Mitwirkung von

Franz J. Wittmann, Rechtsanwalt, München

ISBN 978-3-540-16705-1   ISBN 978-3-642-88364-4 (eBook)
DOI 10.1007/978-3-642-88364-4

CIP-Kurztitelaufnahme der Deutschen Bibliothek. Technische Zuverlässigkeit: Problematik, math. Grund-
lagen, Untersuchungsmethoden, Anwendungen / hrsg. von d. Messerschmitt-Bölkow-Blohm GmbH,
München. (Bearb. von Peter Bitter... unter Mitw. von Franz J. Wittmann). – 3., neubearb. u. erw. Aufl. – Berlin;
Heidelberg; New York; Tokyo · Springer, 1986.
ISBN 978-3-540-16705-1

NE: Bitter, Peter (Mitverf.); Messerschmitt-Bölkow-Blohm GmbH, Ottobrunn.

2362/3020 543210

Vorwort zur dritten Auflage

In den etwa eineinhalb Jahrzehnten seit dem Erscheinen der 1. Auflage
dieses Buchs hat das Interesse der Fachwelt nicht spürbar nachgelassen.
Dies mag einerseits als Bestätigung des zugrundeliegenden Konzepts einer Mischung aus abstrakter Wissenschaftlichkeit und Allgemeinverständ-
lichkeit aufgefaßt werden; andererseits kann es aber auch als Hinweis auf
die wachsende Bedeutung und zunehmende Anerkennung der Zuverlässigkeitsarbeit nicht allein in der technischen Fachwelt, sondern in steigendem
Maße auch auf rechtlichem Gebiet gelten.

Dem Springer-Verlag ist dafür zu danken, daß die Autoren mit der vorliegenden 3. Auflage dieses Buchs ihre Absicht verwirklichen konnten, der
sich damit abzeichnenden Entwicklung Rechnung zu tragen. Als Einstieg
in das noch weithin unbestellte, zwischen Technik und Recht angesiedelte
Arbeitsfeld wurde das 8. Kapitel völlig überarbeitet und stellt die Zuverlässigkeit erkennbar in das Spannungsfeld technisch-rechtlicher Zusammenhänge. Es bringt damit dem Ingenieur das gern vernachlässigte rechtliche
Umfeld der Technik näher und weist andererseits den Juristen auf die durch
die Zuverlässigkeitstechnik ausgelösten und immer stärker hervortretenden
Rechtsfragen hin. Erinnert sei beispielsweise an vertragliche Probleme,
die durch Zuverlässigkeitsvereinbarungen im Zusammenhang großer, insbesondere grenzüberschreitender Projekte aufgeworfen werden. Es ist zu
hoffen, daß es im vorliegenden Buch gelingt, den interdisziplinären Dialog
zwischen Technikern und Juristen nachhaltig in Gang zu setzen. Weiterfüh-
rende Arbeiten zu dieser Thematik sind vorgesehen.

Obwohl im übrigen das Gesamtkonzept des Buchs beibehalten wurde, ergaben sich in fast allen Kapiteln Änderungen durch Beseitigung erkannter
Mängel der 2. Auflage und, besonders im 1. und 6. Kapitel, durch Aufnahme
neuerer Arbeitsergebnisse und Anpassung an die zwischenzeitlich modifizier-

te offizielle Terminologie. An der Überarbeitung der einzelnen Kapitel haben folgende Autoren mitgewirkt: Peter Bitter (Kap. 2 und 6), Helmut Groß (Kap. 1), Harald Hillebrand (Kap. 5), Ernst Trötsch (Kap. 4) und Artfried Weihe (Kap. 3 und 7). Kap. 8 wurde unter Mitwirkung von Franz Josef Wittmann neu geschrieben.

München, im März 1986

Der Herausgeber

Aus dem Vorwort zur ersten Auflage

Im Sommer 1967 begannen in der Abteilung Zuverlässigkeit der Entwicklungsring Süd GmbH die Arbeiten im Rahmen des sog. Informationsprogramms Zuverlässigkeit: Im Auftrag des Bundesverteidigungsministeriums wurden im Laufe von eineinhalb Jahren etwa 60 "Zuverlässigkeits-Lehrbriefe" von je 5 bis 10 Seiten Umfang verfaßt und in unregelmäßiger Folge an Dienststellen des Auftraggebers und an die Industrie verschickt. Die einzelnen Serien behandelten die Gebiete Mathematische Grundlagen, Methoden der Zuverlässigkeitsanalysen, Experimentelle Zuverlässigkeitsuntersuchungen, Datenerfassung und -auswertung sowie Wartbarkeit.

Die Resonanz auf diese erste deutschsprachige Darstellung der Zuverlässigkeitsgrundlagen war überraschend groß. Die kleine Erstauflage war rasch vergriffen, und viele spätere Anfragen konnten nicht mehr befriedigt werden. Von vielen Seiten wurde der Wunsch nach einer Neuauflage laut. Nachdem die Zustimmung des Auftraggebers zu einer Buchveröffentlichung vorlag, stand der Verwirklichung dieses Vorhabens nichts mehr im Wege. Allerdings mußten die ursprünglich auf eine zwanglose Aufeinanderfolge abgestimmten Texte zuvor noch einer gründlichen Bearbeitung unterworfen werden. Teile wurden gestrichen, andere ergänzt, geändert oder neu zusammengefaßt.

An dieser Stelle sei dem Bundesverteidigungsministerium für die Freigabe des Manuskripts zur Veröffentlichung ebenso gedankt wie dem Springer-Verlag für die sorgfältige und solide Drucklegung.

Das Erscheinen des Buches fällt in eine Zeit, in der den Zuverlässigkeitsproblemen zunehmendes Interesse entgegengebracht wird. Spektakuläre Raumfahrterfolge wurden durch die Entwicklung neuer hochzuverlässiger

Systeme ermöglicht. Das Gebiet der technischen Zuverlässigkeit, vor nicht allzu langer Zeit noch Domäne einige weniger Idealisten, ist heute eine weithin anerkannte Fachdisziplin, die auch an Hochschulen und Universitäten Eingang zu finden beginnt. Wir hoffen und wünschen, mit diesem Buch einen Beitrag zur weiteren Verbreitung dieses Arbeitsgebiets leisten zu können.

München, im Frühjahr 1971

Der Herausgeber

Aus dem Vorwort zur zweiten Auflage

Seit dem Erscheinen der ersten Auflage dieses Buches sind sechs Jahre vergangen. In diesem Zeitraum haben sich, zum Teil durch äußere Impulse ausgelöst, auf dem noch jungen Arbeitsgebiet der Zuverlässigkeit spürbare Entwicklungen vollzogen. Die Neuauflage bot die Gelegenheit, die daraus abgeleiteten Erkenntnisse einzuarbeiten und gleichzeitig Mängel der ersten Auflage zu beseitigen, ohne die Gesamtkonzeption des Buches und das bewährte Gliederungsschema zu ändern.

Im Zuge der Überarbeitung wurden einige Abschnitte zusätzlich aufgenommen, so unter anderem im Einführungskapitel eine Übersicht über vorhandene Institutionen, Richtlinien und Normen auf dem Zuverlässigkeitsgebiet, im analytischen Teil je ein Abschnitt über Näherungsformeln, verborgene Fehler, Fehlerbaumanalysen und Computerprogramme sowie im statistischen Teil eine Darstellung der Bayesschen Methode und eine ausführliche Ableitung sequentieller Prüfverfahren während der Produktion. Völlig überarbeitet wurden die Abschnitte über Wartbarkeit und Materialerhaltung im 6. Kapitel. Ein zusätzlich angefügtes Kapitel über die Zuverlässigkeit in Beschaffungsverträgen spiegelt die bei Großprojekten gewonnenen Erfahrungen der jüngsten Zeit wieder.

München, im September 1977

Der Herausgeber

Inhaltsverzeichnis

1. Einführung

1.1. Zuverlässigkeitsbegriff und Zuverlässigkeitsarbeit

Der Begriff Qualität ist jedermann aus dem täglichen Leben geläufig. Jeder
weiß, daß sich gleichartige Gegenstände von verschiedenen Herstellern hinsichtlich ihrer Qualität unterscheiden. Qualitätsunterschiede entstehen aufgrund unterschiedlicher Ausgangsmaterialien, Herstellungsverfahren, Sorgfalt während der Herstellung usw. Der Qualitätsbegriff ist bei einfachen Gegenständen ausreichend, um die Güte eines Produktes zu beschreiben. Bei
komplizierten technischen Geräten genügt er allein jedoch nicht mehr. Das
folgende Beispiel soll dies erläutern.

Bei der Entwicklung und Erprobung der ersten Raketen ergaben sich immer
wieder Rückschläge, obwohl die Einzelteile sorgfältigen Qualitätsprüfungen
unterworfen wurden. Die Schwierigkeiten beruhten weniger auf systematischen Fehlern, als auf der Vielzahl von Fehlermöglichkeiten, die sich aus
dem Zusammenwirken der zahlreichen Einzelteile ergaben. Die ersten Raketen besaßen in diesem Stadium, wie man heute sagt, keine große Zuverlässigkeit.

In den letzten Jahren hat das Zuverlässigkeitsprinzip wegen des immer komplexer gewordenen Charakters technischer Systeme eine zunehmende Bedeutung gewonnen. Dies gilt insbesondere für Gebiete wie Luft- und Raumfahrt-
technik oder Kerntechnik, in denen die Fragen der Zuverlässigkeit im Blick-
punkt der Öffentlichkeit stehen, und wo, für jeden erkennbar, Menschenle-
ben oder zumindest hohe materielle und ideelle Werte auf dem Spiel stehen.
Mehrere Vorfälle der jüngsten Zeit gerade in diesen beiden Bereichen - man
denke beispielsweise an die Challenger-Katastrophe im Januar 1986 oder an
den Reaktorunfall im amerikanischen Harrisburg 1979 - stellten sich als Zuverlässigkeitsprobleme heraus. Aber auch in weniger spektakulären Bereichen, bei der Nachrichtenübermittlung, beim Elektronenrechner oder etwa
bei der Werkzeugmaschinensteuerung, wo die Bedeutung zuverlässigen Funk-
tionierens zunächst nur den unmittelbar Beteiligten vertraut ist, erreichen

die wirtschaftlichen Auswirkungen technischer Störungen und Unzuverlässigkeiten oft beträchtliche Größenordnungen.

Die Forderung nach einem höchstmöglichen Grad an Zuverlässigkeit ist also in unseren Tagen dringlicher denn je. Parallel dazu läuft naturgemäß die Forderung nach immer intensiverer Erfassung des gesamten Problembereiches Zuverlässigkeit.

Da Zuverlässigkeitsüberlegungen zunächst vorwiegend in den USA durchgeführt wurden, übernahm man in Deutschland auch die ursprüngliche amerikanische Definition der Zuverlässigkeit: "Zuverlässigkeit ist die Wahrscheinlichkeit dafür, daß eine Einheit während einer definierten Zeitdauer unter angegebenen Funktions- und Umgebungsbedingungen nicht ausfällt."

Diese Definition hat den Nachteil, daß sie die Zuverlässigkeit, die eine Sacheigenschaft, d.h. ein zunächst quantitativ nicht festgelegtes Merkmal ist, durch eine Zuverlässigkeitskenngröße, nämlich die Ausfallwahrscheinlichkeit bzw. die dazu komplementäre Überlebenswahrscheinlichkeit, ausdrückt. Als Zuverlässigkeitsdefinition ist sie daher aus heutiger Sicht nicht korrekt. Trotzdem lassen sich an ihr einige wesentliche Zuverlässigkeitseigenschaften ablesen:

- Zuverlässigkeit ist eine statistisch zu messende Größe, die aufgrund beobachteter Ausfallhäufigkeiten unter Anwendung geeigneter statistischer Auswerteverfahren empirisch ermittelt oder mit Hilfe der Wahrscheinlichkeitsrechnung und Statistik unter gewissen Voraussetzungen rechnerisch abgeschätzt werden kann. Die hierbei jeweils anwendbaren Verfahren werden in den nachfolgenden Kapiteln ausführlich behandelt werden.

- Die Zeit oder genauer der Zeitraum spielt bei Zuverlässigkeitsaussagen eine wesentliche Rolle. Es ist offensichtlich, daß jedes Gerät bei genügend langer Betriebszeit irgendwann einmal ausfallen wird. Für einen sehr großen Zeitraum hat also jedes Gerät die Ausfallwahrscheinlichkeit 1, d.h. die Zuverlässigkeit Null. Wird die Zeitspanne, auf die sich die Zuverlässigkeitsaussage bezieht, nicht erwähnt, dann hat diese Angabe im allgemeinen keinen Aussagewert.

- Auch die Funktions- und Umgebungsbedingungen, unter denen das Gerät verwendet werden soll, sind definitionsgemäß zur Vollständigkeit einer Zuverlässigkeitsangabe erforderlich; denn die Funktionstüchtigkeit eines Geräts hängt wesentlich von den Funktionsbedingungen (Belastung) und den Umgebungsbedingungen (Temperatur, Luftfeuchte, Stoß usw.) ab.

In der angeführten Definition ist keine Erläuterung des Begriffes "Ausfall" enthalten, obwohl er für die Beurteilung der Zuverlässigkeit von entscheidender Bedeutung ist. Jedoch können Ausfallkriterien niemals einheitlich festgelegt werden, etwa "Ausgangssignale liegen außerhalb vorgegebener Toleranzen"; sie sind vielmehr stets abhängig von den speziellen Anforderungen, die an ein Gerät in seiner jeweiligen Einsatzart gestellt werden.

Ein weiterer wesentlicher Aspekt kommt in der angeführten Definition überhaupt nicht zum Ausdruck: es ist der Zusammenhang zwischen Zuverlässigkeit und Qualität eines Erzeugnisses. Dieser Zusammenhang ist so eng, daß die Zuverlässigkeit gelegentlich vergröbert als "Qualität auf Zeit" bezeichnet wird. Daher wird er in den heute üblichen neueren Definitionen, wie sie beispielsweise im DIN-Normenwerk (DIN 40041 [1.1], DIN 55350 [1.2]) erscheinen, unmittelbar angesprocher Es heißt dort sinngemäß: "Zuverlässigkeit ist der Teil der Qualität, der durch die Gesamtheit derjenigen Merkmale und Merkmalswerte einer Einheit gekennzeichnet ist, welche sich auf die Eignung zur Erfüllung festgelegter oder vorausgesetzter Anforderungen während vorgegebener Anwendungsdauern beziehen."

Formulierungen wie die hier angeführte vermeiden die Schwächen der obigen Definition, indem die Zuverlässigkeit eng an die Qualität gekoppelt und damit nur auf die Eignung bezogen wird, festgelegte Anforderungen zu erfüllen; Art und Umfang der jeweiligen Aufgabe sind nicht näher bezeichnet. Damit entsprechen sie übrigens auch weitgehend dem Sprachgebrauch in der neueren amerikanischen Literatur [1.3, 1.4].

Die Eignung, festgelegte Anforderungen unter vorgegebenen Anwendungsbedingungen während vorgegebener Anwendungsdauern zu erfüllen, kann normalerweise bei einem Gerät nicht a priori vorausgesetzt werden. In der Regel bedarf es sogar beträchtlicher Anstrengungen, um hier zwischen Soll- und Istwert eine befriedigende Übereinstimmung herzustellen. Diejenigen Tätigkeiten und Maßnahmen nun, die dazu dienen, die Zuverlässigkeit eines Systemes festzulegen, die gewünschte Zuverlässigkeit zu erreichen, den erreichten Stand der Zuverlässigkeit nachzuweisen, zu erhalten und eventuell

3

zu verbessern, wollen wir unter der Bezeichnung "Zuverlässigkeitsarbeit" zusammenfassen.

Die Notwendigkeit zu gezielter Zuverlässigkeitsarbeit ergab sich im Zuge der technischen Entwicklung zu immer komplexeren Geräten, die immer schwierigere und umfangreichere Aufgaben zu bewältigen haben. Dabei war es unvermeidbar, daß die Zahl der in Einzelgeräten benutzten Bauteile ständig anwuchs. Geräte, die aus Zehntausenden von Komponenten bestehen, sind keineswegs selten.

Die Zuverlässigkeit eines Systems aus vielen Komponenten ist aber nicht gleich der durchschnittlichen Zuverlässigkeit der Einzelteile, sondern nimmt normalerweise mit wachsender Zahl der Komponenten ab. Dieser Sachverhalt ist in Abb. 1.1 unter der vereinfachenden Voraussetzung dargestellt, daß alle Einzelteile die gleiche Zuverlässigkeit besitzen und der Ausfall eines Bausteines einen Ausfall des Systems zur Folge hat. Diese vereinfachenden Voraussetzungen treffen im allgemeinen nicht zu. Immerhin vermittelt die Darstellung einen pauschalen Eindruck von der rapiden Verschlechterung der Zuverlässigkeit mit steigender Kompliziertheit.

Natürlich wird man sich in keinem Anwendungsfall mit einer zehnprozentigen Überlebenschance begnügen können, wie sie in Abb. 1.1 rechts angedeutet ist. Die Notwendigkeit intensiver Bemühungen zur Steigerung der Zuverlässigkeit liegt also bereits aufgrund solcher oberflächlicher Überlegungen auf der Hand. Aber auch nüchterne Wirtschaftlichkeitsanalysen führen zu einem ähnlichen Ergebnis, wie das folgende Beispiel zeigt.

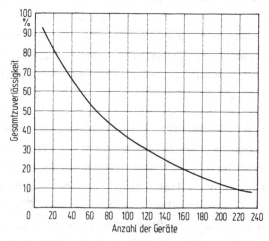

Abb. 1.1. Abnahme der Zuverlässigkeit eines Systems mit der Anzahl der Geräte (Gerätezuverlässigkeit R(t) = 99%).

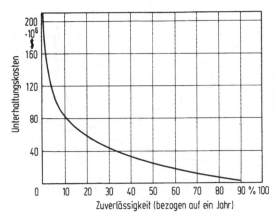

Abb. 1.2. Jährliche Unterhaltungskosten für ein System von vier Satelliten in Abhängigkeit von den Satellitenzuverlässigkeiten.

Wir betrachten ein Nachrichtenübermittlungssystem, das aus vier im Weltraum kreisenden Fernmeldesatelliten bestehen möge. In Abb. 1.2 sind die jährlichen Unterhaltungskosten für die Satelliten in Abhängigkeit von ihrer Zuverlässigkeit angegeben [1.5]. Die jährlichen Unterhaltungskosten ergeben sich aus den Aufwendungen für den zur Aufrechterhaltung des Betriebes notwendigen Ersatz ausgefallener Satelliten. Die Kosten für einen Satellitenstart (einschließlich der Herstellungskosten für den Satelliten) wurden im Beispiel mit 6 Mill. Dollar, die Wahrscheinlichkeit für einen erfolgreichen Ersatzversuch mit 70 % angenommen. Man entnimmt Abb. 1.2, daß die jährlichen Unterhaltungskosten für das Satellitensystem mit wachsender Zuverlässigkeit sehr schnell absinken.

Dieses Ergebnis ist nicht überraschend: Eine Verbesserung der Zuverlässigkeit eines Systems führt im allgemeinen zu einer Senkung der Instandhaltungskosten. Allerdings darf dabei nicht vergessen werden, daß diese Verbesserungen ihrerseits Kosten verursachen, die umso höher sind, je mehr das angestrebte Zuverlässigkeitsniveau den Stand der Technik übertrifft, und bei Annäherung an den theoretischen Zuverlässigkeitswert 1 gegen Unendlich gehen.

Die Überlagerung der Kostensteigerungen auf Seiten der Entwicklung mit dem Kostengefälle auf Seiten der Unterhaltung führt zu einem Gesamtkostenverlauf mit einem mehr oder weniger ausgeprägten Minimum (Abb. 1.3). Seine Lage bestimmt den vom wirtschaftlichen Standpunkt aus optimalen Zuverlässigkeitswert.

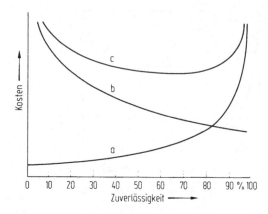

Abb.1.3. Erwarteter Verlauf der Gesamtkosten eines Systems in Abhängigkeit von seiner Zuverlässigkeit a) Entwicklungskosten; b) Haltungskosten; c) Gesamtkosten.

Zuverlässigkeitsarbeit ist also nicht nur notwendig, um vorgegebene Forderungen zu erreichen, sondern bei richtiger Zielsetzung auch kostensparend. Dies gilt allerdings nur dann, wenn sie bereits zu Beginn der Entwicklung eines neuen Produkts einsetzt, denn die Erhöhung der Zuverlässigkeit an einem fertigen Produkt erfordert große zusätzliche Anstrengungen sowohl in finanzieller als auch in zeitlicher Hinsicht.

Zuverlässigkeitsarbeit bei der Entwicklung eines Systemes ermöglicht außerdem schon frühzeitig die Berücksichtigung der menschlichen Unvollkommenheit. Gefahrenquellen, die durch menschliches Versagen entstehen, können rechtzeitig erkannt und weitgehend vermieden werden.

Die Fortsetzung der Zuverlässigkeitsarbeit nach der Entwicklung soll ein Absinken der erreichten Zuverlässigkeit verhindern. Sie erstreckt sich vor allem auf die Überwachung des Herstellungsprozesses, Schulung des Bedienungs- und Instandhaltungspersonals und die Ausfallerfassung. Die aus der Ausfallerfassung gewonnenen Daten ermöglichen die Erarbeitung von Verbesserungsvorschlägen und damit evtl. eine Anhebung der Zuverlässigkeit. Bei der Abwicklung späterer Projekte können sie als Ausgangsbasis von Nutzen sein.

1.2. Das Zuverlässigkeitsprogramm

Zuverlässigkeitsarbeit wird am wirkungsvollsten sein, wenn sie im Rahmen eines Programmes durchgeführt wird, das sowohl die technische als auch die organisatorische Seite erfaßt. Ein Zuverlässigkeitsprogramm soll alle Arbeiten und Maßnahmen festlegen, die während und nach der Entwicklung eines Systemes notwendig sind, um die geforderte Zuverlässigkeit zu gewährleisten. Das hat folgende Vorteile:

- Durch die Aufstellung des Programmes gewinnt die Zuverlässigkeitsabteilung des Systemherstellers einen ersten Überblick über die anstehenden Probleme.

- Das Zuverlässigkeitsprogramm legt den Verantwortungsbereich aller am Programm beteiligten Stellen und ihre Zusammenarbeit fest.

- Das Zuverlässigkeitsprogramm stellt für den Auftraggeber ein Dokument dar, das ihm Einblick in die geplanten Zuverlässigkeitsbemühungen gibt. Er kann Einfluß auf die Zuverlässigkeitsarbeit nehmen und sie gegebenenfalls in seinem Sinne abändern.

Ein Zuverlässigkeitsprogramm muß sich aus Zeit- und Kostengründen auf die wichtigsten Aufgaben beschränken. Ihre Auswahl erfolgt nach dem Gesichtspunkt: "Größter Nutzen im Rahmen des Gesamtprojektes bei möglichst geringen Kosten".

Bei der Aufstellung eines Zuverlässigkeitsprogramms kann auf eine Reihe amerikanischer, deutscher und internationaler Richtlinien zurückgegriffen werden, in denen die wesentlichen Programmelemente zusammengestellt sind [1.6, 1.7, 1.8]. Es sind dies vor allem

1. Beschreibung der Zuverlässigkeitsorganisation. Ein Zuverlässigkeitsprogramm muß die Organisation und Fähigkeit der Zuverlässigkeitsabteilung ausweisen, ihre Stellung im Gesamtbetrieb (Beziehungen zu anderen Abteilungen) und ihre Verantwortlichkeit im Rahmen des zu bearbeitenden Projektes abgrenzen.

2. Erstellung einer überschlägigen Kostenschätzung. Das Programm soll eine erste Abschätzung der Kosten für die Zuverlässigkeitsarbeit erbringen.

3. Festlegung der Zuverlässigkeitsforderungen an das Gesamtsytem. Sofern Zuverlässigkeitsforderungen an das Projekt nicht bereits vom Auftraggeber explizit vorgegeben sind, müssen sie nach wirtschaftlichen, marktpolitischen oder sonstigen anwendungsspezifischen Gesichtspunkten so festgelegt werden, daß sie mit den übrigen technischen Anfor-

derungen sowie mit allen zu berücksichtigenden Randbedingungen kompatibel sind.

4. Zusammenstellung von Arbeitsunterlagen. Neue Arbeitsunterlagen (statistische Methoden, mathematische Modelle, Spezifikationen) sind zu erstellen und vorhandene zu überprüfen, inwieweit sie bei der Durchführung des Projekts verwendet werden können.

5. Durchführung von Zuverlässigkeitsanalysen. Theoretische Zuverlässigkeitsanalysen sind ein Hilfsmittel, das es ermöglicht, jederzeit den erreichten Stand der Zuverlässigkeit abzuschätzen und ggf. Vergleichsstudien zwischen mehreren Systemen, welche gleichartige Funktionen erfüllen, anzustellen. Sie geben außerdem Aufschluß über Fehlermechanismen, mögliche Gefahrenquellen für Mensch und System und die Auswirkung von auftretenden Störungen. Zuverlässigkeitsanalysen werden während der Entwicklung eines Systemes in den verschiedenen Entwicklungsphasen durchgeführt, um eine Verfolgung des Zuverlässigkeitsstandes sicherzustellen.

6. Erstellung und Durchführung von Prüfprogrammen (Tests). Zusätzlich zu den Zuverlässigkeitsanalysen muß schon während der Entwurfs- und Entwicklungsphase ein Programm für Funktions-, Umwelt- und Langzeitprüfungen der Systeme durchgeführt werden, um die erreichte Zuverlässigkeit zu demonstrieren und Änderungen, die zur Anhebung der Zuverlässigkeit nötig sind, rechtzeitig zu veranlassen.

7. Berücksichtigung menschlichen Versagens (Anthropotechnik). Im Rahmen des Zuverlässigkeitsprogramms sind bei allen Arbeiten während des Entwurfes, der Entwicklung, Prüfung, Fertigung, beim Einsatz des Systemes und bei der Instandhaltung die Belange der Anthropotechnik zu berücksichtigen, um die Möglichkeit einer Verminderung der Zuverlässigkeit durch menschliches Versagen auf das geringste Maß zu beschränken.

8. Entwurfsüberprüfung. An den periodischen Entwurfsüberprüfungen müssen auch Vertreter der Zuverlässigkeitsabteilung mitwirken, um die Berücksichtigung von Zuverlässigkeitserfordernissen sicherzustellen. Durch diese Maßnahme sollen Konstruktionsfehler hinsichtlich Zuverlässigkeit, Sicherheit und Instandhaltbarkeit so früh wie möglich entdeckt und behoben werden.

9. Überwachung der Zuverlässigkeitsbemühungen von Unterlieferanten. Es muß sichergestellt sein, daß Unterlieferanten in der Lage sind, die geforderte Zuverlässigkeit zu erreichen. Das Zuverlässigkeitsprogramm muß deshalb Vorschriften zur Überwachung der Zuverlässigkeitsarbeit beim Unterlieferanten enthalten.

10. Fertigungsüberwachung. Eine Überwachung der Fertigung ist erforderlich, um ein Absinken der Zuverlässigkeit während des Fertigungsablaufes zu verhindern. Zur Fertigungsüberwachung gehört ein Programm für die Prüfung einzelner Bauteile, damit Lose von Bauteilen mit unzureichenden Eigenschaften festgestellt und zurückgewiesen werden können.

11. Erstellung von Berichten über den erreichten Stand der Zuverlässigkeit (Zuverlässigkeitsverfolgung). Periodisch zu erstellende Berichte sollen einen Überblick über Verlauf und jeweiligen Stand der Zuverlässigkeitsarbeit vermitteln.

12. Datenerfassung. Die bei Entwicklung, Erprobung, Fertigung, Einsatz und Instandhaltung anfallenden Daten müssen gesammelt werden. Die Erkenntnisse aus der Datenerfassung dienen der Erhöhung der Zuverlässigkeit, der Verbesserung der Instandhaltbarkeit des Systemes und sind für spätere Projekte von Nutzen.

13. Durchführung eines Schulungsprogrammes. Das Schulungsprogramm soll sicherstellen, daß die Kenntnisse des Personals der Technik und den Besonderheiten des Systemes unter besonderer Berücksichtigung des Problembereiches Zuverlässigkeit gerecht werden.

Einzelne der obengenannten Punkte werden in den folgenden Abschnitten noch näher erläutert werden. Die mathematisch-statistischen Methoden, die zur Durchführung dieser Aufgaben benötigt werden, sind Gegenstand der Kap. 2 bis 6.

1.3. Festlegung und Optimierung von Zuverlässigkeitsforderungen

Die Projektierung moderner technischer Großsysteme ist wegen der Vielzahl und Vielgestaltigkeit der dabei auftretenden Probleme und der dadurch bedingten Notwendigkeit zu Kompromissen zwischen den Belangen der beteiligten Fachdisziplinen eine so komplexe Aufgabe, daß sie nur unter Zuhilfenahme fortgeschrittener, dem Stand der Technologie adäquater Metho-

den des Systemmanagements zu bewältigen ist. Dies gilt sowohl für den Bereich der Luft- und Raumfahrt wie auch für die Kerntechnik, Datenverarbei-
tung, Verkehrsplanung, ja sogar im wirtschaftlichen und politischen Bereich.

Bei der Planung und Abwicklung von Großprojekten im Sinne einer integrierten Systemführung hat es sich als vorteilhaft erwiesen, den Projektablauf in
Phasen mit genau gegeneinander abgegrenzter Aufgabenstellung zu unterteilen, um dadurch die stets vorhandenen Risiken besser kalkulierbar zu machen. Es ist nicht Aufgabe dieses Buches, die Grundlagen der Systemführung
im Detail zu erörtern; jedoch gibt die systemtechnische Betrachtungsweise
Gelegenheit, die im vorigen Abschnitt aufgezählten Elemente eines Zuverlässigkeitsprogramms synchron in den grundsätzlichen Projektablauf einzuordnen. In Abb. 1. 4 sind der in der Systemführung üblichen Phaseneintei-
lung eines Projekts Schwerpunkte der Zuverlässigkeitsarbeit gegenüberge-
stellt.

Schwerpunkte der Zuverlässigkeitsarbeit

Optimierung von Zuverlässigkeits- forderungen	Aufteilung von Zuverlässigkeits- forderungen	Zuverlässigkeits- entwicklung	Zuverlässigkeitsdemonstration und -nachweis		

Schwerpunkte der Projektarbeit

Aufstellen von Forderungen		Realisieren von Forderungen	Nachweis von Forderungen		
			Demonstration	Überwachung und Abnahme	Verfolgung

Projektphasen

Studienphase	Projektdefinition	Realisierung			Verwendung
		Entwicklung	Qualifikation	Fertigung	

Abb. 1. 4. Schwerpunkte der Zuverlässigkeitsarbeit im Projektablauf.

Im folgenden sollen diese Arbeitsschwerpunkte noch ausführlicher behandelt werden. Wir beginnen mit der Festlegung optimaler Zverlässigkeits-
forderungen während der Studienphase. In der Regel liegen im Projektie-
rungsstadium eines neu zu entwickelnden Systems, sei es nun ein Kraft-
werk, ein Verkehrsflugzeug oder auch ein Kraftwagen, eine Reihe von technischen Forderungen vor, die sich aus dem Verwendungszweck ergeben und
einen groben Rahmen für die wichtigsten Grund- und Leistungsdaten des Systems abstecken. Solche Forderungen können beispielsweise aus den Ergebnissen von Marktanalysen, aus Vergleichen mit bereits vorhandenen Systemen, aus gegebenen technischen oder nichttechnischen Randbedingungen
oder auf andere Weise abgeleitet werden.

Ein Beispiel für Überlegungen, die zu derartigen Zielvorstellungen führen
können, wird in [1.9] gegeben. Dort werden aus der in die Zukunft proji-
zierten Nachfragestruktur sowie aus der Konkurrenzsituation zu anderen
Verkehrsträgern die Anforderungen entwickelt, die an ein neues Verkehrsflugzeug für einen regionalen Bereich hinsichtlich Reichweite, Geschwindigkeit und Sitzplatzkapazität gestellt werden müssen, um einen bestehenden Bedarf auf wirtschaftliche Weise befriedigen zu können.

Ein anderer, häufig vorkommender, wenn auch weitaus einfacherer Fall
liegt bei der Ermittlung von Zuverlässigkeitsforderungen aufgrund von dem
Kunden gegenüber eingegangenen Gewährleistungsverpflichtungen vor, die
meist durch die Marksituation diktiert werden. So erstreckt sich bei Perso-
nenkraftwagen die handelsübliche Gewährleistungsfrist neuerdings auf
12 Monate ohne Kilometerbeschränkung; sie muß aus Konkurrenzgründen
selbstverständlich mindestens im selben Umfang auch für jedes neu auf den
Markt kommende Modell gewährt werden. Hier ist das dadurch bedingte
Risiko des Herstellers abzuwägen gegen den Mehraufwand für eine Zuverlässigkeitserhöhung durch Weiterentwicklung oder intensivere Kontrollen.
Dasselbe geschieht heute bereits mehr oder weniger systematisch bei den
verschiedensten Erzeugnissen. Besonders deutlich wurde dieser durch die
Marktwirtschaft ausgeübte Zwang zum Eingehen von Gewährleistungsverpflichtungen sichtbar, als der Prozeß der Verlängerung der Gewährleistungsfrist bei einzelnen Fabrikaten einsetzte und binnen kurzem die übrigen Fabrikate nachzogen.

Die Reihe einschlägiger Beispiele ließe sich beliebig verlängern; allen Beispielen gemeinsam ist jedoch die Absicht, sämtliche Forderungen von Anfang an so festzulegen, daß sie unter Einhaltung gegebener Randbedingungen
die hinsichtlich eines gegebenen Optimierungskriteriums günstigste Kombination von Entwurfsparametern definieren. Welche Zielfunktion im Einzelfall gewählt wird, hängt dabei weitgehend von der Art des jeweiligen Projektes ab: im einen Fall kann "optimal" gleichbedeutend sein mit größtmög-
lichem Gewinn, im anderen Fall mit maximaler Bedarfsdeckung, minimalen Kosten oder minimalem Zeitaufwand.

Grundsätzlich ist für die Optimierung ein integriertes Bewertungsmodell
erforderlich, das den komplizierten Zusammenhängen zwischen den Entwurfsparametern in angemessener Weise Rechnung trägt. Das bedeutet,
daß die Zielfunktion mathematisch als Funktion elementarer Einflußgrößen

darzustellen ist, die in einem bestimmten Bereich variiert werden können. Die Aufgabe besteht darin, diejenige Lösung aufzusuchen, die bei Einhaltung der Randbedingungen die Zielfunktion in dem gewünschten Sinne optimiert. Bezeichnet man die Zielfunktion mit Z, die als Einflußgrößen auftretenden Entwurfsparameter mit X_1, X_2, ... X_n, so lautet die allgemeine Formulierung des Problems:

$$Z = z(X_1, X_2, ... X_n) \rightarrow \text{Extremum.} \qquad (1.1)$$

Die Randbedingungen, die sich beispielsweise auf das verfügbare Kapital, die vorhandene Produktionskapazität, das zu befriedigende Nachfragevolumen und dergleichen beziehen können, sind in die allgemeine Form

$$C_j = c_j(X_1, X_2, ... X_n) = \text{const} \qquad (1.2)$$

für j = 1, 2, ... m zu bringen. Die Lösung des Problems kann mit den Methoden der nichtlinearen Programmierung gefunden werden.

Der skizzierte Lösungsweg bietet die Möglichkeit, auch Zuverlässigkeitsparameter in den Prozeß der Systemoptimierung einzubauen, wenn sie als Einflußgrößen der gewählten Zielfunktion formuliert werden können. Allerdings stellen sich der praktischen Anwendung aus mehreren Gründen oft erhebliche Schwierigkeiten entgegen. So sind die funktionellen Zusammenhänge zwischen Zielfunktion und Einflußgrößen sowie der Entwurfsparameter untereinander nur anhand statistischer Daten zu ermitteln, die vielfach gar nicht in ausreichender Menge und Qualität zur Verfügung stehen. Zum anderen sind diese Zusammenhänge oft so komplex, daß sie nur in vereinfachter Form in einem Bewertungsmodell berücksichtigt werden können; die unvermeidlichen Vernachlässigungen können aber unter Umständen die Brauchbarkeit des Modells insgesamt in Frage stellen.

Häufig ist bei Projekten die Situation gegeben, daß mehrere Zielgrößen zueinander in Konkurrenz treten, z.B. Verfügbarkeit und Gesamtkosten. In diesem Fall ist ein eindeutiges Optimum der Einflußparameter nicht feststellbar, sondern es muß eine Entscheidung zwischen mehreren Alternativen getroffen werden. Parametrische Studien auf der Basis von funktionellen Beziehungen der Form (1.1) können hierbei als Entscheidungshilfe dienen. Diese Vorgehensweise hat gegenüber einem eindimensionalen Ansatz den Vorzug einer größeren Transparenz und weist auch dem Entscheidungsträger die ihm zukommende Rolle zu.

Zuverlässigkeitsforderungen müssen stets in Relation zum erreichten Stand der Technik gesehen werden: Überhöhte Forderungen sind ebenso sinnlos wie solche, die von der technischen Entwicklung bereits überholt sind. Die Frage „Wie zuverlässig ist marktübliches vergleichbares oder ähnliches Gerät" muß daher schon frühzeitig vor Beginn von Neuentwicklungen gestellt werden. Ihre Beantwortung bildet den Ausgangspunkt für realistische Forderungen an zukünftige Projekte.

Im nächsten Planungsschritt sind die für das Gesamtsystem gefundenen Zuverlässigkeitsforderungen auf die Untersysteme und Komponenten aufzuteilen. Dies erfolgt während der sog. Projektdefinition (vgl. Abb. 1.4). Auch hier bedient man sich eines ähnlichen Verfahrens, wobei die Aufgabenstellung lautet, die Teilzuverlässigkeitsziele nach einem gegebenen Optimierungskriterium so festzulegen, daß die Zuverlässigkeitsanforderungen an das Gesamtsystem erfüllt werden.

Als geeignete Zielfunktion bieten sich in diesem Fall entweder minimale Entwicklungskosten oder minimale Entwicklungszeit an. Wählt man z.B. als Zielfunktion die Entwicklungskosten, so läßt sich als Analogon zu Gl. (1.1) die Beziehung anschreiben

$$K = \sum_{i=1}^{n} G_i(\Delta R_i) \rightarrow \text{Min} \qquad (1.3)$$

Hierbei bezeichnet G_i eine von der Zuverlässigkeitssteigerung abhängige Aufwandsfunktion; $\Delta R_i = R_i - R_i^0$ ist die Zuverlässigkeitssteigerung beim i-ten Untersystem, wobei R_i^0 die für ein vergleichbares Vorgängermuster nachgewiesene Zuverlässigkeit angibt und somit dem ohne zusätzlichen Aufwand realisierbaren Stand der Technik entspricht.

Die Randbedingung wird bei diesem Vorgehen durch ein mathematisches Zuverlässigkeitsmodell repräsentiert, in dem die Systemzuverlässigkeit als Funktion der Zuverlässigkeiten sämtlicher Untersysteme erscheint. Wenn z.B. angenommen wird, daß sich die Untersysteme in ihrem Ausfallverhalten gegenseitig nicht beeinflussen, so stellt sich die Gesamtzuverlässigkeit, wie in Kap. 2 gezeigt wird, einfach als Produkt der Teilzuverlässigkeiten dar. Die der allgemeinen Gl. (1.2) entsprechende Randbedingung lautet also in diesem Fall

$$R_{ges} = R_1 R_2 \dots R_n. \qquad (1.4)$$

Selbstverständlich lassen sich bei der praktischen Anwendung dieses Verfahrens die gleichen Einschränkungen geltend machen, wie sie schon oben im Hinblick auf die Optimierung von Zuverlässigkeitsforderungen dargelegt wurden. Immerhin besteht hier zumindest hinsichtlich des statistischen Da-

13

tenmaterials eine vergleichsweise günstigere Situation, da Unterlagen über die Zuverlässigkeit von Geräten und Komponenten heute bereits weithin zugänglich sind. Durch den damit vorgegebenen Fixpunkt des "Standes der Technik" wird das Verfahren insgesamt wesentlich unempfindlicher gegen Unzulänglichkeiten des Modells.

Ein auf der beschriebenen Grundlage aufgebautes Optimierungsverfahren wird in [1.10] dargestellt. Allerdings handelt es sich dabei mehr um die hinsichtlich der Zuverlässigkeit optimale Aufteilung vorgegebener Gesamtkosten als um eine kostenoptimale Zuverlässigkeitsaufteilung; jedoch ist die Zielrichtung unschwer umkehrbar.

Die Hauptschwierigkeit des Verfahrens, abgegeben von der Problematik einer wirklichkeitsgetreuen modellmäßigen Darstellung der kausalen Zusammenhänge, besteht in der Beschaffung der Zuverlässigkeits-Kostenfunktionen, die als Eingabedaten erforderlich sind. Diese können niemals allgemein, sondern immer nur unter bestimmten Voraussetzungen und auch dann nur näherungsweise angegeben werden. Beispielsweise sind Angaben möglich, wenn man sich bei festgehaltener Konfiguration des betrachteten Systems Bauteile unterschiedlicher Qualitäts- und Kostenstufen angewendet denkt, oder wenn zur bestehenden Konfiguration ein oder mehrere redundante Zweige mit jeweils bekannten Kosten hinzugefügt werden.

Diese Schwierigkeiten werden bei dem Näherungsverfahren nach Amstadter [1.11] umgangen, indem anstelle von Zuverlässigkeits-Kostenfunktionen Gewichtsfaktoren für Einzelforderungen eingeführt werden, in denen jeweils außer dem geschätzten Stand der Technik auch die Instandhaltungsmöglichkeiten und die funktionelle Wichtigkeit des betreffenden Teilbereichs berücksichtigt werden. Für alle Teilbereiche werden größenordnungsmäßig gleich gewichtige Einzelforderungen angestrebt. Ist beispielsweise in einem Teilbereich der Stand der Technik bereits so weit fortgeschritten, daß seine weitere Verbesserung einen relativ höheren Aufwand erfordert als in anderen Teilbereichen, so wird dieser Umstand im Aufteilungsverfahren dadurch berücksichtigt, daß für den betreffenden Teilbereich entsprechend geringere Zuverlässigkeitsanpassungen gefordert werden. In gleicher Weise führen gute Instandhaltungsmöglichkeiten und geringe funktionelle Wichtigkeit zu reduzierten Zuverlässigkeitsanforderungen.

Die für die Aufstellung der Gewichtsfaktoren benötigten Angaben können im Umfrageverfahren von Fachleuten eingeholt werden. Da sie keine absoluten Aussagen, sondern Entwicklungstendenzen im Hinblick auf bestimmte Merkmale beinhalten, können sie sich auf Einzelbeobachtungen stützen und sind daher leichter erhältlich als Zuverlässigkeits-Kostenfunktionen, die nur aus einer Vielzahl von Detailinformationen auf statistischem Wege ermittelt werden können.

1.4. Realisierung von Zuverlässigkeitsforderungen

Zu Beginn der Entwicklung eines neuen technischen Systems ist dieses lediglich durch einen Satz detaillierter Anforderungen definiert, die es erfüllen muß, um die ihm zugedachte Aufgabe ausführen zu können. Ziel der Entwicklungsarbeit ist es, diese Anforderungen mit geeigneten Mitteln auf wirtschaftliche Weise technisch zu realisieren. Es liegt nahe, für diesen Vorgang das Bild eines Regelkreises zu benutzen (Abb.1.5), in dem das zu entwickelnde System die Regelstrecke und die Entwicklungsmannschaft den Regler darstellt. Die Führungsgröße wird durch die spezifischen Forderungen, die Regelgröße durch die entsprechenden Eigenschaften des Entwicklungsmusters dargestellt. Die Realisierung der Forderungen erfolgt durch die vom Regler erzeugten Stellsignale, d.h. durch die Anwendung von Verfahren und Maßnahmen, mit denen die Systemeigenschaften im gewünschten Sinne beeinflußt werden.

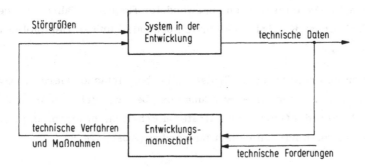

Abb.1.5. Realisierung technischer Forderungen während der Entwicklung eines Systems.

Für die Beeinflussung der Zuverlässigkeit eines technischen Systems gibt
es eine Reihe bewährter Techniken, angefangen von der Bauteilauswahl über
die Anwendung von Redundanzen (zusätzlicher Wege zur Lösung ein und
derselben Aufgabe) bis zur Durchführung regelmäßiger kritischer Entwurfsüberprüfungen. Voraussetzung für den gezielten Einsatz dieser Mittel ist jedoch die Kenntnis der mit einem gegebenen Entwurf erreichbaren
Zuverlässigkeit. Erst wenn diese Kenntnis vorliegt, kann über notwendige
Maßnahmen zur Erhöhung der Zuverlässigkeit und zur Beseitigung von
Schwachstellen entschieden werden.

Zuverlässigkeitsanalyse

Die Abschätzung der Zuverlässigkeit eines Systems oder Gerätes im Entwurfsstadium erfolgt durch eine Zuverlässigkeitsanalyse. Der Umfang der
Anwendung mathematischer Modelle richtet sich dabei nach der Komplexität des Systems oder Gerätes. Bei umfangreichen Systemen mit womöglich
verschiedenen Arten von Redundanzen werden überwiegend entweder Boolesche Modelle auf der Grundlage der Schaltungsalgebra oder Zustandsmo-
delle auf der Grundlage der Methoden zur Behandlung von Markow-Prozes-
sen benutzt.

Wie in Kap. 4 ausgeführt wird, können Boolesche Modelle entweder in Form
von Blockdiagrammen oder als Fehlerbäume aufgestellt werden. In beiden
Fällen kommen die gleichen Rechenregeln zum Tragen, wobei jedoch Feh-
lerbaummodelle andere graphische Symbole benutzen als Blockdiagramme
und, zum Unterschied von diesen, in der Regel nach einer Negativlogik
aufgebaut sind, die sich an dem Aspekt des Systemversagens orientiert.

Die bei Zuverlässigkeitsanalysen angewendeten Rechenverfahren werden
in den nachfolgenden Kapiteln ausführlich behandelt und an Beispielen vor-
geführt werden.

Im Gegensatz zu umfangreichen Systemen ist bei einfachen Geräten bzw.
reinen Serienschaltungen die Anwendung der oben angegebenen Methoden
recht einfach: Um die Gesamtausfallrate zu erhalten, brauchen die Komponentenausfallraten nur aufaddiert zu werden (Abschn. 4.5).

Die Grundlagen einer Zuverlässigkeitsanalyse bilden die Daten über die Zuverlässigkeit der einzelnen Bauteile. Die Zuverlässigkeit eines Bauteiles

wird hierfür meist durch seine Ausfallrate beschrieben, die für die Anwendung unter festgelegten Funktions- und Umgebungsbedingungen angegeben wird. Die Ausfallraten der Einzelteile werden entweder vom Hersteller aus dessen Erfahrungen bestimmt oder Standardunterlagen entnommen.

Die Durchführung einer Zuverlässigkeitsanalyse zerfällt in folgende Schritte:

1. Funktionsanalyse. Diese soll die Wirkungsweise des Systems bzw. Gerätes bzw. das Zusammenwirken der Komponenten in Form einer Kurzbeschreibung aufzeigen.

2. Ausfallart- und Auswirkungsanalyse. Alle denkbaren Komponentenausfälle werden aufgelistet und die Auswirkung auf die Gerätefunktion beschrieben. Auch Einzelheiten über die Entdeckbarkeit (verborgene Ausfälle oder nicht) und über die zugeordneten Ausfallraten sollten angegeben werden. Diese Analyse wird im Entwurfsstadium nur auf theoretischen Kenntnissen aufgebaut und kann im Laufe der Erprobung durch die Erfahrung aus aufgetretenen Ausfällen ergänzt werden. Bisweilen werden auch gesonderte Tests mit absichtlich erzeugten Ausfällen durchgeführt, wenn die Auswirkung von Ausfällen unbekannt ist und die Vermutung besteht, daß sie kritisch sein könnte. Besondere Beachtung muß den Forderungen an die Sicherheit bei der Erstellung der Ausfallanalyse zukommen. Denn diese Forderungen sind entweder qualitativ (z.B. kein einzelner Komponentenausfall darf für sich allein die Sicherheit des Gerätes aufheben), so daß die Ausfallanalyse ein Nachweismittel darstellt, oder die Forderungen sind quantitativ als Wahrscheinlichkeitswert gegeben. Dann ist der Wert in der Regel eine relativ kleine Zahl, deren Einhaltung nur durch Daten aus einer Anwendungsdauer von mehreren Jahren nachgewiesen werden könnte. Somit bleibt auch in diesem Fall nur der analytische Nachweis über das Hilfsmittel der Ausfallanalyse.

Durch die Ausfallanalyse wird auch die Voraussetzung zur Berechnung der Störungsrate und, im Unterschied dazu, der Ausfallrate der Betrachtungseinheit geschaffen. (Zur Definition von Störung und Ausfall siehe Anhang 1). Besteht die Auswirkung des Komponentenausfalls nur aus einer Störung, ohne die Funktion des Gerätes zu beeinträchtigen, so wird die entsprechende Komponentenausfallrate nur bei der Ermittlung der Störungsrate des Gerätes berücksichtigt, nicht aber bei der Ermittlung der Ausfallrate.

Ausfallanalysen sind nicht nur Zuverlässigkeitshilfsmittel, sondern werden auch von anderen Disziplinen, die sich mit Ausfallsauswirkungen beschäftigen müssen, benutzt, um auf die Ursachen zurückschließen zu können (z.B. bei Instandhaltbarkeitsanalysen).

Bei großen elektronischen Systemen mit mehreren tausend Bauteilen wird eine detaillierte Analyse zu langwierig und unüberschaubar. Hier kann man sich von Fall zu Fall auf eine Analyse der Funktionsblockebene beschränken.

3. Analyse der Umgebungs- und Betriebsbelastungen der Komponenten. Hier soll die Belastung jeder Komponente ermittelt und dokumentiert werden, um zu hohe Belastungen, die die Erzielung der geforderten Ausfallraten behindern, aufzudecken. Die Ergebnisse dieser Analyse sollten unverzüglich im System/Geräteentwurf berücksichtigt werden. Die bisherige Anwendung der gleichen oder ähnlicher Komponenten sollte zu Vergleichen mit der geplanten Anwendung herangezogen werden, um sicherzustellen, daß keine neuartigen, in ihrer Auswirkung unbekannten Belastungen vorliegen.

4. Bestimmung der Störungsraten und der Ausfallraten der System/Gerätekomponenten. Die in der Störungsanalyse angegebenen Komponentenausfallraten werden, wie oben schon angedeutet, klassifiziert nach Defekt, Ausfall und Sicherheitsausfall und entsprechend gelistet. Eine Angabe der Herkunft jeder Rate sollte stets erfolgen, da Ratensammlungen mit weit streuenden Raten vorliegen. Der System/Geräteentwickler sollte jedoch nach Möglichkeit eigene Erfahrungswerte auswählen. Nur wenn diese nicht vorliegen, müssen aus Standardratensammlungen (z.B. [1.12]) solche Werte ausgewählt werden, die für die Komponenten und ihre Art der Anwendung als zutreffend angesehen werden. Wichtig ist, daß die nach 3. bestimmten Belastungen bei der Bestimmung der Raten berücksichtigt werden (siehe auch den folgenden Unterabschnitt „Zuverlässigkeit von Bauteilen").

5. Mathematisches Modell. Das System/Gerät wird durch ein mathematisches Modell beschrieben, dessen rechnerische Auswertung letzten Endes eine Abschätzung der System/Gerätezuverlässigkeit liefert. Wie schon gesagt wurde, sind diese Modelle in ihrem Umfang sehr unterschiedlich, je nach Größe und Vermaschung der betrachteten Systeme oder Geräte.

Da die Zuverlässigkeitsanalyse im Laufe einer System/Geräteentwicklung bei Änderungen oder besseren Eingabedaten stets auf dem neuesten Stand gehalten werden muß und die Rechnungen mehrmals durchgeführt werden müssen, ist es bei komplexen Systemen zweckmäßig, die Berechnungen mit Hilfe von EDV-Programmen vorzunehmen, um Änderungen der Eingabedaten rasch verarbeiten zu können. Sind die Eingabedaten weniger genau, so können jedoch auch die in Abschn. 4.5 beschriebenen Näherungsverfahren benutzt werden.

6. Liste kritischer Komponenten. Eine Liste kritischer Komponenten ist ebenfalls Teil einer Zuverlässigkeitsanalyse und sollte als Kontrollinstrument ständig auf dem neuesten Stand gehalten werden. In die Liste sind folgende Informationen aufzunehmen:

a) alle Komponenten, die das Erreichen der Zuverlässigkeitsforderungen verhindern könnten, sei es, daß die Belastungen hoch oder unbekannt sind, bzw. die Auswirkung der Belastungen unbekannt ist, sei es, daß die Komponente neu und das Zuverlässigkeitsverhalten unbekannt ist oder daß die Störungsauswirkungen (besonders bezüglich Sicherheit) unbekannt sind;

b) alle Komponenten, bei denen die Lebensdauer begrenzt ist, wobei auch die Begründung der Beschränkung angegeben werden sollte.

Die Aufgaben der Zuverlässigkeitsanalyse während der Systementwicklung sind im wesentlichen:

1. Zuverlässigkeitsvoraussage, d.h. Ermittlung eines Zahlenwerts für die mit einem vorgeschlagenen Lösungskonzept erreichbare Zuverlässigkeit;

2. Zuverlässigkeitsvergleich zwischen mehreren vorgeschlagenen Lösungskonzepten;

3. Identifikation von "Schwachstellen" im Entwurf, d.h. von solchen Teilen oder Entwurfsdetails, die hinsichtlich ihrer Wirkung auf die Gesamtzuverlässigkeit als kritisch zu betrachten sind;

4. Zuverlässigkeitsverfolgung während der Entwicklung, d.h. laufender Soll-Ist-Vergleich zur Festellung notwendiger Verbesserungsmaßnahmen auf dem Zuverlässigkeitsgebiet;

5. Zuverlässigkeitsnachweis, d.h. rechnerische Demonstration der Erfüllung spezifizierter Zuverlässigkeitsforderungen zur Unterstützung
eines experimentellen Nachweises.

Das mathematische Modell, auf dem die Zuverlässigkeitsanalyse basiert,
kann zwar im Prinzip beliebig genau gestaltet werden, ist aber meistens
mehr oder weniger stark vereinfacht und zwar um so mehr, je komplexer
und unübersichtlicher ein System ist bzw. je weniger man über das System
weiß (zu Beginn einer Entwicklung).

In der Zuverlässigkeitsanalyse kann normalerweise unsachgemäßes menschliches Verhalten bei Produktion, Lagerung, Instandhaltung und im Einsatz nicht
berücksichtigt werden. Aus diesen Gründen sind Zahlenwerte von Zuverlässigkeitsanalysen mit einer gewissen Unsicherheit behaftet. Der Grad dieser
Unsicherheit ist natürlich von Fall zu Fall verschieden und muß im konkreten Einzelfall abgeschätzt werden.

Die Bedeutung von Zuverlässigkeitsanalysen beruht nicht nur auf einem er-
rechneten Zuverlässigkeitswert, sondern auch auf den qualitativen Überlegungen, die bei ihrer Durchführung angestellt werden. Die Erstellung eines
mathematischen Zuverlässigkeitsmodells und die dazu erforderliche Funk-
tions- und Ausfallanalyse vermitteln Kenntnisse, die auf andere Weise nicht
zu gewinnen sind. Auch die Analyse der Umgebungs- und Betriebsbelastungen ermöglicht schon vom Entwurfsstadium an die Berücksichtigung wesentlicher Zuverlässigkeitsbelange.

Zuverlässigkeit von Bauteilen

Zuverlässigkeitswerte für Bauteile sind für die Durchführung von Zuverlässigkeitsanalysen - sofern sich diese bis auf das Bauteilniveau erstrecken -
unentbehrlich und ein wesentlicher Faktor bei der Auswahl von Bauteilen,
da die Zuverlässigkeit von Geräten entscheidend von der Zuverlässigkeit
der Bauteile beeinflußt wird.

Die Zuverlässigkeit der einzelnen Bauteile wird in der Regel durch ihre
Ausfallrate charakterisiert, welche die Anzahl der Ausfälle pro Zeitein-
heit angibt. Die Ausfallrate kann vom Betriebsalter eines Bauteiles abhängen. Ein wichtiger Spezialfall liegt vor, wenn die Ausfallrate unabhängig
vom Betriebsalter zu jedem Zeitpunkt gleich groß, also konstant ist. Die-

se Annahme liegt vielen Zuverlässigkeitsbetrachtungen zugrunde. Die Angabe, ein Bauteil besitze eine konstante Ausfallrate von 10^{-6}/h, besagt, daß beim Betrieb eines Kollektives dieser Bauteile nach Ablauf einer Stunde im Mittel 1 Millionstel der betrachteten Bauteile ausgefallen ist.

Ausfallraten dieser und noch um Zehnerpotenzen niedrigerer Größenordnung liegen durchaus im Rahmen der Zuverlässigkeitsforderungen, die an viele in der Luft- und Raumfahrt verwendete Bauteile gestellt werden müssen. Der experimentelle Nachweis dieser niedrigen Ausfallraten wirft prinzipielle Probleme auf, da er lange Prüfzeiten und eine große Anzahl von Prüflingen erfordert. Bei einer konstanten Ausfallrate von 10^{-6}/h ist z.B. beim Test von 100 Prüflingen über 10 000 Stunden (mehr als 1 Jahr!) nur mit einem Ausfall zu rechnen. Dabei ist es aber durchaus nicht sicher, daß dieser Ausfall im angegebenen Zeitraum wirklich auftritt. Es ist aber auch nicht ausgeschlossen, daß mehr als ein Ausfall vorkommt.

Da der Nachweis niedriger Ausfallraten mit Hilfe von Zuverlässigkeitsprüfungen normalerweise sehr aufwendig ist, bemüht man sich, Werte für Bauteileausfallraten auch durch Überwachung fertiger Geräte in der Erprobung und im Einsatz zu gewinnen.

Die Angabe einer Ausfallrate für ein bestimmtes Bauteil ist praktisch wertlos, wenn nicht gleichzeitig die Funktions- und Umgebungsbedingungen genannt werden, auf die sich diese Ausfallrate bezieht. Aus der Kenntnis einer Ausfallrate für ein Bauteil bei bestimmten Betriebsbedingungen kann nicht ohne weiteres auf die Ausfallrate bei anderen Bedingungen geschlossen werden. In amerikanischen Veröffentlichungen versucht man daher, unterschiedlichen Umgebungsbedingungen durch Definition von Standardklassen und durch Angabe von multiplikativen Faktoren, die den Bedingungen dieser Klassen angepaßt sind, Rechnung zu tragen [1.12].

Bauteile werden stets für einen bestimmten Anwendungsbereich konstruiert, wobei die Zuverlässigkeit als wichtiger Konstruktionsparameter zu betrachten ist. Einen wesentlichen Einfluß auf die Bauteilezuverlässigkeit hat auch der Herstellungsprozeß. Da sich Herstellungsmängel nie ganz vermeiden lassen, versucht man oft, fehlerhafte Bauteile einer Produktionseinheit durch Einbrennen, d.h. Betrieb unter den vorgesehenen oder sogar verschärften Bedingungen, auszuscheiden.

Bei der Neukonstruktion eines Gerätes sollten wegen der Bedeutung der Bauteilezuverlässigkeit für die Gerätezuverlässigkeit nur solche Bauteile ausgewählt werden, deren Zuverlässigkeit für den vorgesehenen Verwendungszweck nachgewiesen ist. Aus dieser Forderung ergibt sich die Notwendigkeit, Arbeitsunterlagen zu erstellen, welche die Zuverlässigkeit von Bauteilen - z.B. durch Angabe der Ausfallraten - oder wenigstens ihre Eignung für einen bestimmten Anwendungsbereich (ohne detaillierte Angaben von Zahlenwerten für die Zuverlässigkeit) ausweisen. Während in den USA Standardlisten für amerikanische Bauteile (Industrie-, Militärstandards) zur Verfügung stehen, die solche Angaben enthalten, steht man in Deutschland auf diesem Gebiet bisher noch am Anfang. Immerhin gibt es insbesondere für Bauteile der Elektrotechnik Vorschläge zur Einteilung nach Anwendungsklassen, wobei zwischen der Anwendung in der Raumfahrt, im militärischen und im kommerziellen Bereich unterschieden wird. Die einzelnen Klassen sind in erster Linie durch den verschieden hohen Prüfumfang gekennzeichnet; jedoch hat diese Klassifizierung noch nicht überall Eingang gefunden.

Im Rahmen eines Zuverlässigkeitsprogrammes muß die Auswahl hinsichtlich Zuverlässigkeit geeigneter Bauteile gesichert werden. Neben der Bereitstellung bzw. Erstellung von Standardlisten und der Überwachung der bei der Geräteproduktion verwendeten Bauteile ist dieses Ziel in einem Zuverlässigkeitsprogramm durch folgende Maßnahmen zu erreichen: Kontrolle der für eine Konstruktion ausgewählten Bauteile, deren Zuverlässigkeit nicht ausreichend nachgewiesen ist, Planung und Durchführung von Verbesserungsprogrammen für Bauteile mit unzureichender Zuverlässigkeit.

Zuverlässigkeitsanforderungen an Bauelemente hängen notwendigerweise jeweils von dem spezifischen Anwendungsfall ab. Auf die Problematik anwendungsunabhängiger Zuverlässigkeitsangaben kann hier nicht eingegangen werden. Der Leser wird auf die Spezialliteratur verwiesen [1.13].

Entwurfsüberprüfung

Durch Entwurfsüberprüfungen, an denen Vertreter aus allen Abteilungen teilnehmen, die in irgendeiner Form zum Zustandekommen einer Neuentwicklung beitragen, soll eine kritische Überprüfung eines Entwurfes unter den verschiedenen, oft nur schwer miteinander zu vereinbarenden Gesichtspunkten der einzelnen Fachabteilungen und damit eine optimale Lösung der gestellten Aufgabe erreicht werden. Normalerweise ist die Entwurfsüberprüfung kein einmaliger Vorgang, sondern wird im Rahmen einer Neuentwicklung wiederholt durchgeführt.

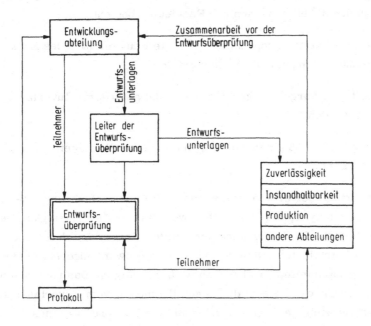

Abb. 1.6. Informationsfluß bei Entwurfsüberprüfungen.

In Abb. 1.6 ist das Zustandekommen einer Entwurfsüberprüfung und der Informationsfluß zwischen den verschiedenen Stellen vor und nach der Prüfung schematisch wiedergegeben.

Der Leiter einer Entwurfsüberprüfung, der nach Möglichkeit nicht der Entwicklungsabteilung angehören sollte, wird im allgemeinen die Termine für Entwurfsüberprüfungen festsetzen, veranlassen, daß den Teilnehmern die erforderlichen Arbeitsunterlagen vor der Nachprüfung zur Verfügung gestellt werden, und dafür sorgen, daß alle beschlossenen Maßnahmen, ungelöste Probleme und aufgetretene Meinungsverschiedenheiten in Form eines Sitzungsberichtes dokumentiert werden.

Obwohl Entwurfsüberprüfungen in keiner Weise die Autorität und Verantwortlichkeit der Entwicklungsingenieure einschränken sollten und der Entwicklungsingenieur bei diesen Prüfungen die Möglichkeit hat, Einwände, die

23

gegen "seinen" Entwurf vorgebracht werden, zu widerlegen und Änderungs-
wünsche kritisch zu beurteilen, besteht doch die Gefahr, daß er Nachprüfungen dieser Art als Eingriff in sein Arbeitsgebiet betrachtet und auf kritische Äußerungen "persönlich" reagiert. Solche Schwierigkeiten lassen
sich weitgehend vermeiden, wenn schon vor einer Entwurfsüberprüfung eine
enge Zusammenarbeit zwischen den Fachleuten besteht.

Vom Zuverlässigkeitsstandpunkt aus muß die Beurteilung jedes Entwurfs
unter folgenden Hauptgesichtspunkten erfolgen:

1. Kann mit dem vorgeschlagenen Entwurf die geforderte Zuverlässigkeit
   erreicht werden?

2. Was kann oder muß getan werden, um die Zuverlässigkeit des Entwurfs
   zu verbessern?

Die Beantwortung der ersten Frage erfordert die Durchführung einer Zuverlässigkeitsanalyse, die einen Schätzwert für die Zuverlässigkeit des
Entwurfes liefert. Die Behandlung der zweiten Frage wird durch sog.
"Checklisten" erleichtert, die dem speziellen Entwurf angepaßt sind und
alle bisher gesammelten Erfahrungen berücksichtigen. Das nachfolgende
Beispiel einer Checkliste enthält einige allgemeine, vom Zuverlässigkeitsstandpunkt aus wichtige Gesichtspunkte für die Überprüfung eines Entwurfs.

Zuverlässigkeits-Checkliste

1. Sind Zuverlässigkeitsforderungen (unter Berücksichtigung der Funk-
   tions- und Umgebungsbedingungen) festgelegt?

2. Ist, wenn irgendwie möglich, die Verwendung standardisierter Teile
   vorgesehen?

3. Liegen Werte für die Ausfallraten der einzelnen Bauteile vor?

4. Enthält die Konstruktion Bauteile, deren Zuverlässigkeit unzureichend
   ist?

5. Können diese Teile durch bessere (zuverlässigere) ersetzt werden?

6. Sind Teile vorgesehen, deren Lebensdauer relativ klein ist?

7. Sind Teile vorhanden, die eine spezielle Behandlung erfordern?

8. Liegt der Teileauswahl eine Abschätzung des Verhältnisses zwischen Betriebsbelastung und maximal zulässiger Belastung zugrunde?

9. Wurde alles getan zum Schutz kritischer Bauteile gegen die nachteiligen Folgen von Umgebungseinflüssen?

10. Sind die Ausfallraten der einzelnen Komponenten bekannt und wie sind ihre Auswirkungen?

11. Wurden Zuverlässigkeitsabschätzungen durchgeführt?

12. Sind die den einzelnen Komponenten (Untergruppen) zugeteilten Zuverlässigkeitswerte erreichbar?

13. Sind Vereinfachungen der Konstruktion möglich?

14. Wurden für kritische Stellen Redundanzbetrachtungen angestellt?

15. Wurden Toleranzanalysen durchgeführt?

Unterauftragnehmer-Kontrolle

Größere Entwicklungsvorhaben werden heutzutage im Zeichen der zwangsläufig immer weiter getriebenen technischen Spezialisierung grundsätzlich unter Beteiligung einer Vielzahl verschiedener Herstellerbetriebe durchgeführt; die Abwicklung derartiger Projekte führt deshalb in zunehmendem Maße zu organisatorischen Problemen und erfordert eine enge Koordination aller in den Prozeß eingeschalteten Stellen. In diesem Zusammenhang obliegt dem Systemführer oder Generalunternehmer die Überwachung seiner Unterauftragnehmer; auf dem Zuverlässigkeitsgebiet stellt dieser Komplex einen wesentlichen Teil der Projektarbeit dar und trägt in entscheidendem Maß zur Erfüllung der Zuverlässigkeitsforderungen bei. Viele nachträglich zutagetretenden Zuverlässigkeitsprobleme sind letztlich auf Versäumnisse in diesem Bereich zurückzuführen.

Die Zuverlässigkeitsüberwachung der Unterauftragnehmer beinhaltet im einzelnen:

1. Die Bereitstellung von Entscheidungskriterien bei der Auswahl der Unterauftragnehmer. Hierbei sind insbesondere der allgemeine Erfahrungshintergrund und die Zuverlässigkeitsangaben in den Angebotsunterlagen zu bewerten.

2. Die Vorgabe von verbindlichen Zuverlässigkeitsforderungen, die in die Lieferspezifikationen der jeweiligen Teilsysteme aufzunehmen sind.

3. Die Beurteilung und Überprüfung der Zuverlässigkeitsprogramme der Unterauftragnehmer. Wichtigste Gesichtspunkte sind dabei die Zweckmäßigkeit und Vollständigkeit der Methoden zur Begrenzung des Entwicklungsrisikos.

4. Die regelmäßige Verfolgung des Zuverlässigkeitsstands während der Entwicklung anhand vertraglich festgelegter Berichte und Entwurfsüberprüfungen.

5. Die Vereinbarung und Überwachung von Zuverlässigkeitsnachweisen für das betreffende Teilsystem. In diesem Zusammenhang sind auch etwaige Folgemaßnahmen bei nicht zufriedenstellenden Nachweisresultaten festzulegen.

1.5. Zuverlässigkeitsprüfungen und Zuverlässigkeitsnachweis

Zuverlässigkeitsforderungen an ein System haben nur dann Gewicht, wenn ihre Erfüllung nachgewiesen werden muß und ihre Nichterfüllung bestimmte Konsequenzen nach sich zieht. Der Zuverlässigkeitsnachweis ist daher ein wesentlicher Bestandteil der Zuverlässigkeitsarbeiten im Projektablauf.

Zuverlässigkeitsnachweise können auf analytischem oder auf experimentellem Wege geführt werden. Analytische Nachweise stützen sich auf Modellbetrachtungen, wie sie in den nachfolgenden Kapiteln ausführlich dargelegt werden. Sie können als ausreichend angesehen werden, sofern keine Geräte betroffen sind, die mit besonderen Risiken behaftet sind. Andernfalls sind experimentelle Untersuchungen unter simulierten Umweltbedingungen erforderlich. Dabei tritt jedoch eine prinzipielle Schwierigkeit auf: Da Zuverlässigkeit eine Wahrscheinlichkeitsgröße ist, ist jede aus Tests gewonnene Zuverlässigkeitsaussage mit einer gewissen Unsicherheit behaftet, die normalerweise durch Angabe eines „Vertrauensbereiches" gekennzeichnet wird.

Die Genauigkeit der aus experimentellen Prüfungen gewonnenen Ergebnisse steigt mit der Zahl der Prüflinge und der Testdauer. Die Planung von Zuverlässigkeitsprüfungen und die Auswertung experimentell ermittelter Daten hinsichtlich Zuverlässigkeit erfordern also die Anwendung statistischer Methoden. Dabei besteht die Möglichkeit, aufgrund gesammelter Daten über Betriebszeiten und Ausfälle eine Aussage über die vorhandene Zuverlässigkeit zu machen oder durch eine Zuverlässigkeitsprüfung nachzuweisen, daß ein Kollektiv von Geräten eine bestimmte Forderung erfüllt.

Im ersten Fall führt die statistische Auswertung der vorhandenen Daten zu einer Aussage folgender Art: "Die Zuverlässigkeit eines Objektes für eine bestimmte Aufgabe liegt mit 90%iger Sicherheit zwischen 0,8 und 0,9". Die Angabe der Aussagesicherheit (im Beispiel: 90%) in Verbindung mit der Aussagegenauigkeit (im Beispiel: "Die Zuverlässigkeit liegt zwischen 0,8 und 0,9") kennzeichnet den "Vertrauensbereich" der Aussage.

Im zweiten Fall wird mit Hilfe statistischer Methoden ein Prüfplan entwickelt, der wesentlich von geforderten Risiken für Hersteller und Abnehmer bestimmt wird.

Aufgrund der während der Prüfung beobachteten Ausfälle läßt sich entscheiden, ob das Gerät in der vorliegenden Form seinen Forderungen genügt und angenommen werden kann oder ob es abgelehnt werden muß. Die für eine Entscheidung notwendige Testzeit wird bei sog. Sequentialprüfungen durch die Anzahl der beobachteten Ausfälle bestimmt.

Nähere Einzelheiten über die Planung und Auswertung statistischer Prüfungen zur Feststellung der Zuverlässigkeit sind den Kap. 3 und 5 zu entnehmen. Der Zuverlässigkeitsnachweis wird in der Regel im Rahmen der Qualifikationsprüfung erbracht; jedoch kann prinzipiell jeder Test ein gewisses Maß an Zuverlässigkeitsaussagen liefern. Diese Tatsache muß berücksichtigt werden, wenn alle Testdaten für die Zuverlässigkeitsarbeit maximal nutzbar gemacht werden sollen.

Generell sind bei der Planung von Zuverlässigkeitsprüfungen die folgenden Schritte durchzuführen:

1. Beschreibung der Soll-Funktion, die der Prüfling leisten muß.

2. Festlegung der Meßverfahren, mit denen die Einhaltung der Soll-Funktion während der Prüfung überwacht wird, um ggf. Ausfälle feststellen zu können.

3. Spezifizierung und Erstellung eines geeigneten Registrier- und Meßverfahrens sowohl für die laufende Überwachung der Funktion des Prüflings, wie auch für die Überwachung und Registrierung der Betriebsbedingungen, denen der Prüfling ausgesetzt wird.

4. Festlegung von Ausfallkriterien (Grenzen für die einzelnen Meßgrößen, welche die Funktion des Prüflings charakterisieren, nach deren Überschreitung bzw. Unterschreitung der Prüfling als ausgefallen gilt).

5. Statistische Prüfplanung, d.h. Festlegung der Anzahl der Prüflinge bzw. der Prüfdauer und derjenigen Anzahl von Ausfällen, nach deren Auftreten die Prüfung als nicht bestanden zu gelten hat.

Experimentelle Zuverlässigkeitsprüfungen können in verschiedenen Stufen des Zusammenbaus technischer Anlagen durchgeführt werden. Bei einer Prüfplanung ist also zu entscheiden, ob man eine solche Prüfung an den Bauteilen (Komponenten) oder an den kompletten Anlagen durchführen will. Bei Bauteilprüfungen ist es von Vorteil, daß die Kosten für die Beschaffung der Prüflinge und für die Durchführung der Prüfung im Normalfall, bezogen auf den einzelnen Prüfling, niedriger sein werden als bei Anlagenprüfungen. Außerdem stehen die Bauteile als Prüflinge früher zur Verfügung als die kompletten Anlagen, so daß eine Prüfung früher angesetzt werden kann und eventuell notwendig werdende Konstruktionsänderungen noch relativ billig durchgeführt werden können. Andererseits liegt die Zuverlässigkeit, die von Bauteilen verlangt werden muß, normalerweise um Größenordnungen über der für eine Anlage spezifizierten Zuverlässigkeit, so daß Bauteilprüfungen gegebenenfalls mit sehr hohem Stichprobenumfang und über lange Prüfzeiten durchgeführt werden müssen.

Im allgemeinen wird man bestrebt sein, bei Zuverlässigkeitstests diejenigen Funktions- und Umgebungsbedingungen einzuhalten, die auch beim Einsatz vorhanden sind. Dies kann dazu führen, daß die Umgebungsbedingungen bei Laborversuchen simuliert werden müssen. Hierdurch treten bei der Testplanung und Ausführung oft Schwierigkeiten auf, da entweder die wirklichen Umgebungsbedingungen nicht genau bekannt sind oder so komplex, daß sie sich -

wenn überhaupt - nur mit großem Aufwand nachahmen lassen. Brauchbare Standardwerte für Umwelteinflüsse liefert z.B. [1.14].

Zur Reduzierung der mit Zuverlässigkeitstests verbundenen Kosten und Prüfzeiten bieten sich Tests unter verschärften Funktions- und Umgebungsbedingungen an, also unter Bedingungen, die beim normalen Einsatz nicht auftreten. Tests dieser Art bedürfen einer besonders sorgfältigen und kritischen Interpretation, wenn aus ihnen Rückschlüsse auf die Zuverlässigkeit bei den wirklichen Betriebsbedingungen gezogen werden sollen. Die Auswertung führt leicht zu falschen Ergebnissen, da meist kein eindeutiger Zusammenhang zwischen Zuverlässigkeit und Umgebungs-/Funktionsbedingungen bekannt ist.

Besonders verwickelt sind die Verhältnisse, wenn bei Tests unter verschärften Bedingungen diese nicht konstant gehalten, sondern schrittweise gesteigert werden, bis ein Ausfall eintritt. Obwohl solche Tests die Einsatzgrenzen und schwache Stellen eines Produktes aufzeigen und Kenntnisse über Ausfallarten, -ursachen und -auswirkungen vermitteln, scheint es nicht mehr sinnvoll, sie als Zuverlässigkeitsprüfungen zu bezeichnen. Die Gewinnung eines Zahlenwertes für die Zuverlässigkeit ist praktisch ausgeschlossen. Außer reinen Zuverlässigkeitsprüfungen können auch Entwicklungs-, Fertigungs-, Qualifikations- und Abnahmeprüfungen zur Gewinnung von Zuverlässigkeitsaussagen herangezogen werden, besonders dann, wenn Zuverlässigkeitsbelange bei der Prüfplanung berücksichtigt werden. Die aus diesen Tests gewonnenen Ergebnisse geben ebenfalls Aufschluß über Ausfallarten, -ursachen und -auswirkungen und können auch zur Ermittlung eines Zahlenwertes für die Zuverlässigkeit führen oder dazu beitragen.

Zuverlässigkeitsprüfungen, insbesondere wenn sie ausschließlich zur Gewinnung von Zahlenwerten für die Zuverlässigkeit durchgeführt werden, müssen im Hinblick auf ihre Kosteneffektivität sorgfältig überdacht werden. Die erheblichen Kosten von reinen Zuverlässigkeits-Demonstrationstests stellen eine Investition dar, die zunächst nur der Erweiterung der Kenntnisse über das Verhalten des Testobjekts unter Einsatzbedingungen dient und nur zusammen mit etwaigen juristischen Zusatzvereinbarungen auch zu seiner Verbesserung beitragen kann. Da für den Auftraggeber bei negativem Ausgang des Zuverlässigkeitsnachweises vielfach keine realistische Rücktrittsmöglichkeit besteht, können auch etwaige für diesen Fall getroffene Gewährleistungsvereinbarungen nur bedingt wirksam sein. Zusammen mit der Problematik einer oft nur unzureichenden Nachbildung der realen Einsatzbedingungen sowie der begrenzten Aussagesicherheit des Tests müssen diese Gesichtspunkte bei der Nachweisplanung berücksichtigt werden. Andererseits hat sich gezeigt, daß Zuverlässigkeitsprüfungen immer eine zusätzliche Motivation mit sich bringen und somit trotz der genannten Einschränkungen eine positive Wirkung auf die Zuverlässigkeit haben.

In jüngster Zeit ist die frühzeitige Festlegung von Nachweistests gelegentlich durch vertraglich gesicherte Testoptionen ersetzt worden, die erst bei Vorliegen entsprechender Erfahrungen und Hinweise aus dem Entwicklungsverlauf kurzfristig in Anspruch genommen werden können. Diese Regelung scheint sich bei bisherigen Anwendungen zu bewähren; ein abschließendes Urteil ist jedoch zur Zeit noch nicht möglich.

Zur Abgrenzung der verschiedenen hier erwähnten Testarten gegeneinander sei kurz erläutert, was unter den einzelnen Begriffen zu verstehen ist:

Als Entwicklungserprobungen werden alle im Rahmen einer Projektentwicklung durchgeführten Versuche bezeichnet, deren Aufgabe es ist, die Eigenschaften des Entwicklungsgegenstandes hinsichtlich seines vorgegebenen Verwendungszwecks zu ermitteln. Insbesondere liefern sie Informationen zu folgenden Gesichtspunkten:

1. Auswahl von geeigneten Teilen und Materialien;

2. Durchführbarkeit eines Entwurfes und seine Eignung für die vorgesehene Aufgabe;

3. Nachweis von Sicherheits- und Belastungsgrenzen;

4. Bestätigung theoretischer Annahmen;

5. Auswirkungen des Ausfalls bestimmter Bauteile oder Komponenten.

Als Fertigungsprüfungen werden alle im Rahmen der Fertigung durchgeführten Versuche bezeichnet, die dazu dienen, die Homogenität der Fertigung in Übereinstimmung mit den Fertigungsunterlagen sicherzustellen. Hierzu gehören insbesondere Fertigungskontrollen, "Screening" (Aussortierung nach Größe der Änderungsgeschwindigkeit charakteristischer Parameter) sowie Einbrennprüfungen zur Ausscheidung von Frühausfällen.

Qualifikationsprüfungen sind alle Versuche, die dazu dienen, die Erfüllung der an das Erzeugnis als Typ (Muster) gestellten Anforderungen nachzuweisen. Sie bilden normalerweise einen Teil der formellen Qualifikation zur Erlangung eines Prüfzertifikats.

Als Abnahmeprüfungen werden alle Versuche bezeichnet, die dazu dienen, die Erfüllung der Funktionsanforderungen und die Übereinstimmung in wichtigen Parametern mit dem qualifizierten Typ (Muster) nachzuweisen.

Ein Problem ist in diesem Zusammenhang die Gewinnung, Speicherung und Einordnung des für den Zuverlässigkeitsnachweis benötigten Datenmaterials. Fast nie entstammen diese Daten ausschließlich gezielten Tests unter Laborbedingungen, sondern in der Regel werden auch bereits Erfahrungen aus dem praktischen Einsatz mit verarbeitet. Die Beobachtung eines Erzeugnisses unter Einsatzbedingungen liefert auch nach Abschluß des Qualifikationsverfahrens noch wertvolle Hinweise auf notwendige oder mögliche Maßnahmen zur Zuverlässigkeitsverbesserung. Bei modernen technischen Systemen ist eine Datenerfassung nicht nur zur Klärung von Zuverlässigkeitsfragen notwendig. Sie muß zur Lösung der mannigfaltigsten Probleme (Wirksamkeit, Verfügbarkeit, Instandhaltbarkeit eines Systemes; Personalbedarf, Unterhaltungskosten usw.) beitragen. Alle zu diesen Problembereichen gesammelten Daten sind aber nicht nur für die Bearbeitung eines "laufenden" Projektes erforderlich, sondern auch bei späteren Projekten von Nutzen, da erfahrungsgemäß bewährte Komponenten bei Neuentwicklungen übernommen werden oder die Grundlage für die Neuentwicklung bilden. Ferner ermöglichen sie eine Aussage darüber, ob die bei Neuentwicklungen gewünschten Daten überhaupt realisierbar sind.

In Kap. 7 werden die mit der Datenerfassung zusammenhängenden Probleme noch genauer diskutiert.

1.6. Die Zuverlässigkeitsorganisation

Die Wirksamkeit der Zuverlässigkeitsarbeit wird nicht allein durch die Fähigkeiten des Personals, das Zuverlässigkeitsarbeit ausführt, sondern insbesondere auch durch dessen Stellung und Verantwortlichkeit innerhalb

einer Gesamtorganisation bestimmt. Die Hauptaufgaben eines Zuverlässigkeitsprogrammes (Abschn. 1.2) machen deutlich, daß Zuverlässigkeitsarbeit in fast allen Fachabteilungen eines Betriebes (Entwicklung, Produktion, Qualitätskontrolle, Einkauf, Kundenbetreuung) zu leisten ist. Aus dieser Situation ergibt sich sofort die Frage, ob überhaupt eine eigene Zuverlässigkeitsorganisation notwendig ist oder ob es genügt, wenn das betreffende Fachpersonal Zuverlässigkeitsarbeit mit ausführt und die Verantwortung
für Zuverlässigkeit übernimmt.

Diese Lösung wäre vollkommen unbefriedigend. Sie war eine der Ursachen
für das Auftreten von Zuverlässigkeitsproblemen. Einerseits erfordert die
Zuverlässigkeitsarbeit bestimmte Kenntnisse, z.B. auf dem Gebiet der mathematischen Statistik und Wahrscheinlichkeitsrechnung, die man normalerweise in weiten Bereichen der Technik beim Fachpersonal der verschiedenen Abteilungen nicht voraussetzen kann. Andererseits besteht eine der
Hauptaufgaben einer Zuverlässigkeitsorganisation in der Ausübung einer
Kontrollfunktion hinsichtlich Zuverlässigkeit bei Konstruktion und Entwicklung, die von Konstruktions- und Entwicklungsingenieuren nicht ohne Be-
fangenheit ausgeübt werden könnte. Der Aufbau und die Stellung einer Zuverlässigkeitsorganisation werden durch die Tätigkeiten und Ziele der Zuverlässigkeitsarbeit bestimmt. Es gibt dafür sicherlich eine Reihe von Möglichkeiten. Eine Organisationsform kann in einem Falle äußerst wirksam
sein, während sie in einem anderen unwirksam bleibt. Das widerlegt aber
nicht die Behauptung, daß eine Zuverlässigkeitsabteilung eine bestimmte
Stellung und Verantwortlichkeit besitzen muß, wenn ihre Arbeit wirkungs-
voll sein soll.

Eine denkbare Form einer Zuverlässigkeitsorganisation ist die, daß innerhalb besonderer Fachabteilungen eigene Zuverlässigkeitsgruppen gebildet
werden, die für die Zuverlässigkeitsarbeit in den Fachabteilungen zustän-
dig sind und den Fachabteilungsleitern unterstehen. Bei dieser Organisationsform ist die Zuverlässigkeitsgruppe in der undankbaren Lage, daß sie
einen Vorgesetzten besitzt, der sich vornehmlich für seine eigentlichen
Fachaufgaben verantwortlich fühlt. Wie soll sie ihre Belange vertreten,
wenn eine Verbesserung der Zuverlässigkeit nur auf Kosten einer Änderung
erreicht werden kann - z.B. verminderte Leistung - die der Fachabteilungs-
leiter strikt ablehnt? Solche Schwierigkeiten sind bei einer Stellung der Zuverlässigkeitsorganisation auf der Stufe unterhalb bestehender Fachabteilungen unvermeidbar.

Die Zuverlässigkeitsorganisation muß aber die Möglichkeit haben, in Angelegenheiten, bei denen sie mit anderen Abteilungen keine Übereinkunft erzielt, eine Entscheidung auf höherer Ebene herbeizuführen, d.h. aber, sie muß eine Stellung besitzen, die zumindest der anderer Fachabteilungen entspricht. Die Existenz einer unabhängigen Zuverlässigkeitsabteilung, die durch ihren Leiter direkt der Firmen- oder Projektspitze untersteht, beseitigt gleichzeitig eine weitere Schwierigkeit, die durch die erstgenannte Organisationsform entsteht.

Zuverlässigkeitsarbeit muß, wenn sie erfolgreich sein soll, in vielfältiger Form auf allen Stufen eines Betriebes erfolgen. Viele Zuverlässigkeitsarbeiten sind aber bei bloßer Existenz von Zuverlässigkeitsgruppen in Fachabteilungen nicht abgedeckt. Insbesondere gilt dies für den Ausbau und die Verbesserung der Methodik, für die Zuverlässigkeitsschulung, den Informationsaustausch bezüglich Zuverlässigkeit und ähnliche Fragen. Es ist Aufgabe einer eigenständigen Zuverlässigkeitsabteilung, diese Arbeiten auszuführen.

Die Existenz einer unabhängigen Zuverlässigkeitsabteilung bedeutet nicht, daß alle einzelnen Zuverlässigkeitsgruppen unbedingt zentral an einem Ort zusammengefaßt sein müssen. Es ist sehr wohl möglich, daß Zuverlässigkeitsgruppen ihren ständigen Platz in anderen Fachabteilungen haben und ein kleines Team alle Zuverlässigkeitsarbeiten verrichtet, die durch die Gruppen in den Fachabteilungen nicht erfaßt werden. In jedem Falle ist es jedoch wesentlich für die Wirksamkeit einer Zuverlässigkeitsorganisation, daß ihr Leiter über alle Zuverlässigkeitsgruppen eine zentrale Funktion ausübt und in der Lage ist, Zuverlässigkeitsbelange an oberster Stelle zu vertreten.

Eine Möglichkeit für die zentrale Organisation einer Zuverlässigkeitsabteilung und ihre Verflechtung mit anderen Abteilungen ist schematisch in Abb. 1.7 dargestellt [1.15].

Es sei nochmals darauf hingewiesen, daß durchaus andere zentrale Organisationsformen denkbar sind und auch praktiziert werden. Abb. 1.7 erhebt keinen Anspruch auf Vollständigkeit. Der Einfachheit halber wurden nur einige wichtige Fachabteilungen eines technischen Betriebes angeführt. Die gestrichelten Linien sollen die Stellung und den Einflußbereich der Zuverlässigkeitsabteilung andeuten.

Die Zusammenarbeit der Zuverlässigkeitsabteilung mit anderen Fachabteilungen geschieht normalerweise in der Form, daß sie eine beratende und überwachende Funktion ausübt. Sie muß insbesondere in solchen Fällen tätig werden, wo Funktionen, die in den Zuständigkeitsbereich anderer Fachabteilungen fallen, sich in besonderem Maße auf die Zuverlässigkeit eines Produkts auswirken, ohne daß dadurch die primäre Verantwortlichkeit der betreffenden Fachabteilungen außer Kraft gesetzt wird. Die Zuverlässigkeitsabteilung wird bei der laufenden Kontrolle von Entwürfen diese hinsichtlich Zuverlässigkeit gutheißen oder ablehnen. Bei Genehmigung eines Entwurfs durch die Zuverlässigkeitsabteilung geht die Verantwortlichkeit für die Zuverlässigkeit auf den Leiter der Zuverlässigkeitsabteilung über. Treten Zuverlässigkeitsprobleme auf, so kann die Zuverlässigkeitsabteilung Lösungsvorschläge unterbreiten; im Falle von Konflikten zwischen den Zuverlässigkeitsbelangen und anderen Kriterien entscheidet die Projekt- bzw. Firmenleitung, die dann natürlich auch die Verantwortlichkeit für die Zuverlässigkeit mit übernehmen muß.

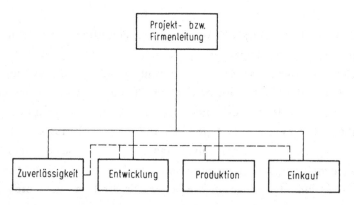

Abb. 1.7. Stellung einer zentralen Zuverlässigkeitsorganisation und ihre Verflechtung mit anderen Abteilungen.

Die direkte Verantwortlichkeit des Leiters der Zuverlässigkeitsabteilung erstreckt sich vor allem auf Zuverlässigkeitsforschung und -schulung, auf die Erstellung, Durchführung und Wirksamkeit von Zuverlässigkeitsprogrammen, die Festlegung von Informationswegen für Zuverlässigkeitsdaten, die Information der Geschäftsleitung über den erreichten Zuverlässigkeitsstand und evtl. erforderliche Bemühungen zur Anhebung der Zuverlässigkeit, sowie auf die Datenerfassung bei der Entwicklung, Herstellung und beim Gebrauch eines Systemes. Die an die Mitarbeiter der Zuverlässigkeitsorganisation zu

stellenden Anforderungen ergeben sich aus den Aufgaben der Zuverlässigkeitsarbeit. Die Vielfalt der Zuverlässigkeitstätigkeiten macht auch innerhalb einer Zuverlässigkeitsorganisation eine Spezialisierung auf Teilgebiete
unvermeidbar. Neben fachlichen Fähigkeiten sollte das Personal einer Zuverlässigkeitsabteilung ausgeprägtes Einfühlungsvermögen und die Bereitschaft
zur Zusammenarbeit mit anderen Fachabteilungen besitzen.

1.7. Institutionen, Normen und Richtlinien auf dem Zuver-lässigkeitsgebiet

Eine Vielzahl von Standardisierungsgremien und Institutionen im nationalen
und internationalen Bereich sind auf dem Gebiet der Zuverlässigkeit tätig.
Die nachfolgende Aufstellung vermittelt einen Überblick über die wichtigsten Institutionen und die von ihnen herausgegebenen Dokumente [1.16,
1.17].

In der Bundesrepublik Deutschland erfolgt die offizielle Normungsarbeit
in den Fachgliederungen des Deutschen Instituts für Normung (DIN). Auf
dem Zuverlässigkeitsgebiet ist hauptamtlich das Komitee K 132 "Zuverlässigkeit" der "Deutschen Elektrotechnischen Kommission im DIN und VDE
(DKE)" tätig, dessen Zuständigkeitsbereich über die Elektrotechnik im
engeren Sinne hinausgreifend auch allgemeine technische Gebiete umfaßt.
Ein Beispiel für die Arbeit dieses Gremiums ist die Begriffsnorm
DIN 40041 "Zuverlässigkeit in der Elektrotechnik, Begriffe", die z.Zt. auf
der Grundlage der Vornormen DIN 40041/10.67 und DIN 40042/6.70 überarbeitet wird und im deutschen Sprachraum ganz allgemein als maßgebliche
Unterlage für Zuverlässigkeitsdefinitionen gilt.

Weitere DIN-Ausschüsse, deren Arbeitsgebiet die Zuverlässigkeit enthält
oder zumindest berührt, sind der Fachausschuß für Qualitätssicherung und
angewandte Statistik (AQS), der Normenausschuß Instandhaltung (NIN) und
der Normenausschuß Kerntechnik (NKe). Werden von diesen Ausschüssen
zuverlässigkeitsrelevante Normen erstellt, so ist entsprechend den DIN-
Regeln eine gegenseitige Abstimmung erforderlich. Ein Beispiel hierfür
ist die vom AQS herausgegebene Norm DIN 55350 mit der in Blatt 11 gegebenen Zuverlässigkeitsdefinition, die sorgfältig mit K 132 abgestimmt
werden mußte.

Zu den Gremien, die nicht in die offizielle Normungsarbeit auf dem Zuverlässigkeitsgebiet integriert sind, sondern im Vorfeld der Normung arbeiten, gehören der VDI-Ausschuß Technische Zuverlässigkeit (VDI-ATZ) und
die Nachrichtentechnische Gesellschaft (NTG) mit ihren Fachausschüssen.
Der VDI-ATZ deckt in seinem "Handbuch Technische Zuverlässigkeit" den
gesamten Bereich der Zuverlässigkeit und ihrer Bearbeitung in knapp 50
Richtlinienblättern ab, die nicht den Charakter offizieller Normen besitzen,
jedoch als "Regeln der Technik" gleichfalls zur Grundlage vertraglicher Vereinbarungen gemacht werden können. Das Handbuch gliedert sich in die Haupt-
abschnitte Grundlagen, Forderungen, Verfahren, Anwendungen. An den
Arbeiten sind Vertreter aller Industriezweige, der Forschung sowie der
wichtigsten Auftraggeberorganisationen und Prüfinstitutionen beteiligt.

Der Fachausschuß "Zuverlässigkeit" in der NTG war federführend bei der
Begriffsnormung für Zuverlässigkeitsbegriffe der Elektrotechnik. Er er-
stellte hierzu die NTG-Empfehlung 3002, die wie alle NTG-Empfehlungen
keinen Normcharakter trug, jedoch die Grundlage für die Vornormen
DIN 40041/DIN 40042 bildete. Der Fachausschuß beschäftigt sich außerdem
wissenschaftlich mit Einzelthemen aus dem Zuverlässigkeitsgebiet, die für
die Nachrichtentechnik relevant sind, wie z.B. der Schaltungsanalyse.

Neben den genannten Gremien gibt es noch solche, die selbst keine eigentliche Normungsarbeit betreiben, dieser jedoch durch ihre Tätigkeit entscheidende Impulse verleihen. Zu ihnen gehören insbesondere die Deutsche
Gesellschaft für Qualität (DGQ), die Deutsche Gesellschaft für Luft- und
Raumfahrt (DGLR) und das Deutsche Komitee Instandhaltung (DKIN). Die
DGQ, die auch eine Arbeitsgruppe Zuverlässigkeit hat, ist schwerpunkt-
mäßig auf dem Ausbildungssektor tätig. Einschlägige Schulungskurse finden
in verschiedenen Orten statt. Ein im vorliegenden Zusammenhang wichtiges
Arbeitsergebnis der DGQ ist die DGQ-Schrift 11-04 [1.18] "Begriffe und
Formelzeichen im Bereich der Qualitätssicherung" (3. Aufl. 1979), in der
auch Definitionen von Zuverlässigkeitsbegriffen zusammengestellt sind.
Der Fachausschuß "Zuverlässigkeit" innerhalb der Fachgruppe "Systemtechnik" der DGLR führt Diskussionssitzungen und Fachtagungen meist in
Zusammenarbeit mit anderen Institutionen durch. Auch das DKIN veranstaltet Fachtagungen, deren Thematik das Zuverlässigkeitsgebiet mit umfaßt.

Die Koordination zwischen den Gremien erfolgt im Rahmen der Vorberei-
tungsarbeiten zu den in zweijährigem Turnus stattfindenden Tagungen

"Technische Zuverlässigkeit". Die erste derartige Tagung wurde 1961 allein von der NTG veranstaltet; seit 1967 werden die Tagungen von DGQ, NTG und VDI gemeinsam ausgerichtet, seit 1975 in Gemeinschaft mit dem DKIN. Bis einschließlich 1985 fanden alle Tagungen in Nürnberg statt.

Die bisherigen zuverlässigkeitsspezifischen Arbeitsergebnisse sind in den folgenden Dokumenten niedergelegt:

DIN 25419	Störfallablaufanalyse, Störfallablaufdiagramm	Dez. 1977
DIN 25424	Fehlerbaumanalyse	Juni 1977
DIN 25448	Ausfalleffektanalyse	
DIN 31004	Begriffe der Sicherheitstechnik Teil 1: Grundbegriffe	
DIN 31051	Instandhaltung, Begriffe und Maßnahmen	März 1982
DIN 40041	Zuverlässigkeit elektrischer Bauelemente, Begriffe (in Überarbeitung)	(Vornorm Okt. 1967)
DIN 40042	Zuverlässigkeit elektrischer Geräte, Anlagen und Systeme, Begriffe (in Überarbeitung)	(Vornorm Juni 1970)
DIN 55350	Begriffe der Qualitätssicherung und Statistik Teil 11: Begriffe der Qualitätssicherung - Grundbegriffe (in Überarbeitung)	(Entwurf März 1986)
VDI/VDE-Richtlinie 2180	Sicherung von Anlagen der Verfahrenstechnik mit Mitteln der Meß-, Steuerungs- und Regelungstechnik; Bl. 1-5	
VDI/VDE-Richtlinie 3540	Zuverlässigkeit von Meß-, Steuer- und Regelgeräten Blatt 1: Erfassung von Ausfalldaten Blatt 2: Klimaklassen für Geräte und Zubehör	Aug. 1975 Febr. 1975

VDI-Handbuch Technische Zuverlässigkeit

VDI 4001 (2 Bl.)	Allgemeine Hinweise zum VDI-Handbuch Technische Zuverlässigkeit
VDI 4002 (1 Bl.)	Erläuterungen zum Problem der Zuverlässigkeit technischer Erzeugnisse und/oder Systeme
VDI 4003 (6 Bl.)	Programmforderungen
VDI 4004 (4 Bl.)	Zuverlässigkeitsmerkmale
VDI 4005 (5 Bl.)	Einflüsse von Umweltbedingungen auf die Zuverlässigkeit technischer Erzeugnisse

VDI 4006 (1 Bl.)	Vertragliche Absicherung
VDI 4007 (4 Bl.)	Zuverlässigkeits-Management
VDI 4008 (9 Bl.)	Verfahren für Zuverlässigkeitsanalysen
VDI 4009 (10 Bl.)	Zuverlässigkeits-Tests
VDI 4010 (4 Bl.)	Zuverlässigkeits-Daten

Im internationalen Bereich beschäftigen sich im wesentlichen die folgenden
Organisationen mit Zuverlässigkeitsfragen:

die International Electrotechnical Commission (IEC)
als Dachverband der DKE,

die International Standard Organization (ISO)
als Dachverband des DIN,

die European Organization for Quality Control (EOQC)
als Dachverband der DGQ.

Das wichtigste internationale Gremium für die Normungsarbeit auf dem
Zuverlässigkeitsgebiet ist das Technical Committee (TC) 56 "Reliability
and Maintainability" der IEC. Es ist mit Vertretern der nationalen Standar-
disierungskomitees zahlreicher europäischer und außereuropäischer Länder
besetzt, und sein Zuständigkeitsbereich beschränkt sich nicht auf das Gebiet der Elektrotechnik, sondern greift wie beim K 132 der DKE weit darüber hinaus. Bei der ISO haben das TC 69 "Application of statistical
methods" und das TC 176 "Quality assurance" Berührungspunkte mit der
Zuverlässigkeit; ihr Schwerpunkt liegt jedoch auf dem Gebiet der Qualitätssicherung. Dasselbe gilt für die EOQC; hier ist es vor allem das
Glossary Committee, das bei seinen Definitionsarbeiten auch das Zuverlässigkeitsgebiet berührt. Von den oben genannten Organisationen sind u.a.
folgende für die Zuverlässigkeit relevanten Dokumente erstellt worden:

Glossary of terms used in quality control (EOQC, mehrsprachig)	Neuauflage 1981
List of basic terms and definitions for reliability (IEC-Publ. 271) (überarbeitete Fassung in Vorbereitung)	
Presentation of reliability data on electronic components (IEC - Publ. 319)	1972
Guide for the collection of reliability, availability and maintainability data from field performance of electronic items (IEC-Publ. 362)	1971

Guide for the inclusion of reliability clauses
into specifications for components (or parts)
of electronic equipment (IEC-Publ. 409)   1973

Equipment reliability testing (IEC-Publ. 605)
Part 1
Part 2   Guidance for the design of test cycles   1985
Part 3   Preferred test conditions
Part 4   Procedures for determining point esti-
           mates and confidence limits
Part 5   Compliance test plans for success ratio
Part 6   Test for the validity of a constant
           failure rate assumption
Part 7   Procedure for the design of test plans

Von ISO oder von IEC herausgegebene Dokumente sollen aufgrund eines

Harmonisierungsabkommens auch für die Bundesrepublik Deutschland

Verbindlichkeit erlangen.

Neben den genannten allgemeinen Standardisierungsgremien geben einige

größere Auftraggeber eigene Zuverlässigkeitsrichtlinien und Spezifikatio-

nen heraus. In diesem Zusammenhang sind zu nennen

im nationalen Bereich:

das Bundesministerium für Verteidigung (BMVg). Es werden Richtlinien-

reihen für die Gebiete Zuverlässigkeit, Materialerhaltbarkeit und Lebens-

dauer (ZML) von Wehrmaterial erstellt, die laufend ergänzt und für BMVg-

Auftragnehmer verbindlich werden sollen.

Spezielle Zuverlässigkeitsvorschriften werden außerdem von der Bundes-

post, der Bundesbahn sowie vom Bereich Projektträgerschaft (BPT) der

Deutschen Forschungs- und Versuchsanstalt für Luft- und Raumfahrt

(DFVLR) herausgegeben.

im internationalen Bereich:

die Europäische Raumfahrtbehörde ESA und die amerikanische NASA. In

den Vorschriften für die Auftragnehmer dieser Organisationen nimmt das

Gebiet Zuverlässigkeit breiten Raum ein.

Grundlegende Zuverlässigkeitsforderungen finden sich außerdem in dem

ursprünglich für militärische Auftragnehmer gedachten, inzwischen weit-

gehend kommerzialisierten amerikanischen Normenwerk der MIL-Standards.

Anhang 1. Definition einiger wichtiger Zuverlässigkeitsbegriffe

Im folgenden Werden für einige in diesem Buch häufig gebrauchte Begriffe
aus dem Bereich der Zuverlässigkeit und Systemtechnik Definitionen in
alphabetischer Reihenfolge angegeben.

Wenn zu einem Begriff eine Definition bereits in genormter oder normähnli-
cher Form vorliegt, ist diese unverändert übernommen worden, wobei die
Herkunft in Klammern angegeben wurde. Ebenso wurde verfahren, wenn
das Ergebnis der Fachdiskussion zu einer Definition bekannt, aber noch
nicht veröffentlicht ist. In den übrigen Fällen wurden eigene, möglichst
praxisnahe Formulierungen verwendet. Wo die Begriffsbestimmung allein
zum Verständnis nicht ausreichend schien, wurden noch zusätzliche Erläuterungen hinzugefügt. Zu jedem Begriff ist in Klammern der entsprechende
englische Ausdruck angegeben, um die Querverbindung zur englisch-spra-
chigen Fachliteratur herzustellen.

Ausfall (failure); (nach DIN 40041, Entwurf März 1981): Aussetzen der
Ausführung einer festgelegten Aufgabe einer Einheit aufgrund einer in ihr
selbst liegenden Ursache und im Rahmen der zulässigen Beanspruchung.
(Auch "Primärausfall" im Gegensatz zum "Sekundärausfall", der z.B.
durch den Ausfall anderer System-/Gerätekomponenten verursacht worden
ist.)
Anmerkung: "Aussetzen" beinhaltet auch das erstmalige Nichtausführen einer Aufgabe.

Ausfallquote (failure quota): (nach DGQ-Schrift 11-04): relative Bestands-
änderung in einem Zeitintervall.
Anmerkung: Beispiel: sind von einem Anfangsbestand von 50 Einheiten nach
100 Stunden 25 Einheiten ausgefallen, so beträgt die Ausfallquote 5×10^{-3}/h.

Ausfallrate (failure rate): (nach DIN 40041, Entwurf Febr. 1983): Grenzwert der Ausfallquote für das gegen 0 gehende Zeitintervall.

Beanstandung (arising): Fehler, der einen nicht planbaren Instandhaltungs-
vorgang zur Folge hat.

Anmerkung: Wie beim Ausfall kann man auch hier zwischen Primär- und Sekundärbeanstandungen unterscheiden. Wenn der technische Mangel bei einer Fehlersuche nachgewiesen werden kann, spricht man von einer "bestätigten Beanstandung".

Betriebssicherheit (operational safety): Sicherheit im Betrieb, gemessen in der Wahrscheinlichkeit, daß während einer vorgegebenen Betriebsdauer keine Ausfälle auftreten, die zu Unfällen führen können.

Defekt (defect): siehe "Fehler".

Einsatz-/Missionszuverlässigkeit (mission reliability): Eigenschaft einer Einheit, gemessen in der Wahrscheinlichkeit, daß im Verlauf eines Einsatzes keine Ausfälle auftreten, welche die Erfüllung des Einsatzauftrags be- oder verhindern.

Fehler (defect, error) (nach DIN 55350, Teil 11): Nichterfüllung vorgegebener Forderungen durch einen Merkmalswert.

Anmerkung: Der Fehler ist also eine unzulässige Abweichung eines Merkmals und damit ein Zustand. Als Merkmalswerte sind auch logische Zustände zu verstehen.

Instandhaltbarkeit (maintainability); (nach DIN 40041, Entwurf Febr. 1983): Bewertung der Eignung einer Einheit für die Instandhaltung bei hierfür festgelegten Mitteln und Verfahren.

Instandhaltung (maintenance); (nach DIN 31051): Maßnahmen zur Bewahrung und Wiederherstellung des Sollzustandes sowie zur Feststellung und Beurteilung des Istzustandes von technischen Mitteln eines Systems.

Anmerkung: Der Begriff Instandhaltung umfaßt sowohl planmäßige als auch außerplanmäßige Arbeiten. Zu den planmäßigen Instandhaltungsarbeiten gehören alle Tätigkeiten, die nach einem festen Schema in regelmäßiger Folge vorgenommen werden (z.B. Wechseln von Öl bzw. Überholen von Teilen, die eine vorgeschriebene Betriebszeit erreicht haben, Inspektionen). Unter dem Begriff außerplanmäßige Instandhaltung werden alle Maßnahmen zur Behebung aufgetretener Störungen und Ausfälle - also die Reparaturarbeiten - zusammengefaßt.

<u>Instandsetzungsfreiheit</u> (hardware reliability): Wahrscheinlichkeit, daß eine Einheit bei gegebener Überwachung und Instandhaltung keine Instandsetzung benötigt.

<u>Leistungsfähigkeit</u> (capability): Maß für die technische Eignung eines Systems, seinen Verwendungszweck zu erfüllen.

Anmerkung: Die Leistungsfähigkeit ist neben der Einsatzzuverlässigkeit und der Verfügbarkeit die dritte wichtige Bestimmungsgröße für die Systemwirksamkeit. Im allgemeinen Fall ist sie als dimensionsloser Vektor darzustellen, dessen Elemente den Leistungspegeln der verschiedenen möglichen Systemzustände entsprechen. Als zahlenmäßige Angabe für die Leistungsfähigkeit in einem bestimmten Zustand eignet sich z.B. die Wahrscheinlichkeit, unter den technischen Gegebenheiten dieses Zustands die vorgesehene Aufgabe erfüllen zu können. Wird beispielsweise als spezifisches Bewertungskriterium eines Transportsystems das Produkt aus Nutzlast und Geschwindigkeit gewählt, so wäre die Wahrscheinlichkeit der Aufgabenerfüllung in diesem Fall auszudrücken durch das Verhältnis von Transportkapazität zu Transportbedarf bei voller bzw. durch Ausfälle in definierter Weise verringerter Funktionsfähigkeit des Systems.

<u>Qualität</u> (quality); (nach DIN 55350, Teil 11): Beschaffenheit einer Einheit bezüglich ihrer Eignung, festgelegte oder vorausgesetzte Anforderungen zu erfüllen.

<u>Redundanz</u> (redundancy); (nach DIN 40041, Entwurf Oktober 1984): Vorhandensein von mehr als für die Ausführung der vorgesehenen Aufgabe an sich notwendigen Mitteln.
Funktionsbeteiligte (heiße) R. (active r.): Redundanz, bei der die zusätzlichen Mittel nicht nur ständig in Betrieb, sondern auch an der Ausführung der vorgesehenen Aufgabe beteiligt sind. Standby-R. (standby r.): Redundanz, bei der die zusätzlichen Mittel eingeschaltet sind, aber erst bei Störung oder Ausfall an der Ausführung der vorgesehenen Aufgabe beteiligt werden. Kalte R. (cold r.): Redundanz, bei der die zusätzlichen Mittel zur Ausführung der vorgesehenen Aufgabe erst bei Störung oder Ausfall eingeschaltet werden.

<u>Störung</u> (malfunction); (nach DIN 40041, Entwurf März 1981): Aussetzen der Ausführung einer festgelegten Aufgabe einer Einheit.

42

<u>System</u> (system): Zusammenstellung technisch-organisatorischer Mittel zur autonomen Erfüllung eines Aufgabenkomplexes.

Anmerkung: Nach dieser Definition gehören zu einem System z.B. sämtliche für den Betrieb erforderlichen Hilfsmittel ebenso wie Personal, Dokumentation, Infrastruktur usw.

<u>Systemwirksamkeit</u> (system effectiveness): Bewertungsgrößen für die Fähigkeit eines Systems, denjenigen durch den Verwendungszweck gegebenen Anforderungen zu genügen, die an das Verhalten seiner Eigenschaften während einer gegebenen Zeitdauer gestellt sind.

Anmerkung: Die Frage nach der Wirksamkeit eines Systems für eine vorgesehene Aufgabe hat im allgemeinen drei Aspekte, die den Größen Verfügbarkeit, Einsatzzuverlässigkeit und Leistungsfähigkeit zugeordnet werden können:

1. Verfügbarkeit: Ist das System einsatzbereit, wenn dies verlangt wird?

2. Einsatzzuverlässigkeit: Wird das System während der Missionsdauer zufriedenstellend arbeiten?

3. Leistungsfähigkeit: Ist das System von der technischen Auslegung her in der Lage, die Mission zu erfüllen?

Für die zahlenmäßige Angabe der Systemwirksamkeit sind vielerlei Darstellungsarten denkbar. Weithin üblich ist heute die Beschreibung der Systemwirksamkeit durch einen Wahrscheinlichkeitsvektor, dessen Elemente angeben, in welchem Umfang das System in seinen verschiedenen möglichen Zuständen eine vorgesehene Aufgabe erfüllen kann [1.19].

<u>Verfügbarkeit</u> (availability): Wahrscheinlichkeit, ein System bei Beginn der für die Aufgabenerfüllung vorgegebenen Zeit in einem funktionsfähigen Zustand anzutreffen.

Anmerkung: Ebenso wie die Leistungsfähigkeit wird auch die Verfügbarkeit meist als Vektor angegeben, dessen Elemente jeweils die Wahrscheinlichkeit bezeichnen, daß sich das System zum vorgegebenen Zeitpunkt in einem definierten Zustand befindet. Die Verfügbarkeit hängt vom Ausnutzungsgrad, der Zuverlässigkeit und der Wartbarkeit eines Systemes ab. Die Wahrscheinlichkeit dafür, daß ein System verfügbar ist, ist um so kleiner, je mehr es benutzt wird, da dann mit mehr Ausfällen zu rechnen ist; sie ist umso größer,

je höher die Zuverlässigkeit ist, da bei größerer Zuverlässigkeit weniger
Ausfälle zu erwarten sind; sie steigt ferner mit abnehmenden Wartungszei-
ten.

Zuverlässigkeit (reliability); (in Anlehnung an DIN 40041 und DIN 55350,
Teil 11): Teil der Qualität, der durch die Gesamtheit derjenigen Merkmale
und Merkmalswerte einer Einheit gekennzeichnet ist, welche sich auf die
Eignung zur Erfüllung festgelegter oder vorausgesetzter Anforderungen
während vorgegebener Anwendungsdauern beziehen.

Anmerkung: Bei dieser Definition bleibt offen, in welcher Einheit die Zuverlässigkeit eines Systems zahlenmäßig angegeben werden soll. Dies richtet sich im Einzelfall nach der Eigenart des Systems und nach der Art der
Verwendung. In der hier gewählten Formulierung wird der Zuverlässigkeits-
begriff zunächst nur qualitativ im Hinblick auf das Verhalten unter vorgegebenen Anwendungsbedingungen während vorgegebener Anwendungsdauern
verstanden. In der Tat gibt es keine Zuverlässigkeit an sich, sondern nur
im Zusammenhang mit vorgegebenen Ausfallkriterien. Das bedeutet, daß
man Zuverlässigkeitsaussagen streng genommen erst treffen kann, wenn
der Einsatz spezifiziert ist.

2. Mathematische Wahrscheinlichkeit und Boolesches Modell

2.1. Der Wahrscheinlichkeitsbegriff

Der Wahrscheinlichkeitsbegriff bzw. die Gesetzmäßigkeiten der Wahrscheinlichkeitsrechnung sind grundlegend für Zuverlässigkeitsuntersuchungen. Bevor wir die Theoreme der Wahrscheinlichkeitsrechnung bzw. ihre Übertragung auf die Zuverlässigkeit behandeln, sei kurz auf den Wahrscheinlichkeitsbegriff eingegangen.

Wir betrachten eine Urne, in der sich 10 weiße und 50 schwarze Kugeln befinden. Die Kugeln sollen sich nur durch ihre Farbe unterscheiden. Die Entnahme einer Kugel mit einer bestimmten Farbe bezeichnen wir als zufälliges Ereignis, da sich die Farbe der gezogenen Kugel nicht voraussagen läßt.
Wie groß ist die Wahrscheinlichkeit, daß wir beim Entnehmen einer Kugel
aus der Urne eine weiße Kugel erhalten? Da für jede einzelne Kugel die
Chance, der Urne entnommen zu werden, gleich groß ist, beträgt die Wahrscheinlichkeit, eine weiße Kugel zu erhalten, 10/60 = 1/6.

Die hier benutzte Definition für die Wahrscheinlichkeit lautet also:

$$W = \frac{\text{Anzahl der günstigen Möglichkeiten}}{\text{Anzahl aller Möglichkeiten}} \quad . \qquad (2.1)$$

Diese Definition ist bequem, aber nicht allgemein anwendbar. Sie gilt nur
für Versuche, bei denen jeder mögliche Ausgang gleich wahrscheinlich ist.
Im vorliegenden Beispiel ist die Wahrscheinlichkeit für jede Kugel, entnommen zu werden, gleich groß, nämlich 1/60 . Bei einem Sprung vom obers-
ten Stockwerk eines Hochhauses etwa, gibt es zwei Möglichkeiten, entweder
den Sprung zu überleben oder umzukommen. Die Erfahrung zeigt unzwei-
felhaft, daß in diesem Fall Gl.(2.1) nicht anwendbar ist.

Zu einer brauchbaren Definition der Wahrscheinlichkeit gelangen wir durch
die Auswertung folgenden Experimentes: Wir entnehmen einer Urne, in der

sich schwarze und weiße Kugeln gleichen Gewichtes und gleicher Größe befinden, N-mal eine Kugel und legen die entnommene Kugel jedesmal wieder in die Urne zurück. Dabei kann sich für die gezogenen Kugeln folgende Verteilung ergeben:

bei N = 50 Versuchen : 31 mal weiß, 19 mal schwarz
bei N = 100 Versuchen : 45 mal weiß, 55 mal schwarz
bei N = 200 Versuchen : 102 mal weiß, 98 mal schwarz.

Wir definieren nun die relative Häufigkeit H eines Ereignisses durch:

$$H = \frac{\text{Anzahl der beobachteten Ereignisse einer bestimmten Art}}{\text{Anzahl aller beobachteten Ereignisse}} \quad . \ (2.2)$$

Die relative Häufigkeit für das Auftreten des Ereignisses "weiß" H(w) bzw. des Ereignisses "schwarz" H(s) im angeführten Experiment beträgt:

$$\text{bei } N = \ 50 : H(w) = \frac{31}{50} = 0,62; \ H(s) = \frac{19}{50} = 0,38,$$

$$\text{bei } N = 100 : H(w) = \frac{45}{100} = 0,45; \ H(s) = \frac{55}{100} = 0,55,$$

$$\text{bei } N = 200 : H(w) = \frac{102}{200} = 0,51; \ H(s) = \frac{98}{200} = 0,49.$$

Die relative Häufigkeit für die Ereignisse "weiß", "schwarz" schwankt um den Wert 0,5. Diese beobachtete Gesetzmäßigkeit - das Schwanken der relativen Häufigkeit um einen festen Zahlenwert bei einer großen Anzahl von Versuchen - wird zur nachstehenden Definition der Wahrscheinlichkeit herangezogen.

Wir definieren die Wahrscheinlichkeit W(X) eines Ereignisses X als den Grenzwert der relativen Häufigkeit $H_N(X)$ für eine gegen unendlich strebende Anzahl N von Versuchen:

$$W(X) = \lim_{N \to \infty} H_N(X) \ . \qquad (2.3)$$

Diese Definition der Wahrscheinlichkeit ist jedoch ebenfalls nicht allgemein gültig. Sie ist aber im Rahmen dieses Buches ausreichend, da sie im Zusammenhang mit Zuverlässigkeitsproblemen stets anwendbar ist. Der Vollständigkeit halber ist jedoch im Anhang 2 eine allgemeinere Definition des Wahrscheinlichkeitsbegriffs in Kurzform wiedergegeben.

Wir betrachten nun eine Urne, in der sich 60 Kugeln befinden, die sich durch die Farben schwarz, weiß unterscheiden. Jede der Kugeln ist zusätzlich mit einer der Zahlen I oder II beschriftet. Im einzelnen gebe es 40 schwarze Kugeln, wovon 15 eine I, 25 eine II, und 20 weiße Kugeln, wovon 12 eine I, 8 eine II tragen. Wir fragen nach der Wahrscheinlichkeit, daß eine gezogene weiße Kugel eine II trägt, d.h. nach der Wahrscheinlichkeit dafür, daß das Ereignis "II" eintritt unter der Voraussetzung, daß das Ereignis "weiß" bereits eingetreten ist. Diese Wahrscheinlichkeit, die wir mit $W_w(II)$ bezeichnen, heißt bedingte Wahrscheinlichkeit. Zu ihrer Berechnung benutzen wir die in Gl.(2.1) angegebene Definition.

Es gibt insgesamt 20 weiße Kugeln (Anzahl aller Möglichkeiten für Ereignis "weiß"); davon tragen 8 eine II (Anzahl der "günstigen" Möglichkeiten "weiß und II"). Die Wahrscheinlichkeit $W_w(II)$ ist also:

$$W_w(II) = \frac{8}{20} .$$

Zur Erkennung des allgemeinen Gesetzes, nach dem bedingte Wahrscheinlichkeiten berechnet werden, nehmen wir eine Umformung obiger Gleichung vor. Die Wahrscheinlichkeit $W(w)$ dafür, eine weiße Kugel zu ziehen, ist gegeben durch

$$W(w) = \frac{20}{60}$$

(20 = Anzahl der günstigen Möglichkeiten, da sich in der Urne 20 weiße Kugeln befinden; 60 = Anzahl aller Möglichkeiten, da insgesamt 60 Kugeln vorhanden sind).

Außerdem berechnen wir die Wahrscheinlichkeit, eine Kugel zu entnehmen, die weiß ist und eine II trägt. Diese Wahrscheinlichkeit bezeichnen wir mit $W(w \cap II)$. (Lies: Wahrscheinlichkeit, daß "w" und "II" auftritt. Das verwendete Symbol "$\cap$" ist das mengentheoretische Zeichen für den Durchschnitt.) Es gilt:

$$W(w \cap II) = \frac{8}{60} .$$

(8 = Anzahl der vorhandenen weißen Kugeln, die eine II tragen = Anzahl der günstigen Möglichkeiten; 60 = Anzahl aller vorhandenen Kugeln = Anzahl aller Möglichkeiten).

Zur Vermeidung von Mißverständnissen sei auf den Unterschied von $W(w \cap II)$ zur bedingten Wahrscheinlichkeit $W_w(II)$ hingewiesen: $W_w(II)$ bedeutet die

Wahrscheinlichkeit, daß eine bereits gezogene weiße Kugel eine II trägt.
Durch Umformung bzw. Vergleich mit den gefundenen Werten für $W(w)$
und $W(w \cap II)$ erhalten wir nun für $W_w(II)$:

$$W_w(II) = \frac{W(w \cap II)}{W(w)} \ .$$

Wir haben auf diesem Wege die allgemein gültige Formel für die bedingte
Wahrscheinlichkeit $W_X(Y)$ gefunden, d.h. die Wahrscheinlichkeit eines
Ereignisses Y , wenn vorher das Ereignis X eingetreten ist:

$$W_X(Y) = \frac{W(X \cap Y)}{W(X)} \ . \qquad (2.4)$$

(Lies: Die Wahrscheinlichkeit dafür, daß "Y" eintritt unter der Voraussetzung, daß "X" bereits eingetreten ist, ist gleich der Wahrscheinlichkeit, daß "X" und "Y" eintritt, dividiert durch die Wahrscheinlichkeit für
das Eintreten von "X".)

Aus dieser Formel erhalten wir für die Wahrscheinlichkeit $W(X \cap Y)$,
daß Ereignis X und Ereignis Y eintritt:

$$W(X \cap Y) = W_X(Y)W(X) \ .$$

Wir sagen nun, die Ereignisse X , Y sind voneinander unabhängig, wenn
gilt:

$$W_X(Y) = W(Y) \ . \qquad (2.5)$$

Das bedeutet: Die Tatsache, daß das Ereignis X eingetreten ist, hat keinen Einfluß auf die Wahrscheinlichkeit des Ereignisses Y .

Für unabhängige Ereignisse X , Y gilt also:

$$W(X \cap Y) = W(X)W(Y) \ . \qquad (2.6)$$

(Lies: Wahrscheinlichkeit von X und Y = Wahrscheinlichkeit von X mal
Wahrscheinlichkeit von Y .)

Aus Gl. (2.6) läßt sich die Wahrscheinlichkeit für das gleichzeitige Eintreten der n unabhängigen Ereignisse $X_1, X_2, \ldots X_n$ ableiten. Es gilt:

$$W(X_1 \cap X_2 \cap \ldots \cap X_n) = W(X_1)W(X_2) \ldots W(X_n) \ . \qquad (2.7)$$

Der Begriff der Unabhängigkeit von Ereignissen wird klarer, wenn wir folgende Beispiele vergleichen: Aus einer Urne mit m weißen und n schwarzen Kugeln wird in k aufeinanderfolgenden Versuchen jeweils eine Kugel entnommen. Legt man nach jeder Ziehung die entnommene Kugel wieder zurück, stellt also damit für den nächsten Versuch das alte Kollektiv wieder her, so sind offensichtlich die Ereignisse "Ziehen einer weißen oder schwarzen Kugel" bei aufeinanderfolgenden Versuchen voneinander unabhängig. Werden dagegen die entnommenen Kugeln nach der Ziehung jeweils einbehalten, so steht für jeden Versuch je nach der Vorgeschichte ein geändertes Kollektiv zur Verfügung, d.h. bei jeder Ziehung ist das Ereignis "Ziehen einer weißen oder schwarzen Kugel" von den bei den vorangegangenen Versuchen eingetretenen Ereignissen abhängig.

Beispiel: m = 4, n = 1, k = 2. Die Wahrscheinlichkeit, bei der ersten Ziehung eine weiße Kugel zu entnehmen, ist

$$W_1(\text{weiß}) = \frac{4}{5} \; ;$$

entsprechend gilt

$$W_1(\text{schwarz}) = \frac{1}{5} .$$

Bei der zweiten Ziehung sind die Wahrscheinlichkeiten vom Ergebnis der ersten Ziehung abhängig, wenn die entnommene Kugel nicht zurückgelegt wird. Es gilt

$$W_2(\text{weiß}) = \frac{3}{4} , \quad W_2(\text{schwarz}) = \frac{1}{4} ,$$

falls bei der ersten Ziehung eine weiße Kugel entnommen wurde, und

$$W_2'(\text{weiß}) = 1, \quad W_2'(\text{schwarz}) = 0 ,$$

falls bei der ersten Ziehung eine schwarze Kugel entnommen wurde.

Im obigen Beispiel schließen sich die Ereignisse "Ziehen einer schwarzen Kugel im ersten Versuch" und "Ziehen einer schwarzen Kugel im zweiten Versuch" offensichtlich gegenseitig aus. Ereignisse, die einander ausschließen, sind also stets voneinander abhängig. Aber: Ereignisse, die sich nicht ausschließen, brauchen nicht voneinander unabhängig zu sein! Diesen Sachverhalt verdeutlicht auch das Urnenbeispiel, anhand dessen wir die bedingte Wahrscheinlichkeit abgeleitet haben. Hier schließen sich zwar die Ereignisse "bestimmte Zahl und bestimmte Farbe" nicht gegenseitig aus, sind jedoch voneinander abhängig, denn es gilt z.B. nicht: $W(w \cap II) = W(w)W(II)$.

In den vorhergehenden Gleichungen der Wahrscheinlichkeitsrechnung trat nur die Konjunktion "und" (symbolisiert durch das Zeichen "∩") auf. Eine weitere Möglichkeit der Verknüpfung von Ereignissen ist gegeben durch die Operation "oder" (symbolisiert durch das mengentheoretische Zeichen für die Vereinigung "∪"). So kann im Zusammenhang mit den vorher erwähnten Beispielen die Frage etwa lauten: "Wie groß ist die Wahrscheinlichkeit, daß bei einem Wurf mit einem Würfel entweder die Augenzahl 1 oder die Augenzahl 6 auftritt?" Die Antwort auf diese Frage liefert uns unmittelbar eines der Axiome der Wahrscheinlichkeitsrechnung, das besagt (Anhang 2): Die Wahrscheinlichkeit, daß von zwei zufälligen Ereignissen X, Y, die sich gegenseitig ausschließen, entweder das Ereignis X oder das Ereignis Y eintritt, ist gleich der Summe der Wahrscheinlichkeiten der Einzelereignisse:

$$W(X \cup Y) = W(X) + W(Y) \,. \qquad (2.8)$$

(Lies: Wahrscheinlichkeit von X oder Y = ...)

Die Wahrscheinlichkeit, daß bei einem Wurf mit einem Würfel entweder eine 1 oder eine 6 auftritt, ist somit gegeben durch

$$W(1 \cup 6) = W(1) + W(6) = \frac{1}{6} + \frac{1}{6} = \frac{2}{6} \,.$$

Schließen sich die Ereignisse X, Y nicht gegenseitig aus, dann gilt ganz allgemein (Anhang 2):

$$W(X \cup Y) = W(X) + W(Y) - W(X \cap Y) \,. \qquad (2.9)$$

Hieraus folgt sofort mit Hilfe von Gl.(2.6) für zwei Ereignisse X, Y, die sich nicht gegenseitig ausschließen und voneinander unabhängig sind:

$$W(X \cup Y) = W(X) + W(Y) - W(X)W(Y) \,. \qquad (2.10)$$

Beispiel: Wie groß ist die Wahrscheinlichkeit, daß bei einem Wurf mit zwei Würfeln bei mindestens einem der beiden Würfel eine 6 auftritt? In diesem Falle gilt:

$$W(6 \cup 6) = W(6) + W(6) - W(6)W(6) = \frac{1}{6} + \frac{1}{6} - \frac{1}{36} = \frac{11}{36} \,.$$

2.2. Boolesche Grundstrukturen

Wir gehen nun zu Zuverlässigkeitsbetrachtungen über. Wenn wir im folgenden von der Zuverlässigkeit einer bestimmten Einheit sprechen, dann verstehen wir unter diesem Begriff immer ihre Überlebenswahrscheinlichkeit innerhalb eines bestimmten Zeitraumes. Mit "Einheit" soll in diesem Zusammenhang entweder ein Bauteil, eine Baugruppe oder auch ein fertiges Gerät gemeint sein.

Der Zusammenhang zwischen Zuverlässigkeit und Zeit wird durch die Zuverlässigkeitsfunktion beschrieben. Wie sich diese Funktion im konkreten Fall explizit darstellen läßt, sei hier dahingestellt (Kap. 3). Die Frage, die hier beantwortet werden soll, lautet vielmehr: "Wie erhält man auf analytischem Wege die Zuverlässigkeitsfunktion eines bestimmten Komplexes von Einheiten (Baugruppe, Gerät, technische Anlage), wenn die Zuverlässigkeitsfunktionen dieser Einheiten gegeben sind?"

Dabei soll, wenn nicht ausdrücklich betont, stets vorausgesetzt werden, daß die in einer Baugruppe, einem Gerät oder einer technischen Anlage vorkommenden Einheiten voneinander unabhängig sind. Damit ist gemeint, daß der Ausfall bzw. das Überleben einer bestimmten Einheit keinen Einfluß auf die Ausfall- bzw. Überlebenswahrscheinlichkeit der übrigen Einheiten der Anordnung hat.

Im Abschn. 2.1 befaßten wir uns mit Wahrscheinlichkeiten von zufälligen Ereignissen. Da bei reinen Zuverlässigkeitsbetrachtungen Einheiten nur danach beurteilt werden, ob sie funktionieren oder nicht, interessieren in diesem Zusammenhang lediglich zwei Ereignisse, nämlich das Ereignis des Überlebens und dasjenige des Ausfalls. Diesen Ereignissen entsprechen die Zustände "nicht ausgefallen" bzw. "ausgefallen".

Der Zustand einer bestimmten Anordnung wird bestimmt durch die Zustände der in ihr vorkommenden Einheiten. Am leichtesten wird dieser Sachverhalt klar, wenn wir uns die einzelnen Einheiten als Schalter vorstellen. Ist der Schalter geschlossen, dann ist die betreffende Einheit intakt, ist er offen, so ist sie ausgefallen. Das Ereignis "Ausfall" tritt also ein, wenn der Schalter sich öffnet, das Ereignis "Überleben", wenn er geschlossen bleibt.

Eine symbolische Darstellung einer Anordnung hinsichtlich ihres Zustandes, von der wir im folgenden Gebrauch machen wollen, ist das sog. Block- oder Strukturdiagramm. Dieser Begriff sei an einem einfachen Beispiel erläutert.

Der in Abb. 2.1a dargestellte Parallelschwingkreis, bestehend aus Spule L und Kondensator C, funktioniert, wenn L und C funktionieren. Diesem Sachverhalt trägt das Blockdiagramm b dadurch Rechnung, daß hier L und C in Reihe liegen. Diese Art der Darstellung ist sinnvoll, denn stellen wir uns die beschriebene Anordnung als Leitung mit den Schaltern L und C vor und bedeuten wieder die Zustände "Schalter geschlossen" = "Einheit intakt", "Schalter geöffnet" = "Einheit ausgefallen", dann kann die Leitung nur Strom führen, wenn die Schalter L und C geschlossen sind (L und C intakt).

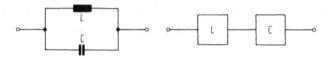

Abb. 2.1. Schaltbild und Blockdiagramm eines Parallelschwingkreises.

Wie schon dieses einfache Beispiel zeigt, stimmt das Blockdiagramm einer Anordnung im allgemeinen nicht mit ihrem konstruktiven Aufbau überein. Da aber das Blockdiagramm die Auswirkungen von Ausfällen untergeordneter Einheiten auf die Funktionstüchtigkeit einer Anordnung berücksichtigt, ist zu seiner Erstellung die Kenntnis des funktionellen Zusammenwirkens der einzelnen Einheiten innerhalb der betreffenden Anordnung notwendig. Man spricht in diesem Sinn von der Booleschen Struktur der Anordnung.

Die logische Serienanordnung

Nach diesen grundsätzlichen Betrachtungen wollen wir nun die Zuverlässigkeitsfunktionen R(t) einiger einfacher Anordnungen ermitteln. Zum Ergebnis gelangen wir, indem wir den Ereignissen des Überlebens bzw. Ausfalls gemäß den Gleichungen aus Abschn. 2.1 gewisse Eintrittswahrscheinlichkeiten in Abhängigkeit von der Zeit zuordnen.

Wir betrachten zunächst eine Anordnung, die aus n Einheiten $A_1, A_2, \ldots A_n$ besteht und so aufgebaut ist, daß der Ausfall irgendeiner Einheit den Ausfall der Anordnung bewirkt (Abb.2.2).

Abb.2.2. Blockdiagramm einer logischen Serienanordnung.

Es sollen X_1 das zufällige Ereignis des Überlebens von Einheit A_1, X_2 das zufällige Ereignis des Überlebens von Einheit A_2 usw. und $R_1(t)$ die Zuverlässigkeitsfunktion von A_1, $R_2(t)$ die Zuverlässigkeitsfunktion von A_2 usw. bedeuten. Da die gesamte Anordnung überlebt, wenn A_1 und A_2 und ... und A_n überleben, läßt sich $R(t)$ nach Gl.(2.7) berechnen:

$$R(t) = R_1(t) R_2(t) \ldots R_n(t) = \prod_{i=1}^{n} R_i(t). \qquad (2.11)$$

Wir wenden nun Gl.(2.11) auf ein einfaches Beispiel an. Gesucht sei die Zuverlässigkeitsfunktion eines aus 7 Funktionsblöcken (Modulen) bestehenden digitalen Prozeßrechners, dessen Funktions-Blockdiagramm in Abb.2.3 wiedergegeben ist. Die einzelnen Module dieses Rechners haben folgende Aufgaben:

Eingangsstufe(A) : Umwandlung der analogen Eingangsignale (elektrische Spannungen, die z.B. Drücken oder Temperaturen entsprechen) in digitale Signale;

Multiplexer(B) : elektronische Weiche zur Steuerung des Datenflusses;

Speicher(C) : enthält die Befehlsworte der festen Rechenprogramme, ferner bestimmte zur Berechnung eines Sollwertes erforderliche Datenworte;

Zentralprozessor(D)   : besteht aus einem Rechenwerk zur Berechnung des Sollwertes und einem Steuerwerk zur Verarbeitung der Befehle in Steuersignale;

Frequenzgenerator(E)   : Erzeugung von Taktsignalen zur zeitlichen Steuerung des Datenflusses im Rechner;

Ausgangsstufe(F)   : Umwandlung des digitalen Sollwertsignals in ein Analogsignal; Vergleich zwischen Soll- und Istwert; Verstärkung des Signals für die Regelabweichung zur Ansteuerung eines Stellgliedes (z.B. Servoventil);

Stromversorgungsteil(G) : Erzeugung der Betriebsspannungen für die einzelnen Module.

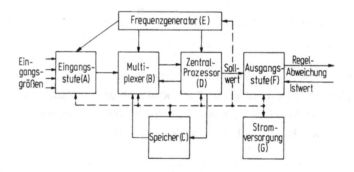

Abb.2.3. Funktions-Blockdiagramm eines Prozeßrechners.

Der Rechner ist offensichtlich als ausgefallen zu betrachten, wenn eine der Einheiten A bis G nicht mehr funktionstüchtig ist, d.h., alle Einheiten liegen logisch in Serie. Wir erhalten daher folgendes Logik-Blockdiagramm:

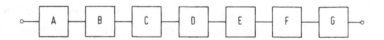

Abb.2.4. Logik-Blockdiagramm der in Abb.2.3 gezeigten Anordnung.

Die Zuverlässigkeitsfunktion $R(t)$ des betrachteten Prozeßrechners ergibt sich somit zu

$$R(t) = R_A(t)R_B(t)R_C(t)R_D(t)R_E(t)R_F(t)R_G(t).$$

Die logische Parallelanordnung

Eine weitere für Zuverlässigkeitsuntersuchungen grundlegende Anordnung ist die logische Parallelanordnung, auch als Redundanz bezeichnet. Redundanz bedeutet, daß zur Erfüllung ein und derselben Aufgabe mehrere Operationspfade vorhanden sind. Durch logische Parallelanordnung mehrerer Einheiten, die dieselbe Funktion erfüllen können, ist im allgemeinen eine Erhöhung der Zuverlässigkeit möglich.

Werden logisch parallele Einheiten gleichzeitig betrieben, dann spricht man von funktionsbeteiligter oder "heißer" Redundanz bzw. "heißer Reserve", im Gegensatz zur "kalten" Redundanz oder "kalten Reserve" - im englichen auch "stand-by redundancy" genannt - bei der eine Reserveeinheit erst dann zugeschaltet wird, wenn die sich in Betrieb befindende Einheit ausfällt. Wir wollen uns zunächst auf den Fall der funktionsbeteiligten Redundanz beschränken. In Abb. 2.5 ist das Blockdiagramm für zwei parallele Einheiten A_1 und

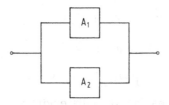

Abb. 2.5. Blockdiagramm einer logischen Parallelanordnung.

A_2 wiedergegeben, die gleichzeitig betrieben werden. Zur Erfüllung der vorgesehenen Aufgabe bestehen zwei Operationspfade, nämlich über A_1 oder A_2 (einfache Redundanz). Bei Ausfall einer Einheit ist also die Anordnung noch operationsfähig. Die Anordnung überlebt, wenn entweder A_1 oder A_2 oder beide Einheiten überleben. Die Ereignisse "Überleben von A_1" und "Überleben von A_2" schließen sich nicht gegenseitig aus und werden als unabhängig vorausgesetzt. Zur Ermittlung der Zuverlässigkeitsfunktion $R(t)$ der betrachteten Anordnung können wir also Gl. (2.10) anwenden.

Bedeuten die Symbole A_1, A_2 die Ereignisse des Überlebens der Einheiten A_1 bzw. A_2, dann gilt aufgrund von Gl.(2.10) für die Überlebenswahrscheinlichkeit der Anordnung:

$$W(A_1 \cup A_2) = W(A_1) + W(A_2) - W(A_1)\,W(A_2)$$

oder mit $W(A_1 \cup A_2) = R(t)$; $W(A_1) = R_1(t)$; $W(A_2) = R_2(t)$:

$$R(t) = R_1(t) + R_2(t) - R_1(t)\,R_2(t) \ . \qquad (2.12)$$

Eine weitere Möglichkeit der Ermittlung der Zuverlässigkeitsfunktion einer bestimmten Anordnung besteht darin, daß man nicht vom Ereignis des Überlebens, sondern vom Komplementärereignis - dem Ausfall - ausgeht. Die eben betrachtete Anordnung ist ausgefallen, wenn die Einheiten A_1 und A_2 ausgefallen sind. Bedeuten $Q_1(t)$, $Q_2(t)$, $Q(t)$ die Wahrscheinlichkeiten (streng genommen: Verteilungsfunktionen, s. Kap.3) für die Ereignisse des Ausfalls der Einheiten A_1, A_2 bzw. der Anordnung bis zur Zeit t - kurz Ausfallwahrscheinlichkeiten genannt -, dann gilt nach Gl.(2.6):

$$Q(t) = Q_1(t)\,Q_2(t) \ . \qquad (2.13)$$

Wie schon erwähnt, sind die Ereignisse "Überleben" und "Ausfall" einer bestimmten Einheit bis zu einer vorgegebenen Zeit t Komplementärereignisse. Die Summe der Wahrscheinlichkeiten von Komplementärereignissen ist aber gleich 1 (Anhang 2). Für die betrachtete Anordnung gilt also:

$$Q(t) + R(t) = 1 \ . \qquad (2.14)$$

Ebenso gilt für die einzelnen Einheiten:

$$R_i(t) + Q_i(t) = 1 \quad (i = 1,\ 2) \ .$$

Unter Berücksichtigung dieses Sachverhalts ergibt sich mit Hilfe von Gl.(2.13)

$$1-R(t) = [1-R_1(t)]\,[1-R_2(t)], \quad R(t) = R_1(t) + R_2(t) - R_1(t)\,R_2(t) \ .$$

Die Zuverlässigkeitsfunktion $R(t)$ für n logisch parallel angeordnete Einheiten A_1, A_2, ... A_n (Abb.2.6) erhalten wir auf demselben Wege wie bei der einfachen redundanten Anordnung. Es sollen $Q(t)$ bzw. $Q_i(t)$ wieder die Ausfallwahrscheinlichkeiten der Anordnung bzw. der Einheiten A_1, A_2, ... A_n bedeuten. Da die ganze Anordnung ausgefallen ist, wenn A_1 und A_2 und ... und A_n ausgefallen sind (es existieren n Wege zur Erfüllung der gestellten Aufgabe), gilt nach Gl.(2.7):

$$Q(t) = Q_1(t) \, Q_2(t) \, \dots \, Q_n(t) = \prod_{i=1}^{n} Q_i(t) \qquad (2.15)$$

bzw. mit $Q(t) = 1-R(t)$, $Q_i(t) = 1-R_i(t)$ $(i = 1, 2, \dots n)$

$$R(t) = 1-[1-R_1(t)] \, [1-R_2(t)] \, \dots \, [1-R_n(t)] = 1 - \prod_{i=1}^{n} [1-R_i(t)] . \quad (2.16)$$

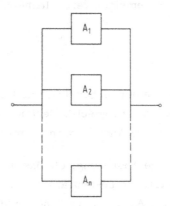

Abb. 2.6. Logische Parallelanordnung von n Einheiten.

Beispiel: Beide parallelgeschalteten Einheiten in Abb. 2.5 sollen gleich sein und für eine bestimmte Aufgabe von Δt Stunden Dauer eine Zuverlässigkeit von $R_1 = R_2 = 0,9$ besitzen. Nach Gl. (2.12) beträgt dann die Zuverlässigkeit R der Anordnung für Δt Stunden:

$$R = 0,9 + 0,9 - 0,9 \cdot 0,9 = 0,99 \ ,$$

Im Vergleich zu einer einzelnen betriebenen Einheit liegt also die Zuverlässigkeit dieser einfach redundanten Anordnung um 10% höher.

Die Bedeutung der Redundanz wird noch klarer, wenn man anstelle der Zuverlässigkeit die Ausfallwahrscheinlichkeit betrachtet. Die Ausfallwahrscheinlichkeit der einzelnen Einheiten beträgt nach Gl. (2.15) 0,1, die Ausfallwahrscheinlichkeit der Anordnung dagegen nur 0,01; sie ist also um den Faktor 10 kleiner.

Besteht die logische Parallelanordnung aus drei gleichen Einheiten mit $R_1 = R_2 = R_3 = 0,9$, dann ist nach Gl. (2.16) die Zuverlässigkeit R der Anordnung für die vorgesehene Aufgabe gegeben durch:

$$R = 3R_1 - 3R_1^2 + R_1^3 = 2,7 - 2,43 + 0,729 = 0,999 \ .$$

Gegenüber der einzelnen Einheit liegt also die Ausfallwahrscheinlichkeit dieser Anordnung um den Faktor 100 niedriger.

Theoretisch läßt sich die Zuverlässigkeit einer Anordnung durch Parallelschalten weiterer Einheiten beliebig erhöhen. Praktisch sind dieser Möglichkeit natürlich Grenzen gesetzt, da durch die zunehmende Anzahl der

Verbindungen zwischen den Einheiten, die wir vernachlässigt haben, zusätzliche Ausfallursachen entstehen, die den durch Redundanz erzielten
Zuverlässigkeitsgewinn schmälern. Die Anwendung von Redundanz ist auch
beschränkt durch zulässige Kosten, Gewicht, Abmessungen usw. Außerdem ist zu berücksichtigen, daß durch die zunehmende Anzahl der Einzelteile die Wartbarkeit im allgemeinen verschlechtert wird. Vgl. hierzu
Abschn. 4.7!

Weitere einfache Anordnungen

Im folgenden sollen mit Hilfe der bisher erarbeiteten Rechenregeln zur
Bestimmung der Zuverlässigkeit logischer Serien- und Parallelanordnungen einige häufig vorkommende Anordnungen untersucht werden.

Wir betrachten zunächst eine Anordnung, die das in Abb. 2.7 wiedergegebene Blockdiagramm besitzt. Sie besteht aus den n logisch hintereinander
geschalteten Einheiten A_{11}, A_{12}, ... A_{1n} und der dazu parallel liegenden

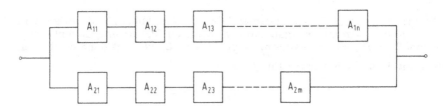

Abb. 2.7. Blockdiagramm einer Parallel-Serienschaltung.

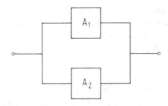

Abb. 2.8. Vereinfachtes Blockdiagramm zu Abb. 2.7.

Serienanordnung der m Einheiten A_{21}, A_{22}, ... A_{2m} (sog. Parallel-Serienanordnung). Die gesamte Anordnung ist ausgefallen, wenn irgendeine
der Einheiten A_{1i} (i = 1, 2, ... n) und irgendeine der Einheiten A_{2k} (k =
= 1, 2, ... m) ausgefallen ist.

Verstehen wir unter A_1 den Komplex der Einheiten A_{11}, A_{12}, ... A_{1n}
und unter A_2 den Komplex der Einheiten A_{21}, A_{22}, ... A_{2m}, dann ver-

einfacht sich das Blockdiagramm zu dem einer einfach redundanten Anordnung (Abb. 2.8). Deren Zuverlässigkeitsfunktion $R(t)$ ist aber, wenn $R_1(t)$, $R_2(t)$ die Zuverlässigkeitsfunktionen von A_1, A_2 bedeuten, gegeben durch:

$$R(t) = 1 - [1-R_1(t)] \; [1-R_2(t)] .$$

Für $R_1(t)$, $R_2(t)$ gilt nach Gl. (2.11):

$$R_1(t) = \prod_{i=1}^{n} R_{1i}(t); \; R_2(t) = \prod_{k=1}^{m} R_{2k}(t) .$$

Dabei sind $R_{1i}(t)$ und $R_{2k}(t)$ die Zuverlässigkeitsfunktionen der einzelnen Einheiten. Zusammengefaßt erhalten wir also:

$$R(t) = 1 - \left[1 - \prod_{i=1}^{n} R_{1i}(t) \right] \left[1 - \prod_{k=1}^{m} R_{2k}(t) \right] . \qquad (2.17)$$

Analog erhält man unter Verwendung von Gl. (2.17) die Zuverlässigkeitsfunktion $R(t)$ einer Anordnung, die aus m parallel geschalteten Serien-Anordnungen A_1, A_2, ... A_m besteht (Abb. 2.9), wobei wir der Einfachheit halber annehmen wollen, daß sich jeder der m Operationspfade

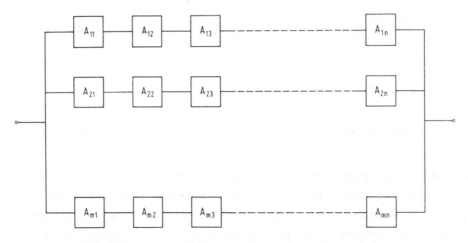

Abb. 2.9. m parallel angeordnete Operationspfade.

aus n Einheiten A_{m1}, A_{m2}, ... A_{mn} zusammensetzt. Bedeutet $R_i(t)$ die Zuverlässigkeit des i-ten Operationspfades (i = 1, 2, ... m), dann ergibt sich:

$$R(t) = 1 - \prod_{i=1}^{m} [1-R_i(t)] .$$

Bezeichnen wir die Zuverlässigkeitsfunktion der k-ten Einheit des i-ten Operationspfades mit $R_{ik}(t)$, dann gilt:

$$R_i(t) = \prod_{k=1}^{n} R_{ik}(t)$$

und somit

$$R(t) = 1 - \prod_{i=1}^{m} \left[1 - \prod_{k=1}^{n} R_{ik}(t) \right]. \qquad (2.18)$$

Liegen n einfach redundante Anordnungen in Serie (Serien-Parallel-Anordnung), dann erhalten wir das in Abb.2.10 wiedergegebene Blockdiagramm.

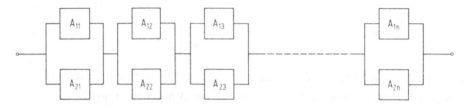

Abb.2.10. Blockdiagramm einer Serien-Parallelanordnung.

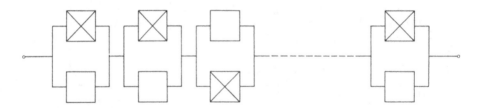

Abb.2.11. Zulässige Einzelausfälle bei einer Serien-Parallelanordnung.

Wir wollen zunächst obige Anordnung mit der in Abb.2.7 vergleichen. Dazu nehmen wir an, daß in Abb.2.7 m = n ist und entsprechende Einheiten A_{1k}, A_{2k} dieselbe Funktion erfüllen. Der wesentliche Unterschied zwischen beiden Anordnungen besteht darin, daß bei der Serienschaltung der einfach redundanten Einheiten der Ausfall einer Einheit im "oberen" und im "unteren" Operationspfad nicht unbedingt den Ausfall der Anordnung zur Folge hat. Ein Ausfall der Anordnung tritt erst dann ein, wenn zwei redundante Einheiten A_{1k}, A_{2k} ausgefallen sind. Im günstigsten Fall ist die Anordnung noch nach dem Ausfall von n Einheiten operationsfähig (Abb.2.11, der durchkreuzte Block bedeutet "Einheit ausgefallen").

Es ist also zu erwarten, daß eine Anordnung, die aus 2n Einheiten besteht, von denen je zwei ihrer Funktion nach die gleiche Aufgabe erfüllen und logisch nach Abb. 2.10 geschaltet sind, eine größere Zuverlässigkeit besitzt, als eine Kombination der Einheiten gemäß Abb. 2.7 (s. Zahlenbeispiel).

A_1, A_2, ... A_n sollen Abkürzungen für die redundanten Einheiten (A_{11}, A_{21}), (A_{12}, A_{22}), ... (A_{1n}, A_{2n}) und $R_1(t)$, $R_2(t)$, ... $R_n(t)$ ihre Zuverlässigkeitsfunktionen sein. Da die Blöcke A_1, A_2, ... A_n logisch in Serie liegen, gilt:

$$R(t) = \prod_{i=1}^{n} R_i(t) \, .$$

$R_i(t)$ ist gegeben durch:

$$R_i(t) = 1 - [1-R_{1i}(t)] \, [1-R_{2i}(t)] \, .$$

Dabei bedeuten $R_{1i}(t)$, $R_{2i}(t)$ die Zuverlässigkeitsfunktionen der einzelnen Einheiten. Zusammengefaßt gilt:

$$R(t) = \prod_{i=1}^{n} (1 - [1-R_{1i}(t)] \, [1-R_{2i}(t)]) \, . \qquad (2.19)$$

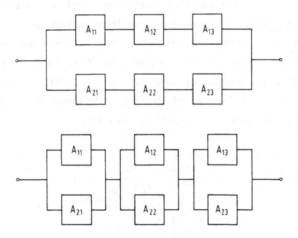

Abb. 2.12. Überführung einer Parallel-Serienanordnung in eine Serien-Parallelanordnung mit gleichvielen Einheiten.

Beispiel: Die beiden in Abb. 2.12 wiedergegebenen logischen Anordnungen sollen hinsichtlich ihrer Zuverlässigkeit R für eine vorgegebene Betriebszeit verglichen werden. Für die Zuverlässigkeit der einzelnen Einheiten innerhalb dieser Zeit möge gelten:

$$R_{11} = R_{21} = 0,99; \; R_{12} = R_{22} = 0,92; \; R_{13} = R_{23} = 0,89 \;.$$

Nach Gl.(2.18) erhalten wir für die obere Anordnung:

$$R = 1-(1-0,99 \cdot 0,92 \cdot 0,89)\,(1-0,99 \cdot 0,92 \cdot 0,89) = 0,96 \;,$$

für die untere nach Gl.(2.19):

$$R = [1-(1-0,99)^2]\,[1-(1-0,92)^2]\,[1-(1-0,89)^2] = 0,98 \;.$$

Obwohl die Zuverlässigkeit einer Anordnung, bei der die einzelnen Einheiten redundant gemacht werden, größer ist als die einer entsprechenden Anordnung, bei der die Redundanz durch Verdoppeln eines größeren Komplexes von Einheiten erzeugt wird, kann es manchmal zweckmäßiger sein, den letzteren Fall anzuwenden. Ein Grund dafür besteht darin, daß oft schon fertige Komponenten (z.B. Schaltkreise) oder sogar Geräte, die der Serienproduktion entstammen, vorliegen. Ferner spielen hier, wie bei Redundanzbetrachtungen überhaupt, Fragen der Instandhaltbarkeit sowie die Kosten eine wesentlich Rolle.

2.3. Verallgemeinerte Boolesche Strukturen

Nachdem wir im vorangehenden Paragraphen mit Hilfe des Multiplikationssatzes für unabhängige Ereignisse die Zuverlässigkeitsfunktionen einiger grundlegender Anordnungen ermittelt haben, befassen wir uns nun mit einer allgemeineren Methode zur Bestimmung der Zuverlässigkeit. Dieses Verfahren hilft bei der mathematischen Behandlung gewisser Blockdiagramme, bei denen die bisher abgeleiteten Regeln versagen, weiter. Wir erläutern es zunächst an einem einfachen Beispiel.

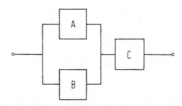

Abb.2.13. Serien-Parallelanordnung aus drei Einheiten.

Die Zuverlässigkeitsfunktion R der Anordnung von Abb.2.13 läßt sich unter der Voraussetzung, daß die Einheiten A,B,C voneinander unabhängig sind, in einfacher Weise durch Anwendung der dann gültigen Formeln für

Serien- und Parallelanordnungen ermitteln. Wir können jedoch die Zuverlässigkeit der Anordnung auch ermitteln, indem wir von den Operationspfaden AC und BC ausgehen. Die Anordnung ist ausgefallen, wenn Pfad AC und Pfad BC ausgefallen sind. Zur Bestimmung der Ausfallwahrscheinlichkeit (und damit der Zuverlässigkeit) der Anordnung läßt sich aber nicht die Multiplikationsregel für unabhängige Ereignisse anwenden, da den Pfaden AC und BC die Einheit C gemeinsam ist und somit die Ereignisse "Ausfall von Pfad AC bzw. BC" nicht mehr voneinander unabhängig sind. Wir kommen jedoch zum Ziel, wenn wir Gl.(2.9) aus Abschn.2.1 anwenden. Für die Wahrscheinlichkeit $W(X \cup Y)$, daß von zwei Ereignissen X, Y, die sich nicht gegenseitig ausschließen, entweder X oder Y oder beide Ereignisse eintreten, war dort die allgemein gültige Beziehung

$$W(X \cup Y) = W(X) + W(Y) - W(X \cap Y)$$

angegeben. Bedeutet im vorliegenden Beispiel AC das Ereignis des Überlebens von Pfad AC, BC das Ereignis des Überlebens von Pfad BC, dann ergibt sich unter Benutzung dieser Gleichung:

$$W(AC \cup BC) = W(AC) + W(BC) - W(AC \cap BC) . \qquad (2.20)$$

Das ist wie folgt zu lesen: Die Wahrscheinlichkeit, daß wenigstens einer der Pfade AC oder BC überlebt, ist gleich der Summe der Wahrscheinlichkeiten, daß AC und BC überleben, vermindert um die Wahrscheinlichkeit, daß AC und BC überleben.

Pfad AC überlebt, wenn sowohl Einheit A als auch Einheit C überlebt. Es gilt also, da die Ereignisse des Überlebens von A und C voneinander unabhängig sind (und analog für Pfad BC):

$$\begin{aligned} W(AC) &= W(A \cap C) = W(A)\,W(C) , \\ W(BC) &= W(B \cap C) = W(B)\,W(C) . \end{aligned} \qquad (2.21)$$

Zu bestimmen bleibt noch der Ausdruck $W(AC \cap BC)$. Das Ereignis "Überleben von AC und von BC" tritt ein, wenn A und B und C überleben. Also gilt, da A, B und C voneinander unabhängig sind:

$$\begin{aligned} W(AC \cap BC) &= W(A \cap C \cap B \cap C) = \\ W(A \cap B \cap C) &= W(A)\,W(B)\,W(C) . \end{aligned} \qquad (2.22)$$

Diese Gleichung beinhaltet eine wichtige Gesetzmäßigkeit zur Berechnung der Wahrscheinlichkeit für das gemeinsame Auftreten von mehreren Ereignissen: Treten in einem Ausdruck der Form $W(X_1 \cap X_2 \cap X_1 \cap X_3 \cap X_2 \cap \ldots)$ in der Klammer dieselben Ereignisse mehrmals auf, dann läßt sich dieser Ausdruck so vereinfachen, daß diese Ereignisse nur einmal vorkommen:

$$W(X_1 \cap X_2 \cap X_1 \cap X_3 \cap X_2 \cap \ldots) = W(X_1 \cap X_2 \cap X_3 \ldots) . \quad (2.23)$$

Setzen wir Gl.(2.21) und (2.22) in Gl.(2.20) ein und ersetzen die Wahrscheinlichkeitsgrößen $W(A)$, $W(B)$ und $W(C)$ durch die entsprechenden Zuverlässigkeitssymbole R_A, R_B und R_C, dann erhalten wir für die Zuverlässigkeit R der Anordnung:

$$R(t) = R_A(t) R_C(t) + R_B(t) R_C(t) - R_A(t) R_B(t) R_C(t) .$$

Nun betrachten wir das linke Blockdiagramm in Abb.2.14, das aus den parallelen Zweigen A B und C D besteht. Die Einheiten A und C sollen dieselbe Funktion erfüllen, ebenso die Einheiten B und D. Besteht zwischen den Einheiten A und D eine weitere Verbindung, dann existiert im Vergleich zur einfachen Redundanz ein zusätzlicher Operationspfad zur Erfüllung der gestellten Aufgabe. In Abb.2.14 sind die verschiedenen Operationspfade durch Zahlen und Pfeile markiert. Wir haben damit einen der vorher erwähnten Fälle - eine sog. vermaschte Anordnung - vor uns, bei denen die Zuverlässigkeit nicht mehr mit Hilfe der für Parallel- und Serienanordnungen gültigen Regeln bestimmt werden kann.

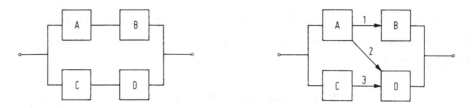

Abb.2.14. Blockdiagramm einer vermaschten und einer unvermaschten Anordnung.

Zur Lösung dieser Aufgabe ist es notwendig, Gl.(2.9) auf drei beliebige Ereignisse zu erweitern. Für die Wahrscheinlichkeit $W(X \cup Y \cup Z)$, daß wenigstens eines der Ereignisse X, Y, Z eintritt, d.h. entweder X oder Y oder Z oder irgendeine Kombination von zwei Ereignissen oder alle drei Ereignisse gemeinsam eintreten, gilt:

$$W(X \cup Y \cup Z) = W(X) + X(Y) + W(Z)$$
$$- W(X \cap Y) - W(X \cap Z) - W(Y \cap Z)$$
$$+ W(X \cap Y \cap Z)$$

(Beweis im Anhang 2).

Es sollen A B, A D und C D die Ereignisse des Überlebens der einzelnen Operationspfade bedeuten. Die Anordnung ist funktionsfähig, wenn mindestens einer dieser Pfade überlebt. Die Ereignisse des Überlebens der einzelnen Pfade sind jedoch nicht voneinander unabhängig; die Pfade 1 und 2 haben die Einheit A gemeinsam, die Pfade 2 und 3 die Einheit D, d.h. der Ausfall von A bedeutet den Ausfall der beiden Pfade 1 und 2, der Ausfall von D den Ausfall der Pfade 2 und 3.

Für die Wahrscheinlichkeit $W(AB \cup AD \cup CD)$, daß mindestens einer der Pfade überlebt, gilt somit:

$$W(AB \cup AD \cup CD) = W(AB) + W(AD) + W(CD)$$
$$- W(AB \cap AD) - W(AB \cap CD) - W(AD \cap CD)$$
$$+ W(AB \cap AD \cap CD) .$$

Pfad A B überlebt, wenn A und B überleben. Aufgrund der Unabhängigkeit der Einheiten A und B, A und D bzw. C und D folgt:

$$W(AB) = W(A \cap B) = W(A) W(B) ,$$
$$W(AD) = W(A \cap D) = W(A) W(D) ,$$
$$W(CD) = W(C \cap D) = W(C) W(D) .$$

Unter Beachtung der vorhergehenden Ausführungen erhält man für die Ausdrücke $W(AB \cap AD)$, $W(AB \cap CD)$ usw.:

$$W(AB \cap AD) = W(A \cap B \cap A \cap D) = W(A \cap B \cap D) = W(A) W(B) W(D) .$$

(Der letzte Schritt ist zulässig, da die Einheiten A, B, D, voneinander unabhängig sind).

$$W(AB \cap CD) = W(A \cap B \cap C \cap D) = W(A) W(B) W(C) W(D) ,$$
$$W(AD \cap CD) = W(A \cap D \cap C \cap D) = W(A \cap C \cap D) = W(A) W(C) W(D)$$
$$W(AB \cap AD \cap CD) = W(A \cap B \cap A \cap D \cap C \cap D) = W(A \cap B \cap C \cap D)$$
$$= W(A) W(B) W(C) W(D) .$$

Durch Zusammenfassung und Übergang von den Wahrscheinlichkeitssymbolen zu den Zuverlässigkeitssymbolen [W(A) = R_A(t), W(B) = R_B(t), usw.] erhalten wir:

$$R = R_A R_B + R_A R_D + R_C R_D$$
$$- R_A R_B R_D - R_A R_B R_C R_D$$
$$- R_A R_C R_D + R_A R_B R_C R_D$$
$$= R_A R_B + R_A R_D + R_C R_D$$
$$- R_A R_B R_D - R_A R_C R_D .$$

Eine weitere Lösungsmethode, die auf dem Satz von der totalen Wahrscheinlichkeit beruht, ist im Anhang 2 wiedergegeben.

2.4. Bestimmung der Zuverlässigkeitsfunktion mit Hilfe des Tafelverfahrens

Die Zuverlässigkeitsfunktion einer bestimmten Anordnung von Einheiten kann rein formal mit Hilfe eines Schemas ermittelt werden, das aus der Mengenlehre abgeleitet werden kann. Dieses Verfahren wird vor allem in der Digitaltechnik zur Analyse und Synthese von Schaltfunktionen (Logikschaltkreisen) verwendet und ist dort unter der Bezeichnung "Karnaugh-Veitch-Diagramm" (KV-Diagramm) bekannt.

Ein KV-Diagramm besteht aus einer Fläche, die in eine Anzahl von Feldern (2^n Felder bei n Variablen) eingeteilt ist. Diesen Feldern sind die Zustände "1" (L) und "0" von binären Variablen, aus welchen sich die Schaltfunktion zusammensetzt, zugeordnet.

So besteht z.B. das KV-Diagramm für eine Schaltfunktion F mit nur einer Variablen X lediglich aus zwei Feldern (Abb.2.15). Die Schaltfunktion F ist damit durch eine der beiden Anordnungen der Zeichen "0" und "1" bereits bestimmt.

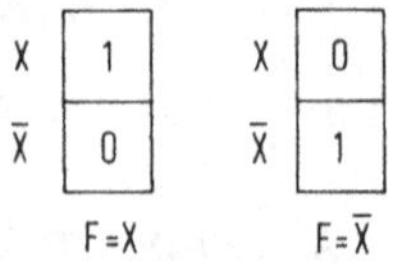

Abb.2.15. Tafel für eine Variable.

Auf Zuverlässigkeitsbetrachtungen angewandt, hat dieses Verfahren den Vorteil, daß es auch in komplizierteren Fällen relativ schnell zum Resultat führt. Die Anwendbarkeit des KV-Diagramms beschränkt sich hier jedoch auf logische Anordnungen, deren Einheiten voneinander unabhängig sind [2.1].

Zur Übertragung der Methode in den Bereich der Zuverlässigkeit bedarf es im Prinzip eigentlich nur einer Festlegung der beiden Zustände "funktionsfähig" und "ausgefallen" der einzelnen Betrachtungseinheiten (Untersysteme, Komponenten, Bauteile). Man kann z.B. folgende Definition treffen:

$$\text{Einheit funktionsfähig} \,\hat{=}\, "1" ,$$
$$\text{Einheit ausgefallen} \,\hat{=}\, "0" .$$

Darüber hinaus ist es jedoch zweckmäßig, das KV-Diagramm so zu modifizieren, wie aus den folgenden Beispielen ersichtlich ist.

Beispiel 1

Zur Ableitung der Gesetzmäßigkeiten bei der Erstellung der Diagramme betrachten wir zunächst folgendes einfaches Beispiel (Abb.2.16a):

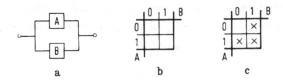

a   b   c

Abb.2.16. Tafel für zwei Variable.

Eine Anordnung bestehe aus zwei Einheiten A und B. Die Zuverlässigkeitsfunktion dieser redundanten Anordnung ist uns bereits bekannt [vgl. Abschn. 2.2, Gl. (2.12)]. Sie ergibt sich zu

$$R(t) = R_A(t) + R_B(t) - R_A(t)R_B(t).$$

Das Tafelverfahren führt zum richtigen Ergebnis, wenn wir folgende Vorschrift beachten (Abb.2.16b): Am Rande der aus 4 Feldern bestehenden Tafel werden die Funktionszustände "0" und "1" der Einheiten A und B in der ersichtlichen Reihenfolge eingetragen. Die Anordnung der Einheiten am

Tafelrand ist dabei ohne Belang. Jedes Feld im Innern der Tafel stellt einen bestimmten Zustand der Anordnung (funktionsfähig oder ausgefallen) dar. Nun werden alle Felder bzw. Zustände angekreuzt, bei denen die Anordnung funktionsfähig ist (Abb.2.16c). Dies sind die Kombinationen

A funktionsfähig, B ausgefallen,

A ausgefallen, B funktionsfähig,

A und B funktionsfähig.

Offensichtlich schließen sich diese Ereigniskombinationen gegenseitig aus. Damit ist Axiom III von Anhang 2 anwendbar, so daß sich die Zuverlässigkeitsfunktion direkt anschreiben läßt:

$$R = Q_A R_B + R_A Q_B + R_A R_B$$
$$= (1 - R_A) R_B + R_A (1 - R_B) + R_A R_B$$
$$= R_A + R_B - R_A R_B.$$

Beispiel 2

Zum weiteren Kennenlernen des Tafelverfahrens soll die in Abb.2.17 dargestellte "vermaschte" Anordnung dienen (vgl. auch Abschn.2.3, Abb.2.14). Die Anordnung bleibt funktionsfähig, solange wenigstens einer der Operationspfade AB, CD oder AD funktioniert.

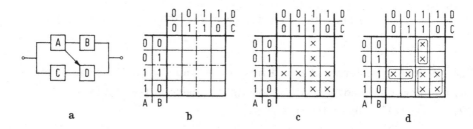

Abb.2.17. Tafel für 4 Variable.

Da die Anordnung aus 4 Einheiten besteht, enthält die zugehörige Zustandstafel 2^4 = 16 Felder. Sie entsteht aus der Tafel für zwei Einheiten (Abb. 2.16b) sozusagen durch Spiegelung dieser Tafel an ihrer oberen und unteren Begrenzungslinie (gestrichelte Linien). Danach sind nur noch die verschiedenen Möglichkeiten für die Zustände der Einheiten A und D am äusseren Tafelrand so einzutragen, wie aus Abb.2.17b ersichtlich.

In diese Tafel werden nun alle Zustände der Anordnung, bei welchen diese überlebt, durch Ankreuzen der betreffenden Felder eingetragen. Dabei wird jedes Feld nur einmal angekreuzt (Abb.2.17c).

Wir könnten nun wie in Beispiel 1 die Zuverlässigkeitsfunktion bestimmen. Dabei würde sich eine Gleichung mit 8 Summanden mit je 4 Faktoren ergeben. Die Aufstellung der Zuverlässigkeitsgleichung wird aber weiter erleichtert, wenn wir sog. "benachbarte" Zustände der Anordnung zu Gruppen zusammenfassen. Bestimmte Zustände einer Anordnung heißen in diesem Zusammenhang "benachbart", wenn sie sich nur durch den Zustand einer einzelnen Einheit der Anordnung unterscheiden. Durch die hier praktizierte Anordnung der Zustände für die Einheiten am Tafelrand ist jedoch gewährleistet, daß aneinander angrenzende Zustände bzw. Tafelfelder immer "benachbart" sind.

Die Gruppeneinteilung der Tafel und die ihr entsprechende Zuverlässigkeitsgleichung haben immer dann ihre optimale Darstellungsform, wenn die Anzahl der Systemzustände innerhalb einer Gruppe möglichst groß ist. Die Möglichkeit einer Gruppenbildung beschränkt sich jedoch auf die Zusammenfassung von jeweils 2, 4, 8, 16,...,2^n ($n = 1, 2,...$) benachbarten Zuständen.

Im vorliegenden Beispiel wurden die Überlebenszustände in eine Vierergruppe und zwei Zweiergruppen aufgeteilt (Abb.2.17d). Die zugehörige Zuverlässigkeitsfunktion besteht daher aus 3 Summanden.

Bevor wir diese Funktion aufstellen, muß noch gesagt werden, daß Einheiten der Anordnung, die ihren Zustand längs einer Gruppen-Begrenzungslinie ändern, bei der Berechnung der entsprechenden Summanden nicht berücksichtigt werden dürfen, also wegfallen.

Aufgrund der bisherigen Erläuterungen ergibt sich nun die Zuverlässigkeitsfunktion der betrachteten Anordnungen zu

$R = R_A R_B Q_D$ (linke Zweiergruppe, C ändert sich und fällt weg),

$+ Q_A R_C R_D$ (obere Zweiergruppe, B ändert sich und fällt weg),

$+ R_A R_D$ (Vierergruppe, B und C ändern sich).

Wie ersichtlich, entfällt bei einer Zweiergruppe einer der möglichen Faktoren, bei einer Vierergruppe entfallen zwei Faktoren ($2^2 = 4$). Bei einer Achtergruppe würden 3 Faktoren entfallen ($2^3 = 8$), bei einer 16ergruppe 4 Faktoren usw. Dieser Sachverhalt bietet eine weitere Kontrollmöglichkeit neben einer Prüfung der Anzahl der Summanden.

Die übliche Darstellungsform für obige Gleichung ergibt sich, in dem wir $R = 1 - Q$ setzen, zu

$$R = R_A R_B (1 - R_D) + R_C R_D (1 - R_A) + R_A R_D$$
$$= R_A R_B + R_A R_D + R_C R_D - R_A R_B R_D - R_A R_C R_D$$

(vgl. Abschn. 2.3).

Beispiel 3

Als weiteres Beispiel betrachten wir eine aus 5 Einheiten bestehende Anordnung (Abb. 2.18a) mit den Operationspfaden AB, CD, AED und CEB.

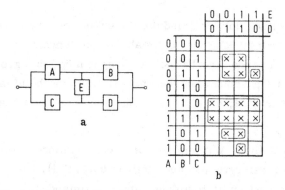

Abb. 2.18. Tafel für eine vermaschte Anordnung.

Die zugehörige Funktionstafel mit $2^5 = 32$ Feldern entsteht aus derjenigen für 4 Betrachtungseinheiten durch Spiegelung an der unteren Begrenzungslinie und Hinzufügen einer weiteren Spalte für die Zustände der Einheit A (Abb. 2.18b).

Die optimale Aufteilung der Funktionstafel wird erreicht durch eine Achtergruppe, eine Vierergruppe, eine Zweiergruppe und zwei Einzelfelder. Wir können nun die Zuverlässigkeitsfunktion direkt anschreiben:

$$R = Q_A R_B R_C Q_D R_E \qquad \text{(oberes Einzelfeld)},$$
$$+ R_A Q_B Q_C R_D R_E \qquad \text{(unteres Einzelfeld)},$$

70

$$+ R_A Q_B R_C R_D \qquad \text{(Zweiergruppe)},$$

$$+ Q_A R_C R_D \qquad \text{(Vierergruppe)},$$

$$+ R_A R_B \qquad \text{(Achtergruppe)}.$$

Aufgrund der aus den Beispielen erkannten Gesetzmäßigkeiten lassen sich nun Tafeln für jede beliebige Anordnung unabhängiger Einheiten entwerfen. Die Abb.2.19 und 2.20 zeigen solche Funktionstafeln für 6 bzw. für 8 Einheiten.

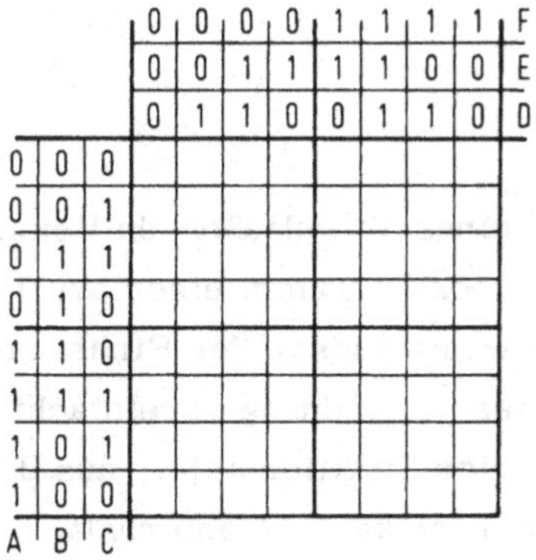

Abb.2.19. Tafel für 6 Variable.

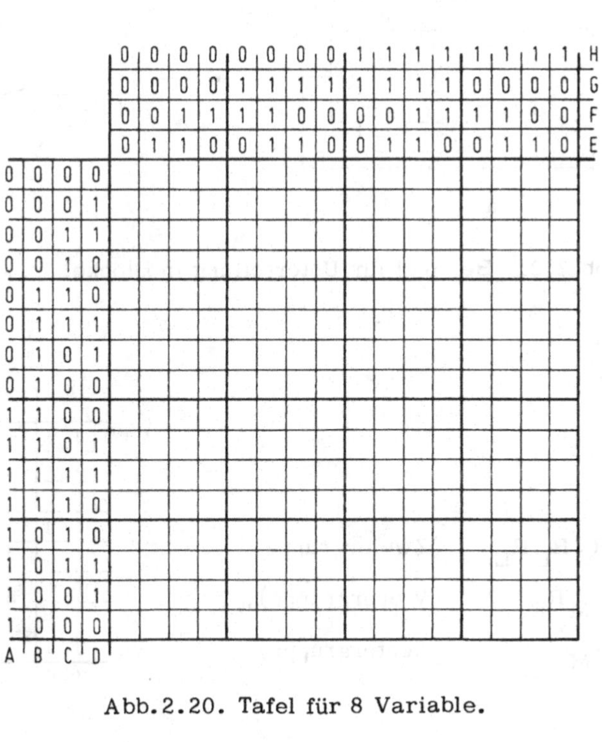

Abb.2.20. Tafel für 8 Variable.

Zur Ermittlung der Zuverlässigkeitsfunktionen komplexerer Anordnungen empfiehlt sich jedoch im allgemeinen eine Lösung der Aufgabe in mehreren Schritten. Hierzu wird das betreffende Blockdiagramm zunächst in kleinere Blöcke aufgeteilt und für jeden Block eine Funktionstafel erstellt. Aus den so ermittelten Zuverlässigkeiten der Einzelblöcke ergibt sich dann die Gesamtzuverlässigkeit der Anordnung. Dies geht jedoch nur dann, wenn die Einzelblöcke unabhängig voneinander sind; sie dürfen dann jedenfalls keine gemeinsamen Einheiten enthalten.

Beispiel 4

Diese Methode soll anhand eines abschließenden Beispiels verdeutlicht werden. Abb.2.21a zeigt das Blockdiagramm einer aus 10 Einheiten bestehenden Anordnung. Durch Zusammenfassen der Einheiten B, F, G, H, J, K zu einer Einheit M kann diese Anordnung vereinfacht werden (Abb.2.21b). Abb.2.21c zeigt die zugehörige Funktionstafel, aus der die Zuverlässigkeitsfunktion direkt abgelesen werden kann. Man erhält

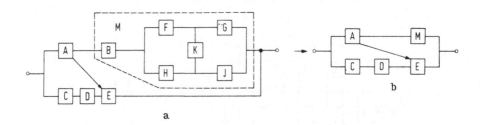

Abb.2.21. Beispiel für Unterteilung in Blöcke.

$$R = Q_A R_C R_D R_E \quad \text{(Zweiergruppe)},$$
$$+ R_A Q_M R_E \quad \text{(Vierergruppe)},$$
$$+ R_A R_M \quad \text{(Achtergruppe)}.$$

			E 0 / D 0	E 0 / D 1	E 1 / D 1	E 1 / D 0
0	0	0				
0	0	1			X	
0	1	1		X		
0	1	0				
1	1	0	X	X	X	X
1	1	1	X	X	X	X
1	0	1			X	X
1	0	0			X	X

A M C

c

Im nächsten Schritt wird nun die Zuverlässigkeitsgleichung für R_M aufgestellt. Wie ersichtlich, liegt die Einheit B in Serie mit dem aus den Einheiten F, G, H, J, K bestehenden Teilblock. Zur Ermittlung von R_M reicht daher eine Funktionstafel für 5 Einheiten aus (Abb.2.21d). Die sich ergebenden Summanden brauchen dann nur noch mit der Zuverlässigkeit R_B multipliziert werden:

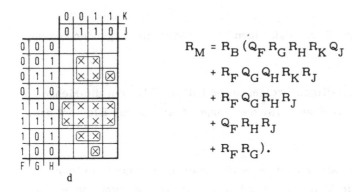

$$R_M = R_B \, (Q_F \, R_G \, R_H \, R_K \, Q_J$$
$$+ \, R_F \, Q_G \, Q_H \, R_K \, R_J$$
$$+ \, R_F \, Q_G \, R_H \, R_J$$
$$+ \, Q_F \, R_H \, R_J$$
$$+ \, R_F \, R_G).$$

d

Dieser Ausdruck bzw. das Komplement $1 - R_M$ ist in die Gleichung für R einzusetzen, was dem Leser überlassen sei.

Anhang 2. Mathematische Ergänzungen

Zu Abschn. 2.1

1. Der Borelsche Körper baut auf dem Grundbegriff der Menge E der Elementarereignisse auf. Dabei muß man stets im einzelnen festlegen, was unter dieser zu verstehen ist.

Betrachten wir eine Menge Z von Teilmengen aus E, dann nennen wir diese Teilmengen "zufällige Ereignisse" oder auch kurz "Ereignisse".

Ferner nennen wir das Ereignis, das alle Elemente der Menge E enthält, das sichere Ereignis, und ein Ereignis, das kein Element der Menge E enthält, ein unmögliches Ereignis.

Beispiel: Beim Würfeln ist die Menge E der Elementarereignisse gegeben durch das Auftreten der Augenzahlen 1, 2, ... 6. Interessiert uns das Auftreten einer ungeraden Augenzahl, dann besteht dieses zufällige Ereignis aus den Elementarereignissen 1, 3, 5 (Teilmenge von E). Das sichere Ereignis ist gekennzeichnet durch das Würfeln einer der Zahlen 1, 2, ... 6. Ein unmögliches Ereignis wäre z.B. das Würfeln einer natürlichen Zahl größer als 6.

Gegeben sei eine Menge Z von zufälligen Ereignissen mit folgenden Eigenschaften:

a) Die Menge Z der zufälligen Ereignisse enthält als Element die Menge E der Elementarereignisse, d.h. die Menge Z enthält als Element das sichere Ereignis.

b) Die Menge Z der zufälligen Ereignisse enthält als Element die leere Menge (0), d.h. die Menge Z enthält als Element das unmögliche Ereignis.

c) Gehören endlich oder abzählbar viele Ereignisse A_1, A_2, ... A_n zur Menge Z, dann gehört auch ihre Summe zu Z. Dabei definieren wir als Summe von Ereignissen A_1, A_2, ... A_n dasjenige Ereignis, das alle Elementarereignisse (und nur diese) enthält, die zu irgendeinem der Ereignisse A_1, A_2, ... A_n gehören. Die hier gegebene Definition der Summe entspricht der Vereinigung der Teilmengen A_1, A_2, ... A_n (Abb.2.22).

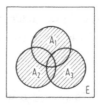

Abb.2.22. Summe von Ereignissen.

d) Gehören die Ereignisse A_1 und A_2 zur Menge Z, dann gehört auch ihre Differenz zu Z. Dabei definieren wir als Differenz A_1 - A_2 der Ereignisse A_1 und A_2 dasjenige Ereignis, welches alle Elementarereignisse (und nur diese) enthält, die zu A_1 und nicht zu A_2 gehören (Abb.2.23).

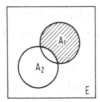

Abb.2.23. Differenz von Ereignissen.

e) Gehören die endlich oder abzählbar vielen Ereignisse A_1, A_2, ... A_n zur Menge Z, so gehört auch ihr Produkt zu Z. Dabei definieren wir als Produkt der Ereignisse A_1, A_2, ... A_n dasjenige Ereignis, welches alle Elementarereignisse (und nur diese) enthält, die in allen Ereignissen A_1, A_2, ... A_n enthalten sind. Die hier gegebene Definition des Produkts entspricht dem Durchschnitt der Teilmengen A_1, A_2, ... A_n (Abb.2.24).

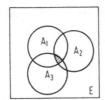

Abb.2.24. Produkt von Ereignissen.

Hiervon ausgehend können wir nun den Borelschen Körper definieren: Eine Menge Z von Teilmengen einer bestimmten Menge E von Elementarereignissen und mit den Eigenschaften 1 bis 5 heißt Borelscher Mengenkörper.

Mit Hilfe des Borelschen Körpers läßt sich die mathematische Wahrscheinlichkeit axiomatisch definieren:

Axiom I: Jedem zufälligen Ereignis X aus Z wird eine nicht negative Zahl W(X) zugeordnet, für welche gilt:

$$0 \leqslant W(X) \leqslant 1.$$

Diese Zahl heißt mathematische Wahrscheinlichkeit.

Axiom II: Die Wahrscheinlichkeit des sicheren Ereignisses $W(E)$ ist gleich 1:

$$W(E) = 1$$

Axiom III: Schließen die zufälligen Ereignisse X und Y einander aus, d.h. haben sie kein Element gemeinsam, (Durchschnitt = leere Menge 0, Abb.2.25) dann gilt:

$$W(X \cup Y) = W(X) + W(Y) .$$

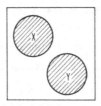

Abb.2.25. Sich ausschließende Ereignisse.

Diese Axiome gestatten, die allgemeinen Gesetze der Wahrscheinlichkeitsrechnung abzuleiten. Der interessierte Leser sei auf die angegebene Literatur verwiesen [2.2, 2.3].

2. Beweis der Gl.(2.10).
Für beliebige Ereignisse X, Y gilt:

$$X \cup Y = X \cup (Y - X \cap Y) ,$$
$$Y = X \cap Y \cup (Y - X \cap Y) .$$

Die rechten Seiten obiger Gleichungen sind Summen von Ereignissen, die einander ausschließen. Damit erhält man nach Axiom III:

$$W(X \cup Y) = W(X) + W(Y - X \cap Y),$$
$$W(Y) = W(X \cap Y) + W(Y - X \cap Y),$$
$$W(X \cup Y) - W(Y) = W(X) - W(X \cap Y),$$
$$W(X \cup Y) = W(X) + W(Y) - W(X \cap Y).$$

Da die Ereignisse X und Y voneinander unabhängig sind, gilt:

$$W(X \cap Y) = W(X)\,W(Y) ,$$

und wir erhalten

$$W(X \cup Y) = W(X) + W(Y) - W(X)W(Y) \,,$$

was zu beweisen war.

Zu Abschn. 2.2

Beweis $W(X) + W(\overline{X}) = 1$.
$\overline{X}$, das Komplementärereignis zu X, ist definiert als die Menge aller Elementarereignisse, die nicht zu X gehören (Abb. 2.26). E ist die Menge aller Elementarereignisse.

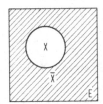

Abb. 2.26. Komplementärereignisse.

Aus der Definition des Komplementärereignisses ergibt sich, daß $X \cup \overline{X}$ das sichere Ereignis ist. Aufgrund von Axiom II gilt demnach:

$$W(X \cup \overline{X}) = 1$$

und nach Axiom III (X und $\overline{X}$ sind Ereignisse, die sich gegenseitig ausschließen):

$$W(X \cup \overline{X}) = W(X) + W(\overline{X}) \,,$$
$$W(X) + W(\overline{X}) = 1 \,.$$

Zu Abschn. 2.3

1. Beweis, daß für drei beliebige Ereignisse X, Y, Z, die einander nicht ausschließen, gilt:

$$W(X \cup Y \cup Z) = W(X) + W(Y) + W(Z)$$
$$- W(X \cap Y) - W(X \cap Z) - W(Y \cap Z)$$
$$+ W(X \cap Y \cap Z) \,.$$

Wir wenden zunächst Gl.(2.9) auf $W[X \cup (Y \cup Z)]$ an, indem wir $Y \cup Z$ als ein Ereignis betrachten. Da sich die Ereignisse X und $Y \cup Z$ nicht gegenseitig ausschließen, gilt:

$$W[X \cup (Y \cup Z)] = W(X) + W(Y \cup Z) - W[X \cap (Y \cup Z)] .$$

Für den Ausdruck $X \cap (Y \cup Z)$ ergibt sich (Abb.2.27):

$$X \cap (Y \cup Z) = (X \cap Z) \cup [(X \cap Y) - (X \cap Y \cap Z)].$$

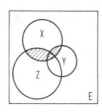

Abb.2.27. Ereignis $X \cap (Y \cup Z)$.

Die Ereignisse $X \cap Z$ und $(X \cap Y) - (X \cap Y \cap Z)$ schließen einander aus, also folgt aus Axiom III der Wahrscheinlichkeitsdefinition:

$$W[X \cap (Y \cup Z)] = W(X \cap Z) + W[(X \cap Y) - (X \cap Y \cap Z)] .$$

Ferner gilt (Abb.2.27):

$$X \cap Y = (X \cap Y \cap Z) \cup (X \cap Y - X \cap Y \cap Z) .$$

Da die Ereignisse $X \cap Y \cap Z$ und $X \cap Y - X \cap Y \cap Z$ einander ausschließen, folgt:

$$W(X \cap Y) = W(X \cap Y \cap Z) + W[(X \cap Y) - (X \cap Y \cap Z)] .$$

Durch Subtraktion erhält man

$$W[X \cap (Y \cup Z)] - W(X \cap Y) = W(X \cap Z) - W(X \cap Y \cap Z)$$

bzw.

$$W[X \cap (Y \cup Z)] = W(X \cap Y) + W(X \cap Z) - W(X \cap Y \cap Z) .$$

Durch Einsetzen ergibt sich

$$W(X \cup Y \cup Z) = W(X) + W(Y \cup Z)$$
$$- W(X \cap Y) - W(X \cap Z) + W(X \cap Y \cap Z) .$$

Wenden wir auf den Ausdruck $W(Y \cup Z)$ noch Gl.(2.9) an, dann erhalten wir:

$$W(X \cup Y \cup Z) = W(X) + W(Y) + W(Z)$$
$$- W(X \cap Y) - W(X \cap Z) - W(Y \cap Z)$$
$$+ W(X \cap Y \cap Z) \, ,$$

was zu beweisen war.

2. Satz von der totalen Wahrscheinlichkeit.

Dieser Satz lautet in seiner einfachsten Form: Schließen die Ereignisse A_1 und A_2 einander aus und ist X ein beliebiges Ereignis, das entweder mit A_1 oder A_2 gemeinsam auftritt, dann gilt:

$$W(X) = W(A_1) W_{A,1}(X) + W(A_2) W_{A,2}(X)$$

Beweis: $W(A_1 \cap X)$ bedeute die Wahrscheinlichkeit, daß A_1 und X gemeinsam auftreten; analog $W(A_2 \cap X)$. Da die Ereignisse $A_1 \cap X$ und $A_2 \cap X$ einander ausschließen, gilt nach Gl.(2.8):

$$W(X) = W(A_1 \cap X) + W(A_2 \cap X)$$

Mit Hilfe der Gl.2.4 für die bedingte Wahrscheinlichkeit ergibt sich:

$$W(A_1 \cap X) = W(A_1) W_{A,1}(X); \ W(A_2 \cap X) = W(A_2) W_{A,2}(X)$$

Also gilt:

$$W(X) = W(A_1) W_{A,1}(X) + W(A_2) W_{A,2}(X)$$

3. Berechnung der Zuverlässigkeit $R(t)$ der in Abb.2.14 wiedergegebenen Anordnung mit Hilfe obigen Satzes.

Das Ereignis A_1 bedeute das Überleben der Einheit A, das Ereignis A_2 den Ausfall von A (die Ereignisse A_1 und A_2 schließen einander aus). Ferner bedeute das Ereignis X das Überleben der gesamten Anordnung (X tritt entweder mit A_1 oder A_2 gemeinsam auf). Da X eine Teilmenge von A_1 oder A_2 ist, gilt

$$X = (A_1 \cap X) \cup (A_2 \cap X)$$

Mit Hilfe des Satzes von der totalen Wahrscheinlichkeit können wir folgende
Aussage machen: "Die Überlebenswahrscheinlichkeit R der Anordnung ist
gleich der Überlebenswahrscheinlichkeit R_A von Einheit A mal der Überlebenswahrscheinlichkeit R' der Anordnung unter der Voraussetzung, daß
A überlebt, plus der Ausfallwahrscheinlichkeit $(1-R_A)$ von Einheit A mal
der Überlebenswahrscheinlichkeit R'' der Anordnung unter der Voraussetzung, daß A ausgefallen ist", in Formel:

$$R = R_A R' + (1-R_A) R''.$$

Unter der Voraussetzung, daß A überlebt, überlebt die Anordnung, wenn
entweder B oder D oder beide Einheiten überleben. Also wird:

$$R' = 1 - (1-R_B)(1-R_D).$$

Unter der Voraussetzung, daß A ausgefallen ist, überlebt die Anordnung,
wenn C und D überleben:

$$R'' = R_C R_D.$$

Damit erhält man:

$$R = R_A \left[1 - (1-R_B)(1-R_D) \right] + (1-R_A) R_C R_D$$

$$= R_A R_B + R_A R_D + R_C R_D - R_A R_B R_D - R_A R_C R_D.$$

4. Für die Wahrscheinlichkeit $W(X_1 \cup X_2 \cup \ldots \cup X_n)$, daß von n beliebigen
Ereignissen $X_1, X_2, \ldots X_n$ mindestens eines eintritt, gilt:

$$W(X_1 \cup X_2 \cup \ldots \cup X_n) = \sum_{k=1}^{n} W(X_k) - \sum_{\substack{k_1,k_2=1 \\ k_1 < k_2}}^{n} W(X_{k,1} \cap X_{k,2})$$

$$+ \sum_{\substack{k_1,k_2,k_3=1 \\ k_1 < k_2 < k_3}}^{n} W(X_{k,1} \cap X_{k,2} \cap X_{k,3}) - \ldots$$

$$+ (-1)^{n+1} W(X_1 \cap X_2 \cap \ldots \cap X_n).$$

3. Die Zuverlässigkeitsfunktion

3.1. Allgemeine Betrachtungen

<u>Zufallsgröße und Verteilungsfunktion</u>

In Kap. 2 war die Rede von zufälligen Ereignissen und von Wahrscheinlichkeiten für das Eintreten bestimmter Ereignisse. Nun lassen sich manchen
Elementarereignissen reelle Zahlen zuordnen. So könnten wir z.B. für das
Urnenbeispiel festlegen, daß dem Ereignis "Entnahme einer weißen Kugel"
die Zahl 1, der Entnahme einer schwarzen Kugel die Zahl 2 zugeordnet
werden soll (Abschn. 2.1). Im Zusammenhang mit dem Würfelexperiment
wird man im allgemeinen vereinbaren, daß den Augen des Würfels auf den
einzelnen Flächen die entsprechenden Zahlen 1 bis 6 zuzuordnen sind.

Hat man einmal eine derartige Zuordnung getroffen, dann hängt das Auftreten eines bestimmten Zahlenwertes vom Zufall ab. Die Zahlen, die im
jeweiligen Fall überhaupt auftreten können, lassen sich daher auffassen als
Werte - oder wie man auch sagt, "Realisationen" - einer (eindimensionalen)
Zufallsgröße, auch zufällige Veränderliche oder Zufallsvariable genannt.

Zur Charakterisierung einer bestimmten Zufallsgröße ist zunächst einmal
die Angabe der Wertemenge erforderlich, die sie annehmen kann. Sind, wie
in den obengenannten Beispielen, nur diskrete Werte zugelassen, dann interessiert im allgemeinen, mit welchen Wahrscheinlichkeiten jeder dieser
Werte angenommen wird. In vielen Fällen - nämlich immer dann, wenn die
Menge der möglichen Werte nicht mehr abzählbar ist - hat es jedoch keinen Sinn, nach der Wahrscheinlichkeit zu fragen, mit der ein bestimmter
Wert angenommen wird. Die Handhabung derartiger Zufallsgrößen wird jedoch möglich mit Hilfe des Begriffs der Verteilungsfunktion, häufig auch
kurz als Verteilung bezeichnet, die definiert ist wie folgt: Ist X eine (ein-
dimensionale) Zufallsgröße, dann gibt $F(x)$ die Wahrscheinlichkeit dafür
an, daß die Zufallsgröße X Werte annimmt, die nicht größer sind als ein
vorgegebener Wert x .

Für obige Definition ist auch folgende abgekürzte Schreibweise üblich:

$$F(x) = W(X \leqslant x) . \tag{3.1}$$

$F(x)$ ist eine mit zunehmendem x nicht fallende Funktion, d.h. ist $x_2 > x_1$, dann ist $F(x_2) \geqslant F(x_1)$.

Für $F(x)$ existieren die Grenzwerte

$$F(+ \infty) = \lim_{x \to \infty} F(x) = 1, \quad F(- \infty) = \lim_{x \to -\infty} F(x) = 0 . \tag{3.2}$$

Die Funktion $F(x)$ nimmt also zwischen den Werten 0 und 1 monoton zu und ihre Ableitung $F'(x)$, die wir mit $f(x)$ bezeichnen wollen, ist dort wo sie existiert nie negativ. $f(x)$ wird auch Verteilungsdichte, Dichtefunktion oder kurz Dichte genannt.

Eine Zufallsgröße X bzw. ihre Verteilungsfunktion $F(x)$ heißt "stetig", wenn für alle Werte x von X gilt:

$$F(x) = \int_{-\infty}^{x} f(x')dx'. \tag{3.3}$$

Aus dieser Definition folgt mit Hilfe von Gl.(3.2):

$$\int_{-\infty}^{+\infty} f(x)dx = 1 . \tag{3.4}$$

Eine Zufallsgröße X bzw. ihre Verteilungsfunktion $F(x)$ heißt "diskret", wenn die Zufallsgröße nur abzählbar viele Werte x_i mit den entsprechenden Wahrscheinlichkeiten W_i annehmen kann und wenn gilt:

$$F(x) = \sum_{x_i \leqslant x} W_i \tag{3.5}$$

(d.h. die Summe ist über alle Werte x_i zu erstrecken, für welche die Ungleichung $x_i \leqslant x$ erfüllt ist).

An die Stelle von Gl.(3.4) tritt dann die Beziehung

$$\sum_i W_i = 1 .$$

Wie wir gesehen haben, wird eine Zufallsgröße durch ihre Verteilungsfunktion vollständig beschrieben. Oft genügt es jedoch, die Zufallsgröße durch einige für sie charakteristische Zahlenwerte, die mit ihrer Verteilung zusammenhängen, zu kennzeichnen. Eine solche Konstante, die auch im Rahmen von Zuverlässigkeitsangaben eine Rolle spielt, ist z.B. der Mittelwert $E(X)$ einer Zufallsvariablen, auch Erwartungswert genannt, der definiert ist wie folgt:

a) Ist X eine stetige Zufallsgröße mit der Dichte $f(x)$, dann gilt:

$$E(X) = \mu = \int\limits_{-\infty}^{+\infty} x f(x)\, dx \; . \; ^* \qquad\qquad (3.6)$$

b) Ist X eine diskrete Zufallsgröße, welche die Werte x_i mit den Wahrscheinlichkeiten W_i annimmt, dann gilt entsprechend:

$$E(X) = \mu = \sum_i x_i W_i \; . \; ^*$$

Analog zum Erwartungswert einer Zufallsgröße X können wir den "Erwartungswert einer Funktion $g(X)$" der Zufallsgröße X definieren:

$$E[g(X)] = \int\limits_{-\infty}^{\infty} g(x)\, f(x)\, dx \; , \quad (X \text{ stetig})$$

$$\qquad\qquad (3.7)$$

$$E[g(X)] = \sum_i g(x_i)\, W_i \; . \qquad (X \text{ diskret})$$

Diese Definition verhilft uns zu einer weiteren Konstanten, durch die Zufallsgrößen charakterisiert werden können. Setzen wir nämlich

$$g(X) = [X - E(X)]^2 = (X - \mu)^2 \; ,$$

dann ist der Erwartungswert

$$E[g(X)] = E[(X - \mu)^2]$$

---

*Dabei muß vorausgesetzt werden, daß

$$\int\limits_{-\infty}^{+\infty} |x|\, f(x)\, dx < \infty \text{ bzw. } \sum_i |x_i| W_i < \infty.$$

Diese Voraussetzungen sind jedoch in der Praxis fast immer erfüllt.

ein Maß für die "Konzentration"[*] der Einzelwerte der Zufallsgröße X um den Mittelwert μ. Diese Maßzahl, die wir mit D(X) bezeichnen wollen, wird Dispersion, Varianz oder auch Streuung genannt. Je weiter also die einzelnen Werte um den Mittelwert μ herum streuen, desto größer ist D(X). Die positive Quadratwurzel aus dem Wert für die Dispersion wird als Standardabweichung bezeichnet.

Für die Dispersion D(X) einer Zufallsvariablen X gilt also:

$$D(X) = \int_{-\infty}^{\infty} (x - \mu)^2 f(x)\, dx \;, \quad (X \text{ stetig})$$

$$D(X) = \sum_i (x_i - \mu)^2 W_i \;. \quad (X \text{ diskret})$$

(3.8)

Ist speziell $g(x) = X^n$, dann heißt $E[g(X)] = E(X^n)$ das n-te (gewöhnliche) Moment bzw. Moment n-ter Ordnung von X. Insofern ist der Mittelwert $E(x) = \mu$ das Moment erster Ordnung von X. Ferner ist es üblich, den Erwartungswert der Funktion $g(X) = (X - \mu)^n$ als das "zentrale" oder "zentrierte" Moment n-ter Ordnung von X zu bezeichnen. Die Dispersion D(X) ist also das 2. zentrale Moment von X. Da Momente höherer Ordnung im Rahmen der weiteren Betrachtungen nicht benötigt werden, wollen wir nicht näher darauf eingehen.

Anwendung statistischer Begriffe im Rahmen der Zuverlässigkeit

Zur Übertragung der soeben erläuterten Begriffe auf den Bereich der Zuverlässigkeit brauchen wir nur die Zeit, die im einzelnen vergeht, bis Einheiten einer bestimmten Art ausfallen, als Zufallsgröße aufzufassen. Werden lediglich Zeiträume betrachtet, in denen diese Einheiten funktionsbedingter Beanspruchung unterliegen, d.h. in Betrieb sind, dann wird diese Zufallsgröße, im folgenden mit T bezeichnet, realisiert durch die Betriebszeiten t_i der einzelnen Einheiten einer bestimmten Grundgesamtheit von Beanspruchungsbeginn bis zum Ausfall.

---

[*]Näher läge es, den Erwartungswert $E(X - \mu)$ als ein solches Maß zu wählen. Diese Wahl ist jedoch nicht sinnvoll, da

$$\int_{-\infty}^{\infty} (x - \mu) f(x)\, dx = 0 \;.$$

Die Funktion

$$Q(t) = W(T \leqslant t) ,$$

die angibt, mit welcher Wahrscheinlichkeit Betriebszeiten bis zum Ausfall auftreten, die nicht länger sind als ein vorgegebener Zeitraum t - in Abschn. 2.2 kurz Ausfallwahrscheinlichkeit genannt - wird daher sinngemäß auch als Ausfallverteilungsfunktion bezeichnet. Ihre zeitliche Ableitung

$$\frac{dQ}{dt} = f(t) \tag{3.9}$$

heißt Ausfalldichte. Entsprechend den Gln. (3.3) und (3.4) gilt also:

$$Q(t) = \int_0^t f(t') \, dt' , \tag{3.10}$$

$$\int_0^\infty f(t) \, dt = 1 . \tag{3.11}$$

Die Zuverlässigkeitsfunktion $R(t)$ und die Ausfallverteilungsfunktion sind miteinander verknüpft durch die Beziehung

$$R(t) + Q(t) = 1 . \quad (Gl. 2.14)$$

Da die Verteilungsfunktion $Q(t)$ zwischen den Werten $Q(0) = 0$ und $Q(\infty)$ = 1 monoton zunimmt [Gl. (3.2)], muß $R(t)$ zwischen $R(0) = 1$ und $R(\infty) = 0$ monoton abnehmen. Aufgrund von Gl. (2.14), Gl. (3.10) und Gl. (3.11) gilt daher auch:

$$R(t) = \int_t^\infty f(t') \, dt' , \tag{3.12}$$

$$f(t) = -\frac{dR(t)}{dt} . \tag{3.13}$$

Der Erwartungswert der Zufallsgröße T, d.h. im allgemeinen die mittlere Betriebszeit zwischen Beanspruchungsbeginn und dem Ausfall der Einheiten eines Kollektivs, ist aufgrund von Gl. (3.6) gegeben durch

$$E(T) = \tau = \int_0^\infty t \, f(t) \, dt \tag{3.14}$$

Handelt es sich dabei um nicht reparierbare Einheiten, dann wird diese Konstante mittlere Lebensdauer genannt. Durch partielle Integration und unter Beachtung von Gl. (3.10) läßt sich obige Gleichung umformen in

$$\tau = -t\,R(t)\,\Big|_0^\infty + \int_0^\infty R(t)\,dt$$

Man kann zeigen, daß der Ausdruck $-t\,R(t)\,\Big|_0^\infty$ sowohl an der oberen als auch an der unteren Grenze verschwindet. Die mittlere Lebensdauer ergibt sich somit zu

$$\tau = \int_0^\infty R(t)\,dt\ . \tag{3.15}$$

Für die Dispersion der Zufallsgröße T gilt entsprechend Gl. (3.8):

$$D(T) = \int_0^\infty (t - \tau)^2 f(t)\,dt\ . \tag{3.16}$$

Ein weiterer im Rahmen von Zuverlässigkeitsbetrachtungen häufig verwendeter Parameter ist die sog. Ausfallrate $\lambda(t)$. Sie kann definiert werden als das Verhältnis

$$\lambda(t) = \frac{f(t)}{R(t)} = -\frac{dR(t)/dt}{R(t)}\ . \tag{3.17}$$

Der Begriff der Ausfallrate wird plausibel, wenn wir eine hinreichend große Zahl n_0 gleicher Einheiten betrachten, die einer Lebensdauerprüfung unterworfen werden. Bezeichnen wir die Zahl der nach Ablauf der Prüfzeit t ausgefallenen Einheiten mit $N(t)$ und die Zahl der diese Zeit überlebenden Einheiten mit $n(t)$, dann gilt also:

$$n(t) + N(t) = n_0\ .$$

Gehen wir aus von der Definition [Gl. (2.3)] der Wahrscheinlichkeit als Grenzwert der relativen Häufigkeit, dann ist die Zuverlässigkeit der betreffenden Einheiten ungefähr gleich dem Verhältnis

$$\tilde{R}(t) = \frac{n(t)}{n_0}\ , \tag{3.18}$$

bzw. ihre Ausfallwahrscheinlichkeit ungefähr

$$\tilde{Q}(t) = \frac{N(t)}{n_0} \ . \qquad\qquad (3.19)$$

Man spricht in diesem Zusammenhang von der empirischen Zuverlässigkeitsfunktion bzw. von der empirischen Ausfallverteilung. Für die Ausfallrate $\lambda(t)$ ergibt sich also aufgrund der Gln.(2.14) und (3.17):

$$\lambda(t) \approx \frac{1}{n(t)} \ \frac{dN(t)}{dt} \ ,$$

bzw. für hinreichend kleine Zeitintervalle Δt:

$$\lambda(t) \approx \frac{1}{n(t)} \ \frac{\Delta N}{\Delta t} \ . \qquad\qquad (3.20)$$

Die (im allgemeinen zeitabhängige) Ausfallrate kann daher gedeutet werden als die Anzahl der in einem Zeitintervall Δt ausgefallenen Einheiten ΔN, bezogen auf die zu Beginn dieses Zeitintervalls noch funktionsfähigen Einheiten $n(t)$ einer Grundgesamtheit.

Durch Integration läßt sich Gl.(3.17) leicht nach $R(t)$ auflösen:

$$\int_{R(0)}^{R(t_1)} \frac{dR}{R} = - \int_0^{t_1} \lambda(t)\,dt \ ,$$

$$\ln R \Big|_1^{R(t_1)} = - \int_0^{t_1} \lambda(t)\,dt \ ,$$

$$R(t_1) = \exp\left(- \int_0^{t_1} \lambda(t)\,dt \right). \qquad\qquad (3.21)$$

Abschließend wollen wir noch die Zuverlässigkeit $R(t_1, \Delta t)$ einer Einheit für einen Zeitraum Δt von t_1 bis t_2 berechnen, unter der Voraussetzung, daß sie den davor liegenden Zeitraum von $t = 0$ bis $t = t_1$ überlebt hat (Abb.3.1).

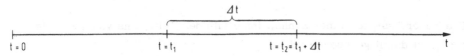

Abb.3.1. Zur Definition der bedingten Überlebenswahrscheinlichkeit während eines Zeitraums Δt.

Da es sich hier um eine bedingte Überlebenswahrscheinlichkeit handelt, können wir auf Gl.(2.4) zurückgreifen. Bedeutet entsprechend dieser Gleichung das Ereignis X das Überleben der Einheit von $t = 0$ bis $t = t_1$, das Ereignis Y das Überleben von $t = t_1$ bis $t_2 = t_1 + \Delta t$, gilt also

$$W(X) = R(t_1) \ ,$$

$$W(X \cap Y) = R(t_1 + \Delta t) \ ,$$

$$W_X(Y) = R(t_1, \Delta t) \ ,$$

dann ergibt sich:

$$R(t_1, \Delta t) = \frac{R(t_1 + \Delta t)}{R(t_1)} = \frac{\exp\left(- \int_0^{t_1 + \Delta t} \lambda(t) \, dt \right)}{\exp\left(- \int_0^{t_1} \lambda(t) \, dt \right)}$$

$$R(t_1, \Delta t) = \exp\left(- \int_{t_1}^{t_1 + \Delta t} \lambda(t) \, dt \right) \qquad (3.22)$$

3.2. Zufallsausfälle und Exponentialverteilung

Wir nehmen zunächst an, daß die Ausfallrate konstant d.h. zeitunabhängig ist. Für diesen Fall ergibt sich für den Exponenten auf der rechten Seite von Gl.(3.21):

$$\int_0^{t_1} \lambda(t) \, dt = \lambda \int_0^{t_1} dt = \lambda t_1 \ .$$

Die Zuverlässigkeit einer Einheit innerhalb des Zeitraums von $t = 0$ bis $t = t_1$ ist damit gegeben durch

$$R(t_1) = e^{-\lambda t_1} \ . \qquad (3.23)$$

Mit Hilfe von Gl.(3.22) läßt sich folgende wichtige Eigenschaft von Einheiten mit konstanter Ausfallrate beweisen: Die Zuverlässigkeit $R(t_1, \Delta t)$ für einen bestimmten Zeitraum Δt, bei dessen Beginn die Funktionstüchtigkeit der betreffenden Einheit festgestellt wurde, ist unabhängig vom Betriebsalter t_1 (akkumulierte Betriebszeit seit Inbetriebnahme) der Einheit vor diesem Zeitraum.

Aufgrund von Gl.(3.22) ergibt sich:

$$R(t_1, \Delta t) = \exp\left(-\lambda \int_{t_1}^{t_1+\Delta t} dt\right) = \exp(-\lambda \Delta t) \ . \qquad (3.24)$$

In Gl.(3.24) tritt das Betriebsalter t_1 nicht mehr auf, sondern nur noch das Zeitintervall Δt, gerechnet von einem bestimmten Bezugszeitpunkt, zu dem die betreffende Einheit funktionsfähig war. Verstehen wir unter Δt die Dauer einer bestimmten Aufgabe, dann bedeutet dies, daß gleichartige Einheiten mit unterschiedlichem Betriebsalter für die Erfüllung dieser Aufgabe dieselbe Zuverlässigkeit besitzen. Fällt der Beginn der Aufgabe mit dem Betriebsalter $t = 0$ und deren Ende mit $t = t_1$ zusammen, dann gilt natürlich ebenfalls Gl.(3.23). Der einfacheren Schreibweise wegen wird im folgenden nur diese Gleichung verwendet, wobei jedoch immer zu beachten ist, daß es bei Vorliegen einer konstanten Ausfallrate lediglich auf die Länge des Betrachtungszeitraums, nicht aber auf seine Lage ankommt.

Die Ausfallverteilungsfunktion ist aufgrund von Gl.(2.14) gegeben durch

$$Q(t) = 1 - e^{-\lambda t} \ . \qquad (3.25)$$

Dies ist die sog. Exponentialverteilung. Ausfälle, die ihr gehorchen, nennt man im allgemeinen "Zufallsausfälle" (random failures). Diese Bezeichnung scheint nicht gerade glücklich gewählt, denn jede Wahrscheinlichkeitsverteilung beschreibt Zufallsereignisse. Was hier jedoch mit Zufallsausfällen ausgesagt werden soll, ist die Tatsache, daß kein vorherrschender Ausfallmechanismus und keine Häufung von Ausfällen zu bestimmten Zeitabschnitten auftritt, im Gegensatz zu den in Paragraph 3.3 besprochenen Frühausfällen bzw. Verschleißausfällen. Anschauliches Beispiel für ein "zufälliges" Verhalten ist der radioaktive Zerfallsprozeß.

In Abb.3.2 sind die Zuverlässigkeitsfunktion $R(t)$ sowie die Ausfallverteilung $Q(t)$ für $\lambda = 10^{-2}/h$ dargestellt.

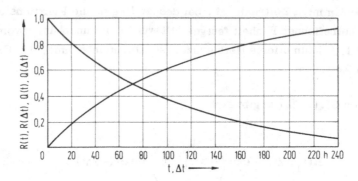

Abb.3.2. Zuverlässigkeits- und Ausfallverteilungsfunktion bei konstanter Ausfallrate.

Für die Ausfalldichte $f(t)$ ergibt sich nach Gl.(3.9) bzw. (3.13):

$$f(t) = \frac{dQ(t)}{dt} = -\frac{dR(t)}{dt}$$

$$f(t) = \lambda e^{-\lambda t}. \qquad\qquad (3.26)$$

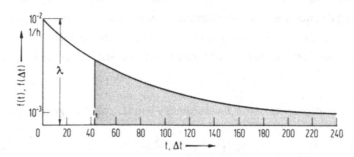

Abb.3.3. Verlauf der Ausfalldichte bei konstanter Ausfallrate $\lambda = 10^{-2}/h$.

Eine Darstellung der Ausfalldichte, die den Funktionen in Abb.3.2 entspricht, zeigt folgendes Bild: Die Fläche unter der Kurve $f(t)$ von $t = t_1$ bis $t = \infty$ entspricht dem Wert des Integrals

$$\int_{t_1}^{\infty} f(t)\, dt,$$

also der Zuverlässigkeit $R(t_1)$ (Gl. (2.12)). Aus Gl. (3.26) folgt $f(0) = \lambda$. Die Länge der Ordinate an der Stelle $t = 0$ gibt also den Wert der konstanten Ausfallrate an. Die mittlere Betriebszeit τ bis zum Ausfall, der Erwartungswert der Zufallsgröße T, ergibt sich mit Hilfe von Gl. (3.15).

$$\tau = \int_0^\infty e^{-\lambda t} dt = -\frac{1}{\lambda} e^{-\lambda t} \Big|_0^\infty = \frac{1}{\lambda} . \qquad (3.27)$$

Bei Vorliegen einer konstanten Ausfallrate - und nur dann - beschreibt also der Mittelwert τ die Zuverlässigkeit einer Einheit in ebenso eindeutiger Weise wie ihre Ausfallrate λ. Dieser Mittelwert wird dann auch MTBF (Mean Time Between Failures) genannt und Gl. (3.23) kann geschrieben werden in der Form

$$R(t_1) = e^{-t_1/MTBF} .$$

Die Dispersion $D(T)$ einer exponentialverteilten Zufallsgröße T kann berechnet werden mit Hilfe von Gl. (3.16). Nach einiger Rechnung erhält man:

$$D(T) = \frac{1}{\lambda^2} .$$

Da aber im Fall einer konstanten Ausfallrate der Verlauf der Ausfallverteilung durch Angabe des Mittelwertes MTBF bzw. der Ausfallrate λ vollkommen festliegt, kommt hier dem Begriff der Dispersion keine weitere Bedeutung zu.

Die Annahme konstanter Ausfallraten kann für beliebig große Betriebszeiträume natürlich nicht zutreffen. Früher oder später wird die Ausfallrate eines jeden Produktes zeitabhängig. Die Zuverlässigkeit hängt dann von der akkumulierten Betriebszeit ab und kann nicht mehr mit Hilfe von Gl. (3.23) erfaßt werden. Deshalb dürfen wir auch aus der Angabe einer konstanten Ausfallrate von z.B. $\lambda = 10^{-6}$/h für ein bestimmtes Bauteil nicht ohne weiteres folgern, daß die einzelne Einheit im Mittel 10^6 Stunden überlebt. Dieser Schluß wäre nur dann zulässig, wenn der Zeitraum für konstantes λ größer wäre als 10^6 Stunden. Ein Zeitraum von 10^6 Stunden entspricht jedoch ungefähr 115 Jahren, und es wäre sehr gewagt anzunehmen, daß Bauteile über derartige Zeiträume hinweg konstante Ausfallraten besitzen.

Ist daher die MTBF größer als der Betriebszeitraum, für den λ als konstant vorausgesetzt werden kann, dann ist die MTBF lediglich als eine Rechen-

größe zu betrachten, nämlich als Kehrwert der Ausfallrate λ . Die MTBF
kann auch dahingehend interpretiert werden, daß sie in bezug auf eine große
Zahl von Einheiten die akkumulierte Betriebszeit aller Einheiten angibt, die
im Mittel zwischen zwei Ausfällen gemessen wird. Nur auf diesem Wege -
Beobachtung sehr vieler Einheiten über relativ kurze Zeiträume - kann man
in der Praxis Schätzwerte für sehr große MTBF's und damit für kleine Ausfallraten λ experimentell ermitteln.

Ist die MTBF klein gegen den Betriebszeitraum, für den λ konstant ist,
dann ist der Schluß, daß beim Test eines Kollektives von Einheiten die einzelne Einheit im Mittel MTBF Stunden überlebt, natürlich zulässig. Die
Chance der einzelnen Einheit eines Kollektives, einen Betriebszeitraum
von MTBF Stunden zu überleben, beträgt aber nicht 50 % , wie man mei-
nen könnte, sondern nur ungefähr 37 % , da (Abb. 3. 4)

$$R(MTBF) = e^{-MTBF \, / \, MTBF} = R(\tau) = e^{-1} \approx 0,37.$$

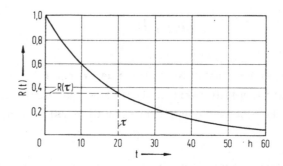

Abb. 3. 4. Zuverlässigkeit $R(\tau)$ für die mittlere Lebensdauer $\tau = 20$ h.

Das bedeutet, daß nach Ablauf einer Prüfzeit von t = MTBF Stunden nur
noch ungefähr 37 % der bei Testbeginn vorhandenen Einheiten funktionstüchtig bzw. 63 % ausgefallen sind.

3.3. Früh- und Verschleißausfälle

Im vorhergehenden Abschnitt wurde schon kurz darauf hingewiesen, daß
die Annahme einer konstanten Ausfallrate für beliebig große Betriebszeiträume nicht zutreffend sein kann. Früher oder später tritt jedes Produkt

in die sog. "Verschleißphase", die durch ein Ansteigen der Ausfallrate mit
zunehmendem Betriebsalter gekennzeichnet ist. In Verbindung mit einer konstanten Ausfallrate sollte daher stets der Betriebszeitraum, für den diese
gültig ist, angegeben werden. Diese Zeitspanne bezeichnet man normalerweise als Brauchbarkeitsdauer.

Allgemein ist die Brauchbarkeitsdauer definiert als der Zeitraum, in dem
festgelegte Grenzwerte von Zuverlässigkeitskenngrößen in der Gesamtheit
der betrachteten Einheiten einer bestimmten Art eingehalten werden und
zwar unter Beachtung etwaiger Wartungsvorschriften. Aus dieser Definition geht hervor, daß sich die Brauchbarkeitsdauer eventuell auch teilweise
in die Verschleißphase hinein erstrecken kann.

Als Modell für den Zusammenhang zwischen Ausfallrate und Betriebsalter
dient häufig die in Abb. 3.5 wiedergegebene Ausfallkurve, die treffend auch
als "Badewannenkurve" bezeichnet wird. Das Bild zeigt für den Betriebszeitraum von $t = 0$ bis $t = t_1$ eine mit dem Betriebsalter abnehmende Ausfallrate. Dieses Verhalten der Ausfallrate - bei Inbetriebnahme zunächst
hoch und mit zunehmendem Betriebsalter abnehmend - wird bei vielen Produkten beobachtet und auf Herstellungs- bzw. Materialmängel zurückge-
führt, die nicht sofort bei Abnahmeprüfungen entdeckt werden, aber relativ
schnell beim Betrieb zu einem Ausfall führen (Phase der sog. Frühausfälle).

Man darf allerdings die hier gemeinte Abnahme der Ausfallrate im Lauf der
Betriebszeit eines einzelnen Geräts nicht verwechseln mit der Abnahme der
Ausfallrate mit zunehmender kumulierter Betriebszeit eines Gerätetypes
aufgrund von Verbesserungsmaßnahmen und Lerneffekten bei der Nutzung.
Diese Erscheinung wird "Zuverlässigkeitswachstum" genannt (Näheres
hierüber siehe Abschn. 8.3).

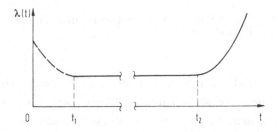

Abb. 3.5. Einfaches Modell für den Zusammenhang zwischen Ausfallrate
und Betriebsalter.

Wir können uns das Zustandekommen einer mit dem Betriebsalter abnehmenden Ausfallrate eines Kollektives von "neuen" Einheiten (für konstantes λ während der Brauchbarkeitsdauer) folgendermaßen erklären: Das Kollektiv setzt sich aus zwei Gruppen von Einheiten zusammen. Die Ausfälle der ersten Gruppe bedingen die während der Brauchbarkeitsdauer wirksame konstante Ausfallrate. Die zweite Gruppe besitzt eine beliebige, auf jeden Fall aber höhere Ausfallrate, so daß die Einheiten der zweiten Gruppe im Zeitraum von $t = 0$ bis $t = t_1$ praktisch alle ausgefallen sind. Die Ausfälle beider Gruppen überlagern sich und ergeben von $t = 0$ bis $t = t_2$ für λ den in Abb.3.5 wiedergegebenen Verlauf.

Sofern die Ausfallrate eines Kollektives von "neuen" Einheiten in der ersten Betriebsphase so verläuft, wie in Abb.3.5 dargestellt, läßt sie sich durch sog. "Einbrennen" oder "Einfahren" systematisch senken. Man sollte diese Möglichkeit jedoch nicht überbewerten, da es sicherlich Produkte gibt, deren Verhalten während der ersten Betriebsphase anders ist.

Selbst wenn die Ausfallrate eines Kollektives nach der Inbetriebnahme mit der Betriebszeit zunächst abnimmt, kann sich längeres Einbrennen von Einheiten negativ auswirken. Schließt sich nämlich an den Bereich der fallenden Ausfallrate sofort ein Bereich steigender Ausfallrate an, dann sollte auch der Bereich fallender Ausfallrate wenigstens teilweise genutzt werden (siehe Abb.3.6).

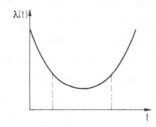

Abb.3.6. Einbrennphase, Nutzungsphase und Verschleißphase bei Einheiten mit nicht konstanter Ausfallrate.

Das Ansteigen der Ausfallrate in Abb.3.5 nach Erreichen des Betriebsalters t_2 wird durch sog. "Verschleißausfälle" verursacht, die sich den "Zufallsausfällen" überlagern. Die Ausdrücke "Verschleißausfälle" und "Zufallsausfälle" sind nicht ideal gewählt, aber nun einmal so eingeführt. Die Ursache der ersteren ist nicht nur mechanischer Verschleiß, sondern allgemein Alterung im weitesten Sinn. Hierunter sind alle Veränderungen zu verstehen, die sich im Lauf der Zeit bei Materialien einstellen, also z.B. Ermüdungserscheinungen, Veränderungen der Oberfläche, chemische und strukturelle Änderungen, Diffusionseffekte usw.

Der Zeitpunkt des Eintretens von Zufallsausfällen ist - statistisch gesehen - nicht in höherem Maße zufallsbedingt als der von anderen Ausfällen. Bei Zufallsausfällen sind meist, zumindest nach Beseitigung aller Schwachstellen in einem Geräteentwurf, keine vorwiegenden Ausfallarten und Ausfallursachen mehr zu erkennen. Manchmal wird aber auch behauptet, daß konstante Ausfallraten nur dadurch entstehen, daß sich späte Frühausfälle mit abnehmendem λ und frühe Verschleißausfälle mit zunehmendem λ überlagern.

Wenn man über Zuverlässigkeit spricht, muß man alle Bereiche der "Badewannenkurve" betrachten, also die Bereiche mit abnehmender, konstanter und zunehmender Ausfallrate. Hieraus ergibt sich z.B. die Bestimmung der Lebensdauer und die Festlegung von Austauschintervallen u.ä. Sind durch geeignete präventive Instandhaltungsmaßnahmen Ausfälle der letztgenannten Art ausgeschaltet, und werden weiterhin Ausfälle der erstgenannten Art durch "burn-in" (Einbrennen) vermieden, so bewegt man sich beim operationellen Betrieb nur im Bereich konstanter Ausfallraten. Dies wird bei Zuverlässigkeitsanalysen, bei der Bestimmung von Ausfallraten und bei Tests meist vorausgesetzt.

Bei Strukturbauteilen ist die Bestimmung der Lebensdauer durch Analysen oder Tests ein eingeführtes und weit ausgearbeitetes Arbeitsgebiet, das aber traditionell nicht zum Aufgabenbereich der für die Zuverlässigkeit zuständigen Organisationseinheiten zählt. Bei elektronischen Geräten hat es sich gezeigt, daß zunehmende Ausfallraten im praktischen Betrieb kaum auftreten, planmäßige Austauschmaßnahmen also nicht sinnvoll sind. Allgemein besteht die Tendenz, solche Maßnahmen möglichst zu vermeiden, um den Instandhaltungsaufwand herabzusetzen. In jedem Fall muß ihre Festlegung aber in engem Kontakt mit den für die Planung der Instandhaltung zuständigen Organisationseinheiten erfolgen (siehe auch Paragraph 6.2).

Die Weibullverteilung

Sowohl Früh- als Verschleißausfälle können häufig mit Hilfe der Weibullverteilung erfaßt werden. Die Ausfallverteilungsfunktion $Q(t)$ ist in solchen Fällen gegeben durch

$$Q(t) = 1 - e^{-(1/\alpha)t^{\beta}} \qquad (3.28)$$

mit den Parametern $\alpha, \beta > 0$. Ebenfalls üblich ist die Schreibweise

$$Q(t) = 1 - e^{-(t/\gamma)^{\beta}}.$$

Für die Zuverlässigkeitsfunktion bzw. die Ausfalldichte gilt entsprechend:

$$R(t) = e^{-(1/\alpha)t^{\beta}} \qquad (3.29)$$

$$f(t) = -\frac{dR(t)}{dt} = \frac{\beta}{\alpha} t^{\beta-1} e^{-(1/\alpha)t^{\beta}}. \qquad (3.30)$$

Ein Spezialfall der Weibullverteilung ist die Exponentialverteilung, die wir schon in Abschn. 3.2 behandelt haben. Mit $\alpha = 1/\lambda$ und $\beta = 1$ wird nämlich

$$Q(t) = 1 - e^{-\lambda t}.$$

Für die mittlere Lebendauer τ erhalten wir bei Vorliegen einer Weibull-verteilung:

$$\tau = \alpha^{1/\beta} \Gamma(\frac{1}{\beta} + 1)$$

oder, was dasselbe ist, $\qquad (3.31)$

$$\tau = \frac{\alpha^{1/\beta}}{\beta} \Gamma(\frac{1}{\beta})$$

(Anhang 3). Dabei bedeuten $\Gamma[(1/\beta) + 1]$ bzw. $\Gamma(1/\beta)$ die Gammafunktio-nen von $(1/\beta) + 1$ bzw. von $(1/\beta)$. Im Anhang 3 sind neben der Definition der Gammafunktion die Werte $\Gamma[(1/\beta) + 1]$ für verschiedene β angegeben. Für die Dispersion $D(t)$ ergibt sich

$$D(t) = \frac{\Gamma[(2/\beta) + 1] - (\Gamma[(1/\beta) + 1])^{2}}{(1/\alpha)^{2/\beta}} \qquad (3.32)$$

Kann das Ausfallverhalten eines Kollektivs von Einheiten durch eine Wei-bullverteilung charakterisiert werden, dann gilt entsprechend Gl. (3.17):

96

$$\lambda(t) = \frac{f(t)}{R(t)},$$

$$\lambda(t) = e^{(1/\alpha)\,t^{\beta}}\frac{\beta}{\alpha}t^{\beta-1}\,e^{-(1/\alpha)\,t^{\beta}} = \frac{\beta}{\alpha}t^{\beta-1}. \qquad (3.33)$$

Die Ausfallrate ändert sich also in diesem Fall für $\beta \neq 1$ mit dem Betriebsalter t . Für $\beta > 1$ nimmt $\lambda(t)$ mit dem Betriebsalter zu. Wählt man α
hinreichend groß, dann ist $\lambda(t)$ für einen bestimmten Zeitraum annähernd
gleich Null und steigt dann relativ schnell an (Verschleißausfälle). Für
$\beta < 1$ dagegen nimmt $\lambda(t)$ mit wachsender Betriebszeit ab (Frühausfälle).

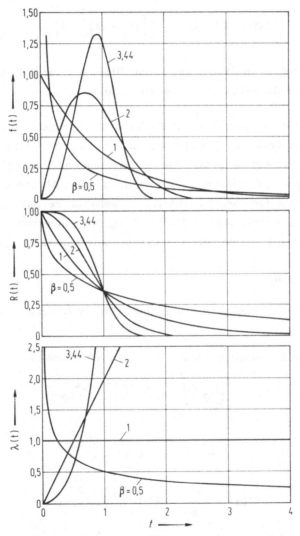

Abb.3.7. Zuverlässigkeitsfunktion R(t), Ausfalldichte f(t) und Ausfallrate $\lambda(t)$ bei Vorliegen bestimmter Weibullverteilungen ($\alpha = 1$).

Wie sich leicht zeigen läßt, ist aufgrund von Gl. (3.33) auch die Zuverlässigkeit einer bestimmten Einheit für einen Betriebszeitraum der Dauer Δt , bis zu dessen Beginn diese funktionstüchtig war, nicht mehr unabhängig vom Betriebsalter vor diesem Zeitraum. Bedeutet t_1 das Betriebsalter, dann ergibt sich mit Hilfe von Gl. (3.22):

$$R(t_1, \Delta t) = \exp\left(-\frac{\beta}{\alpha} \int\limits_{t_1}^{t_1 + \Delta t} t^{\beta-1} \, dt\right)$$

$$R(t_1, \Delta t) = \exp\left\{-\frac{1}{\alpha}\left[(t_1 + \Delta t)^\beta - t_1^\beta\right]\right\} \qquad (3.34)$$

Das Betriebsalter t_1 in Exponenten obiger Gleichung verschwindet nur für $\beta = 1$, also im Fall der konstanten Ausfallrate.

In Abb. 3.7 ist der zeitliche Verlauf der Zuverlässigkeitsfunktionen, der Dichtefunktionen sowie der Ausfallraten für $\alpha = 1$ und verschiedene Werte von β dargestellt. Auf die praktische Bestimmung von Schätzwerten für die Parameter α, β der Weibullverteilung kommen wir in Abschn. 5.1 zurück. Um das Verhältnis der Weibullverteilung zu weiteren Verteilungen aufzuzeigen, sei noch gesagt, daß bei $\beta \approx 2$ die Log-Normalverteilung (s.u.) und bei $\beta \approx 3,44$ die Normalverteilung (s.u.) angenähert wird.

Die Normalverteilung

Verschleißausfälle können häufig auch mit Hilfe der Normalverteilung erfaßt werden.

Definition: Eine Zufallsgröße X mit der Verteilungsfunktion

$$F(x) = \frac{1}{\sigma\sqrt{2\pi}} \int\limits_{-\infty}^{x} e^{-(x'-x_0)^2/2\sigma^2} \, dx', \qquad (3.35)$$

$$-\infty < x < +\infty; \ \sigma > 0 ,$$

und der Dichte

$$f(x) = \frac{1}{\sigma\sqrt{2\pi}} \cdot e^{-(x-x_0)^2/2\sigma^2} \qquad (3.36)$$

heißt (x_0, σ) - normalverteilt.

98

Da also hier für die Zufallsgröße auch negative Werte zugelassen sind, kann die Anwendung der Normalverteilung auf Verschleißausfälle nur unter gewissen Einschränkungen erfolgen.

Die Bedeutung der Parameter x_0 und σ wird klar, wenn wir den Mittelwert $E(X)$ und die Varianz $D(X)$ berechnen. Aufgrund der allgemeinen Definition des Mittelwertes in Gl.(3.6) ergibt sich:

$$E(X) = \frac{1}{\sigma\sqrt{2\pi}} \int_{-\infty}^{+\infty} x\,e^{-(x-x_0)^2/2\sigma^2}\,dx\ .$$

Nach kurzer Rechnung (Anhang 3) folgt $E(X) = x_0$.

Für die Dispersion $D(x)$ erhält man mit Hilfe von Gl.(3.8):

$$D(X) = \frac{1}{\sigma\sqrt{2\pi}} \int_{-\infty}^{+\infty} (x - x_0)^2\,e^{-(x-x_0)^2/2\sigma^2}\,dx = \sigma^2 \qquad (3.37)$$

(Anhang 3). Eine (x_0, σ) - normalverteilte Zufallsgröße besitzt also den Mittelwert x_0 und die Dispersion σ^2 bzw. die Standardabweichung σ . In Abb.3.8 ist die Dichtefunktion $f(x)$ für x_0 = 100 und σ = 1; 0,5; 0,25 wiedergeben. $f(x)$ ist symmetrisch zu der Geraden x = x_0 . Die Funktionswerte $f(x)$ gehen für die gewählten Werte von σ innerhalb eines relativ kleinen Bereiches zu beiden Seiten von x_0 sehr rasch gegen Null und zwar umso

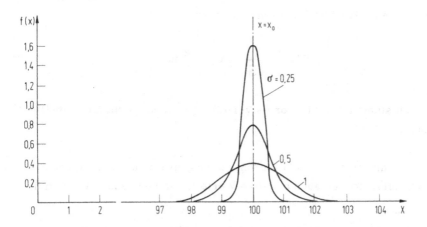

Abb.3.8. Dichte der Normalverteilung.

schneller, je kleiner σ. Abb. 3.9 zeigt schematisch den Verlauf von $F(x)$ für $x_0 > 0$ und $x_0 \gg \sigma$.

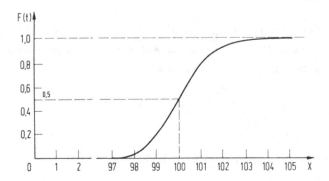

Abb. 3.9. Verlauf einer Normalverteilung für $x_0 > 0$ und $x_0 \gg \sigma$.

Setzen wir in Gl. (3.35)

$$\frac{x - x_0}{\sigma} = u \ , \tag{3.38}$$

dann wird

$$\frac{dx}{\sigma} = du \ ,$$

$$f(u) = \frac{1}{\sqrt{2\pi}} \, e^{-u^2/2} \ . \tag{3.39}$$

Mit Hilfe von Gl. (3.38) haben wir die (x_0, σ)-normalverteilte Zufallsgröße X in die $(0, 1)$-normalverteilte Zufallsgröße U mit der Dichte $f(u)$ übergeführt. Die zugehörige Verteilungsfunktion

$$F(u) = \frac{1}{\sqrt{2\pi}} \int_{-\infty}^{u} e^{-u'^2/2} \, du' \tag{3.40}$$

heißt auch standardisierte Normalverteilung;[*] ihre Werte sind tabelliert (Anhang 5).

Da eine normalverteilte Zufallsgröße im Gegensatz zu einer exponential- oder weibullverteilten auch negative Werte annehmen kann, läßt sich das

---

[*] Allgemein heißt eine Zufallsgröße X mit $E(X) = 0$ und $D(X) = 1$ normiert oder standardisiert.

Ausfallverhalten eines Kollektives von Einheiten, wenn überhaupt, nur dann durch eine Normalverteilung beschreiben, wenn gilt

$$\int_{-\infty}^{0} f(x)\,dx \approx 0.$$

Diese Forderung ist praktisch erfüllt für $x_0 > 0$ und $x_0 \gg \sigma$. Der Sachverhalt wird erklärlich durch folgende Tabelle, in der die Werte des Integrals über die Dichtefunktion $f(x)$ zwischen den Grenzen $x_0 - n\sigma$ und $x_0 + n\sigma$ ($n = 1, 2, 3, 4$), eingetragen sind.

n	$\int_{x_0-n\sigma}^{x_0+n\sigma} f(x)\,dx$	$\frac{1}{2}\left[1 - \int_{x_0-n\sigma}^{x_0+n\sigma} f(x)\,dx\right]$
1	0,68268	0,15866
2	0,95450	0,02275
3	0,99730	0,00135
4	0,99994	0,00003

Abb. 3.10. σ-Grenzen der Normalverteilung.

Der Tabelle entnehmen wir z.B. für die Wahrscheinlichkeit, daß die Zufallsgröße X innerhalb der Grenzen $x_0 - 3\sigma$ und $x_0 + 3\sigma$ liegt, $W(x_0 - 3\sigma \leqslant X \leqslant x_0 + 3\sigma) = 0,99730$. Die Wahrscheinlichkeit für X , unterhalb der Schranke $x_0 - 3\sigma$ zu liegen, beträgt daher nur $\frac{1}{2}(1 - 0,99730) =$ $= 0,00135$. Diese Wahrscheinlichkeit entspricht dem Betrag der Fläche unter der Kurve $f(x)$ zwischen $-\infty$ und $x_0 - 3\sigma$ (Abb. 3.11). Setzen wir also $x_0 = n\sigma$ und wählen n hinreichend groß, dann gilt:

$$\int_{-\infty}^{0} f(x)\,dx \approx 0,$$

$$\int_{0}^{\infty} f(x)\,dx \approx 1.$$

Kann also die Ausfallverteilungsfunktion durch eine Normalverteilung approximiert werden, so ist die mittlere Lebensdauer τ groß gegen die Standardabweichung σ . Die Ausfallverteilungsfunktion $Q(t)$ sowie die Zuverlässigkeitsfunktion $R(t)$ sind dann gegeben durch

$$Q(t) = \frac{1}{\sigma\sqrt{2\pi}} \int\limits_0^t e^{-(t'-\tau)^2/2\sigma^2} \, dt' \, ,$$

$$R(t) = \frac{1}{\sigma\sqrt{2\pi}} \int\limits_t^\infty e^{-(t'-\tau)^2/2\sigma^2} \, dt' \, .$$

(3.41)

Abb. 3.12 zeigt schematisch den Verlauf der Ausfallrate $\lambda(t)$, wie er sich durch Division der Werte von $f(t)$ und $R(t)$ ergibt. Innerhalb des Bereichs $0 \leqslant t \leqslant t_2$ ist $\lambda(t)$ praktisch gleich Null und steigt dann für Werte $t > t_2$ sehr schnell an.

Zu erwähnen ist noch die logarithmische Normalverteilung mit der Verteilungsdichte

$$f(t) = \frac{1}{\sqrt{2\pi}\sigma t} \, e^{-(\ln t - \tau)^2/2\sigma^2}$$

(3.42)

Diese Verteilung wird im allgemeinen für die Betrachtung der Reparaturdauer verwendet, die als Zufallsgröße t auftritt. Der Logarithmus der Reparaturdauer genügt dann einer Normalverteilung.

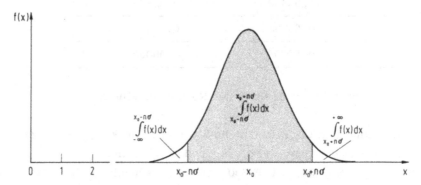

Abb. 3.11. Darstellung der σ-Grenzen einer Normalverteilung.

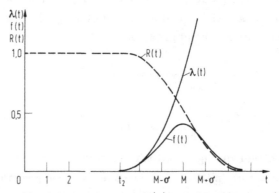

Abb. 3.12. Zuverlässigkeitsfunktion $R(t)$, Ausfalldichte $f(t)$ und Ausfallrate $\lambda(t)$ bei Vorliegen einer Normalverteilung.

Anhang 3. Mathematische Ergänzungen

1. Definition der Gammafunktion.

$$\Gamma(p) = \int_0^\infty x^{p-1} e^{-x} dx \ .$$

Für jede natürliche Zahl n ist

$$\Gamma(n) = (n-1)! \ ; \ \Gamma(1) = 0! = 1, \ \Gamma(2) = 1! = 1 \ .$$

Ferner gilt die Funktionalgleichung

$$\Gamma(x+n) = x(x+1) \ \ldots \ (x+n-1)\Gamma(x) \quad (n = 1, \ 2, \ 3, \ \ldots) \ .$$

Insbesondere ist also

$$\Gamma(x+1) = x\Gamma(x) \ .$$

2. Tabelle für $\Gamma(\frac{1}{\beta} + 1)$.

β	$\Gamma(\frac{1}{\beta} + 1)$	β	$\Gamma(\frac{1}{\beta} + 1)$
0,5	2,000	3,0	0,8930
1,0	1,000	3,5	0,9403
1,5	0,9028	4,0	0,9064
2,0	0,8862	4,5	0,9126
2,5	0,8873	5,0	0,9182

3. Berechnung des Mittelwertes τ einer Weibullverteilung.

Aufgrund von Gl.(3.15) gilt:

$$\tau = \int_0^\infty R(t)dt = \int_0^\infty e^{-(1/\alpha)t^\beta} dt \ .$$

Substitution: Setze $(1/\alpha)t^\beta = x$. Dann wird

$$dx = \frac{\beta}{\alpha} t^{\beta-1} dt,$$

$$t = (\alpha x)^{1/\beta} \, ,$$

$$dt = \frac{\alpha^{1/\beta}}{\beta} \, x^{(1/\beta - 1)} dx \, .$$

Durch Einsetzen erhält man:

$$\tau = \frac{\alpha^{1/\beta}}{\beta} \int\limits_{0}^{\infty} x^{(1/\beta)-1} \, e^{-x} \, dx = \frac{\alpha^{1/\beta}}{\beta} \, \Gamma\!\left(\frac{1}{\beta}\right) \, .$$

Aufgrund der Funktionalgleichung gilt ebenfalls:

$$\tau = \alpha^{1/\beta} \, \Gamma\!\left(\frac{1}{\beta} + 1\right) \, .$$

4. Berechnung des Mittelwertes E(X) einer normalverteilten Zufallsgröße X.

$$E(X) = \frac{1}{\sigma\sqrt{2\pi}} \int\limits_{-\infty}^{+\infty} x \, e^{-(x-x_0)^2/2\sigma^2} dx \, ,$$

$$\frac{E(X)}{\sigma} = \frac{1}{\sqrt{2\pi}} \int\limits_{-\infty}^{+\infty} \frac{x}{\sigma^2} \, e^{-(x-x_0)^2/2\sigma^2} dx \, ,$$

$$\frac{E(X)}{\sigma} = \frac{1}{\sqrt{2\pi}} \int\limits_{-\infty}^{+\infty} \frac{x-x_0}{\sigma^2} \, e^{-(x-x_0)^2/2\sigma^2} dx + \frac{x_0}{\sigma^2\sqrt{2\pi}} \int\limits_{-\infty}^{+\infty} e^{-(x-x_0)^2/2\sigma^2} dx \, ,$$

$$\frac{E(X)}{\sigma} = - \frac{1}{\sqrt{2\pi}} \, e^{-(x-x_0)^2/2\sigma^2} \Bigg|_{-\infty}^{+\infty} + \frac{x_0}{\sigma} \underbrace{\frac{1}{\sigma\sqrt{2\pi}} \int\limits_{-\infty}^{+\infty} e^{-(x-x_0)^2/2\sigma^2} dx}_{= \, 1} \, ,$$

$$\frac{E(X)}{\sigma} = -0 + 0 + \frac{x_0}{\sigma} \, ,$$

$$E(X) = x_0 \, .$$

5. Berechnung der Dispersion D(X) einer normalverteilten Zufallsgröße X.

$$D(X) = \frac{1}{\sigma\sqrt{2\pi}} \int\limits_{-\infty}^{+\infty} (x - x_0)^2 \, e^{-(x-x_0)^2/2\sigma^2} dx \, ,$$

$$D(X) = \frac{1}{\sigma\sqrt{2\pi}} \sigma^2 \int\limits_{-\infty}^{+\infty} \frac{x - x_0}{\sigma^2} \, e^{-(x-x_0)^2/2\sigma^2} (x - x_0) \, dx \, .$$

Partielle Integration:

$$D(X) = - \frac{\sigma}{\sqrt{2\pi}} e^{-(x-x_0)^2/2\sigma^2} (x - x_0) \Bigg|_{-\infty}^{+\infty} + \frac{\sigma}{\sqrt{2\pi}} \int_{-\infty}^{+\infty} e^{-(x-x_0)^2/2\sigma^2} dx \ ,$$

$$D(X) = - 0 + 0 + \sigma^2 \underbrace{\frac{1}{\sigma\sqrt{2\pi}} \int_{-\infty}^{+\infty} e^{-(x-x_0)^2/2\sigma^2} dx}_{= 1} = \sigma^2 \ .$$

4. Zuverlässigkeit von Systemen

4.1. Besonderheiten bei Systemanalysen

Die Zuverlässigkeit eines technischen Systems, bestehend aus einer Vielzahl von Komponenten, kann durch gewisse Zuverlässigkeitskenngrößen
quantitativ beschrieben werden. Mit Hilfe dieser Kenngrößen lassen sich
einmal bestimmte Zuverlässigkeitsforderungen, die an das System gestellt werden müssen, zahlenmäßig festlegen. Zum andern kann aufgrund
von Schätzwerten für diese Kenngrößen die Zuverlässigkeit eines Systems
beurteilt werden. Derartige Schätzwerte ergeben sich während der Systementwicklung, -erprobung und -verwendung aufgrund von

Erfahrungen mit Komponenten ähnlicher, bereits existierender Systeme,

Zuverlässigkeits- und Qualifikationsprüfungen (vgl. Kap. 5),

gezielter Datenerfassung (vgl. Kap. 7).

Unter System kann das Gesamtsystem verstanden werden, also z.B. ein
Flugzeug, oder auch Teilsysteme hiervon, z.B. das Hydrauliksystem, oder
auch komplexe Geräte.

Für Zuverlässigkeitsanalysen eines Systems sind die Beschreibung der Mission, die das System durchführen soll, und die Festlegung der dazu erforderlichen Funktionen von ausschlaggebender Bedeutung und müssen immer
am Anfang von Systemzuverlässigkeitsbestimmungen stehen. Hieraus folgt
nämlich erst, was als Systemausfall zu gelten hat, sowie welche Belastungen ein Gerät während einer Mission aushalten muß. So kann man z.B. bei
Flugzeugen Sichtflug vom Blindflug mit unterschiedlichen Ausfallkriterien
unterscheiden oder Flug in großen Höhen vom Flug in Bodennähe mit unterschiedlichen Belastungen. Weiterhin kann man auch verschiedene Grade

der Missionserfüllung unterscheiden, z.B. bei Flugzeugen: voller Missionserfolg genau nach Plan, Missionserfüllung mit Einschränkungen oder Erfüllung einer leichteren Alternativmission und schließlich als letzte Alternative Umkehr mit sicherem Rückflug.

Für jede dieser Missionsarten und jeden Grad der Missionserfüllung kann man Erfolgskriterien - (oder, was auf das gleiche hinauskommt, Ausfallkriterien) - aufstellen. Daraus kann man Logikdiagramme ableiten, wozu man die Funktionsweise des Systems und die Auswirkungen aller Komponentenausfälle genau kennen muß, und hieraus schließlich die entsprechenden Erfolgswahrscheinlichkeiten berechnen.

Man muß aber stets genau angeben, für welche Missionskriterien die Ergebnisse gültig sind, da Logikdiagramme und Zahlenwerte für die Zuverlässigkeit hiervon abhängen.

Rechnungen der beschriebenen Art sind meist komplizierter als solche für einzelne Geräte. Während bei diesen oft nur reine Reihenanordnungen ihrer Komponenten oder einfache Redundanzen vorliegen, kann bei Systemen die Aufstellung der Logikdiagramme schwieriger sein, da sich hier verschiedene Funktionen überlagern, für die teilweise die gleichen Komponenten, wenn auch in unterschiedlicher Art und Weise, benötigt werden können. Außerdem kann der in diesem Buch nicht näher behandelte Fall auftreten, daß die Funktionsanforderungen während der verschiedenen Phasen einer Mission (z.B. bei Flugzeugen: Startvorbereitung, Start, Steigflug, Reiseflug, Landeanflug, Landung) unterschiedlich sind. Es kann daher hier vorkommen, daß sowohl die Logikdiagramme als auch die Belastungen und somit die Ausfallraten sich von Phase zu Phase ändern. Für derartige Rechnungen kann der Einsatz von Computern notwendig werden (Abschn. 4.10).

In den folgenden Abschnitten werden Methoden beschrieben, mit deren Hilfe man die wichtigsten in Systemlogikdiagrammen vorkommenden Anordnungen behandeln und für die Zuverlässigkeitskenngrößen eines Systems numerische Werte berechnen kann. Diese Verfahren gehen aus von den in den Kap. 2 und 3 gebrachten Grundlagen. Erwähnt seien aber noch folgende Punkte:

1. Bei der Berechnung der Instandsetzungsfreiheit muß man unabhängig von der wirklichen Struktur eines Systems im Logikdiagramm stets eine reine Reihenanordnung aller Komponenten verwenden, soweit deren Ausfälle oder Fehler überhaupt bemerkt werden können. Es müssen also nur alle

Komponentenraten addiert werden, damit man die Systemrate erhält [vgl. Gl. (4.1)]. Der Grund ist, daß jeder Ausfall oder Fehler bei einer Komponente zu einer Reparatur führt. Bei den anderen Kenngrößen ergeben sich dagegen im allgemeinen kompliziertere Logikdiagramme.

2. Je nach der betrachteten Kenngröße müssen im allgemeinen andere Raten bei den Geräten eines Systems verwendet werden. So zählen z.B. bei der Berechnung der Instandsetzungsfreiheit alle Fehler und Ausfälle; bei der Missionszuverlässigkeit sind nur die vom Personal entdeckbaren und/oder funktionsbehindernden Ausfälle wichtig; bei der Betriebssicherheit schließlich dürfen nur die sicherheitskritischen Ausfälle berücksichtigt werden. Dies bedarf im Einzelfall einer genaueren Analyse. Bei Bauteilen ist eine solche Unterscheidung oft nicht mehr möglich. So gibt es z.B. bei elektronischen Bauteilen meist nur die Alternative, "ausgefallen" oder "nicht ausgefallen"; allerdings sind hier oft verschiedene Ausfallarten (z.B. Kurzschluß, Unterbrechung) mit unterschiedlichen Ausfallfolgen möglich. Jedoch treten auch andere Fälle auf: z.B. Bruch oder nur geringfügiges Leck einer Hydraulikleitung. Der Grund für die unterschiedlichen Zuverlässigkeitskenngrößen von Geräten liegt wie bei Systemen darin, daß verschiedene Bauteilausfälle verschiedene Auswirkungen haben.

4.2. Anordnungen von Einheiten mit konstanter Ausfallrate

In Kap. 2 wurden die Zuverlässigkeitsfunktionen von logischen Serien- und Parallelanordnungen abgeleitet. Wir wollen zwei der dort gefundenen Ausdrücke für den Fall untersuchen, daß die Ausfallraten der einzelnen Einheiten konstant sind.

Die Zuverlässigkeitsfunktion R(t) von n logisch hintereinander angeordneten Einheiten ist nach Gl. (2.11) gegeben durch

$$R(t) = \prod_{i=1}^{n} R_i(t)$$

mit $R_i(t)$ = Zuverlässigkeitsfunktion der i-ten Einheit. $\lambda_1, \lambda_2, \ldots \lambda_n$ seien die konstanten Ausfallraten der einzelnen Einheiten. Es ist also:

$$R_i(t) = e^{-\lambda_i t}$$

bzw.

$$R(t) = e^{-\lambda_1 t} \, e^{-\lambda_2 t} \, \ldots \, e^{-\lambda_n t}$$

$$R(t) = e^{-(\lambda_1 + \lambda_2 + \ldots + \lambda_n)t} = \exp\left(-t \sum_{i=1}^{n} \lambda_i\right) \qquad (4.1)$$

Gl.(4.1) zeigt, daß die Zuverlässigkeit einer Serienanordnung, deren Einheiten konstante Ausfallraten besitzen, ebenfalls durch eine Exponential-funktion mit der konstanten Ausfallrate

$$\lambda = \sum_{i=1}^{n} \lambda_i$$

beschrieben wird.

Da bei Vorliegen einer konstanten Ausfallrate die mittlere Betriebszeit τ bis zum Ausfall gleich $1/\lambda$ ist, gilt für die betrachtete Serienanordnung:

$$\tau = 1/\lambda = 1/\sum_{i=1}^{n} \lambda_i$$

Eine Anordnung von n logisch parallel **angeordneten Einheiten, die gleich-zeitig betrieben werden (aktive Redundanz), besitzt nach Gl.(2.16)** die Zu-verlässigkeitsfunktion

$$R(t) = 1 - \prod_{i=1}^{n} [1 - R_i(t)] \; .$$

Gilt wieder

$$R_i(t) = e^{-\lambda_i t} \; ,$$

dann wird

$$R(t) = 1 - \prod_{i=1}^{n} (1 - e^{-\lambda_i t}) \; . \qquad (4.2)$$

Aus Gl.(4.2) geht hervor, daß die Zuverlässigkeitsfunktion $R(t)$ einer redundanten Anordnung nicht mehr geschlossen in Form einer Exponentialfunktion dargestellt werden kann. Die mittlere Lebendauer τ dieser Anordnung, d.h. die Zeit, die im Mittel bis zum Ausfall aller Einheiten der Anordnung vergeht, ist dann nicht mehr durch den Kehrwert ihrer Ausfallrate gegeben. Wir sprechen deshalb auch hier nicht von einer MTBF.

Beispiel: Wir wollen die Zuverlässigkeitsfunktionen bzw. die mittlere Lebenddauer a) einer einzelnen Einheit, b) einer aktiv redundanten Anordnung, bestehend aus zwei gleichen Einheiten, c) einer aktiv redundanten Anordnung, bestehend aus drei gleichen Einheiten, miteinander vergleichen, wobei wir annehmen, daß die einzelne Einheit eine konstante Ausfallrate von $\lambda = 5 \cdot 10^{-2}/h$ besitzt.

Zu a: Einzelne Einheit.

$$R_1(t) = e^{-5 \cdot 10^{-2}t} \, ,$$

$$\tau_1 = \frac{1}{\lambda} = \frac{1}{5 \cdot 10^{-2}} \, ,$$

$$\tau_1 = 20\,h \, .$$

Zu b: Redundante Anordnung, bestehend aus zwei gleichen Einheiten.

$$R_2(t) = 2R(t) - R(t)^2 = 2e^{-\lambda t} - e^{-2\lambda t} \, ,$$

$$R_2(t) = 2e^{-5 \cdot 10^{-2}t} - e^{-10^{-1}t} \, ,$$

$$\tau_2 = \int_0^{\infty} R(t)\,dt = \int_0^{\infty} (2e^{-\lambda t} - e^{-2\lambda t})\,dt$$

$$= -\frac{2}{\lambda} e^{-\lambda t} + \frac{1}{2\lambda} e^{-2\lambda t} \Big|_0^{\infty} = \frac{2}{\lambda} - \frac{1}{2\lambda} \, ,$$

$$\tau_2 = \frac{3}{2\lambda} = \frac{1}{\lambda} + \frac{1}{2\lambda} = \frac{3}{2} \cdot \frac{10^2}{5}\,h = 30\,h \, .$$

Zu c: Redundante Anordnung, bestehend aus drei gleichen Einheiten.

$$R_3(t) = 3R(t) - 3R(t)^2 + R(t)^3 = 3e^{-\lambda t} - 3e^{-2\lambda t} + e^{-3\lambda t} \, ,$$

$$R_3(t) = 3e^{-5 \cdot 10^{-2}t} - 3e^{-10^{-1}t} + e^{-1,5 \cdot 10^{-1}t} \, ,$$

$$\tau_3 = \int_0^{\infty} R(t)\,dt = \int_0^{\infty} (3e^{-\lambda t} - 3e^{-2\lambda t} + e^{-3\lambda t})\,dt$$

$$= \frac{3}{\lambda} - \frac{3}{2\lambda} + \frac{1}{3\lambda} = \frac{11}{6\lambda} = \frac{1}{\lambda} + \frac{1}{2\lambda} + \frac{1}{3\lambda} = \frac{11}{6} \cdot \frac{10^2}{5}\,h \approx 36,67\,h \, .$$

Aus Abb.4.1 geht hervor, daß die Zuverlässigkeit einer Parallelanordnung für den Wert $t = \tau$ nicht mehr 0,37 beträgt, wie dies für die einzelne Einheit (konstante Ausfallrate) zutrifft, sondern es gilt:

$$R_2(\tau_2) = 2e^{-5 \cdot 10^{-2} \cdot 30} - e^{-10^{-1} \cdot 30},$$
$$R_2(\tau_2) \approx 0,396,$$
$$R_3(\tau_3) = 3e^{-5 \cdot 10^{-2} \cdot 36,67} - 3e^{-10^{-1} \cdot 36,67} + e^{-1,5 \cdot 10^{-1} \cdot 36,67},$$
$$R_3(\tau_3) \approx 0,41.$$

$R(\tau)$ nimmt mit wachsender Zahl der redundanten Einheiten zu.

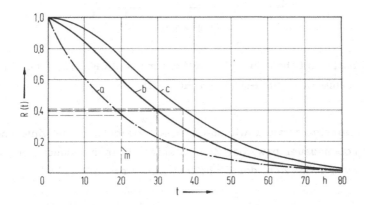

Abb.4.1. Zuverlässigkeitsfunktionen einer einzelnen Einheit a, einer einfach redundanten Anordnung b und einer zweifach redundanten Anordnung c ($\lambda_0 = 5 \cdot 10^{-2}$/h).

Anhand der oben angeschriebenen Formeln für die mittlere Lebensdauer von Parallelanordnungen aus zwei bzw. drei gleichen Einheiten erkennt man das Bildungsgesetz für die mittlere Lebensdauer von n logisch parallel angeordneten Einheiten. Haben alle n Einheiten die gleiche Ausfallrate ($\lambda_1 = \lambda_2 = \ldots = \lambda_n = \lambda_0$), dann gilt:

$$\tau = \frac{1}{\lambda_0} + \frac{1}{2\lambda_0} + \frac{1}{3\lambda_0} + \ldots + \frac{1}{n\lambda_0}$$

(Gleichung für unterschiedliche Ausfallraten s.Anhang 4). Diese Gleichung zeigt in anschaulicher Weise, wie sich die mittlere Lebensdauer einer Paral-

lelanordnung gleicher Einheiten - und damit ihre Zuverlässigkeit - mit der
Anzahl der redundanten Einheiten erhöht.

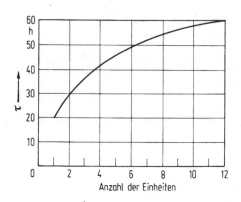

Abb. 4.2. Mittlere Lebensdauer einer Anordnung als Funktion der Zahl parallel angeordneter Einheiten ($\lambda = 5 \cdot 10^{-2}$/h).

Allerdings verringert sich, wie aus Abb. 4.2 ersichtlich, die Zunahme der
mittleren Lebensdauer bzw. der Zuverlässigkeit einer redundanten Anordnung mit wachsender Zahl der Einheiten relativ rasch.

Ergänzend muß jedoch gesagt werden, daß der Sinn von Redundanz bei
nicht während des Betriebs reparierbaren Systemen nicht so sehr in der
Erhöhung der mittleren Zeit bis zum Totalausfall besteht, sondern in der
viel wesentlicheren Senkung der Ausfallwahrscheinlichkeit Q innerhalb
kurzer Zeiträume. Hier gilt nämlich angenähert, wenn $\lambda t \ll 1$ ist:

$$\text{ohne Redundanz:} \qquad Q \approx \lambda t ,$$

$$\text{mit einfacher Redundanz:} \quad Q \approx (\lambda t)^2$$

[diese Formeln können durch Reihenentwicklung aus Gl. (4.2) abgeleitet
werden]. Dies bedeutet z.B. für $\lambda t = 10^{-3}$ eine Verbesserung um den Faktor 1000 durch einfache Redundanz. Andererseits ist dieser Effekt natürlich nur dann gegeben, wenn genügend oft eine Überprüfung aller redundanten Kanäle stattfindet (vgl. Abschnitt 4.6).

Einschränkungen bezüglich der Anwendung von Redundanz: Abschn. 4.7.
Anwendung von Redundanz bei Systemen, die während des Betriebs repariert werden können: s. Abschn. 6.4.

Zuverlässigkeitsfunktion bei sprunghafter Änderung der Ausfallrate

Häufig kommt es vor, daß sich während einer Mission Funktions- und/oder Umgebungsbedingungen ändern. Wie bestimmt man dann die Zuverlässigkeit einer Einheit im Falle konstanter Ausfallraten?

Wir wollen zunächst die Zuverlässigkeit einer Einheit für eine Mission, die t Stunden dauert, bestimmen, wobei wir annehmen, daß die Einheit im Zeitraum von Null (Missionsbeginn) bis $t_1 (t_1 < t)$ die Ausfallrate λ_1 besitzt und im Zeitraum von t_1 bis t (Missionsende) die von λ_1 verschiedene Ausfallrate λ_2. Die Überlebenswahrscheinlichkeit $R(t_1)$ für den Zeitraum von 0 bis t_1 ist gegeben durch

$$R(t_1) = e^{-\lambda_1 t_1} .$$

Die bedingte Überlebenswahrscheinlichkeit $R_{t_1}(t - t_1)$ für den Zeitraum von t_1 bis t , unter der Voraussetzung, daß die Einheit zum Zeitpunkt t_1 funktionstüchtig ist, beträgt

$$R_{t_1}(t - t_1) = e^{-\lambda_2 (t - t_1)} .$$

Die gesuchte Missionszuverlässigkeit $R(t)$ ergibt sich also nach Gl.(2.4) zu:

$$R(t) = R(t_1) R_{t_1}(t - t_1)$$
$$= e^{-\lambda_1 t_1} e^{-\lambda_2 (t - t_1)} = e^{-[\lambda_1 t_1 + \lambda_2 (t - t_1)]} .$$

Erweitert man den Exponenten mit t , dann wird:

$$R(t) = e^{-([\lambda_1 t_1 + \lambda_2 (t - t_1)]/t) t} .$$

Die betrachtete Einheit verhält sich, - auf die gesamte Missionsdauer bezogen - so, als hätte sie die konstante Ausfallrate

$$\lambda = \frac{\lambda_1 t_1 + \lambda_2 (t - t_1)}{t} .$$

Hat eine Einheit bei einer Mission der Dauer t in n Zeitabschnitten 0 bis t_1, t_1 bis t_2, ..., t_{n-1} bis $t_n = t$ die konstanten Ausfallraten λ_1, λ_2, ...,

λ_n, dann berechnet sich die Missionszuverlässigkeit nach

$$R(t) = e^{-[\lambda_1 t_1 + \lambda_2(t_2 - t_1) + \ldots \lambda_n(t - t_{n-1})]} \qquad (4.3)$$

$$= e^{-([\lambda_1 t_1 + \lambda_2(t_2 - t_1) + \ldots + \lambda_n(t - t_{n-1})]/t)t} ,$$

wobei der Ausdruck

$$\lambda = \frac{\lambda_1 t_1 + \lambda_2(t_2 - t_1) + \ldots + \lambda_n(t - t_{n-1})}{t} \qquad (4.4)$$

wieder als die während der gesamten Mission wirksame Ausfallrate betrachtet werden kann.

Gl.(4.3) schließt auch den Fall ein, daß Einheiten eines Systems während der Missionsdurchführung nicht immer in Betrieb sind, jedoch in den "Betriebspausen" durch Umweltbelastungen (Stoß, Vibration, Temperatur usw.) bedingte (konstante) Ausfallraten besitzen. Wirken sich in Betriebspausen auftretende umgebungsbedingte Belastungen nicht nachteilig aus, d.h. sind die Ausfallraten in diesen Zeiträumen praktisch gleich Null, dann verschwinden die entsprechenden Glieder $\lambda_i(t_i - t_{i-1})$ im Exponenten von Gl.(4.3).

Häufig müssen bei Zuverlässigkeitsuntersuchungen auch Ein- bzw. Ausschaltvorgänge von Einheiten, die nicht während der ganzen Mission in Betrieb sind, berücksichtigt werden. Bei kurzzeitigen bzw. periodischen Vorgängen bezieht man meist Ausfallraten nicht mehr auf die Betriebszeit, sondern auf die Zahl der Beanspruchungen. In solchen Fällen ist die Zuverlässigkeitsfunktion (bei konstanter Ausfallrate) gegeben durch

$$R(z) = e^{-\lambda' z} \qquad (4.5)$$

mit z = Zahl der Beanspruchungen (Operationszyklen, Lastspiele) und λ' = Ausfälle pro Operationszyklus.

Für eine Mission der Dauer t verhält sich ein Schalter, der während der Mission z-mal betätigt wird und die auf Beanspruchungszyklen bezogene Ausfallrate λ' besitzt, also so, als ob die zeitbezogene Ausfallrate

$$\lambda = \frac{\lambda' z}{t} \qquad (4.6)$$

vorhanden wäre. Werden solche, bei der Missionsdurchführung für eine Einheit notwendigen Schaltvorgänge berücksichtigt, so sind auf der rechten Seite von Gl.(4.4) die entsprechenden Glieder der Gl.(4.6) zu addieren.

4.3. Partielle Redundanz

Bisher hatten wir nur solche Fälle der Redundanz betrachtet, bei denen
eine funktionstüchtige Einheit zur Aufrechterhaltung der Funktion einer redundanten Anordnung ausreichte. Häufig kommt es aber auch vor, daß von
n Einheiten (n > 2) einer Anordnung mindestens k Einheiten einen vorgegebenen Betriebszeitraum Δt überleben müssen, damit die Anordnung während dieses Zeitraums funktionsfähig bleibt. Wir wollen nun die mathematischen Grundlagen zur Lösung derartiger Probleme erarbeiten.

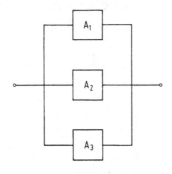

Abb. 4.3. Zweifach redundante Anordnung.

Zunächst betrachten wir noch einmal eine 2-fach aktiv-redundante Anordnung mit den Einheiten A_1, A_2, A_3 (Abb. 4.3) und ermitteln die auf eine
Mission der Dauer Δt bezogenen Wahrscheinlichkeiten für die Ereignisse
a) alle drei Einheiten überleben, b) zwei Einheiten überleben, c) eine Einheit überlebt und d) alle drei Einheiten fallen aus.

Zu a: Unter der Voraussetzung, daß die Einheiten sich in ihrem Verhalten
nicht gegenseitig beeinflussen, insbesondere die Ereignisse des Überlebens
bzw. des Ausfalles der einzelnen Einheiten voneinander unabhängig sind,
gilt für die Wahrscheinlichkeit W_1 , daß alle drei Einheiten überleben:

$$W_1 = R_{A_1}(\Delta t)\, R_{A_2}(\Delta t)\, R_{A_3}(\Delta t) \; .$$

$R_{A_i}(\Delta t)$ ist hierbei die Zuverlässigkeit der Einheit A_i während der Mis-
dauer Δt.*

Zu b: Das Ereignis "Überleben zweier Einheiten und Ausfall einer Einheit"
kann durch drei verschiedene Einzelereignisse realisiert werden (Abb.4.4,
das durchkreuzte Symbol bedeutet wieder, daß die betreffende Einheit ausgefallen ist). Unter denselben Voraussetzungen wie zu Punkt a ergibt sich
für die Wahrscheinlichkeit, daß der in Abb.4.4 unter I dargestellte Fall eintritt,

$$W_I = R_{A_2} R_{A_3} Q_{A_1} .$$

Q_{A_1} ist die Ausfallwahrscheinlichkeit der Einheit A, wieder bezogen auf
die Missionsdauer Δt. Es gilt also: $Q = 1 - R$.

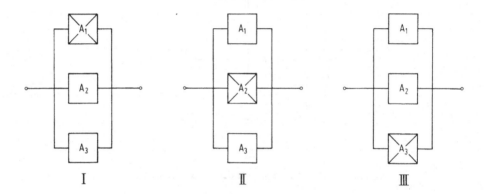

Abb.4.4. Möglichkeiten für Einzelausfälle bei zweifacher Redundanz.

Für die Fälle II, III gilt entsprechend:

$$W_{II} = R_{A_1} R_{A_3} Q_{A_2} ,$$

$$W_{III} = R_{A_1} R_{A_2} Q_{A_3} .$$

Da die drei Ereignisse sich gegenseitig ausschließen, ist die Wahrscheinlichkeit W_2, daß eines der Ereignisse I, II oder III eintritt, gegeben durch.

---

* Da sich alle Zuverlässigkeitsangaben in diesem Beispiel auf die Missionsdauer beziehen, wird zur Vereinfachung der Schreibweise das Argument
  (Δt) in den Formeln unterdrückt; die Gleichung für W_1 lautet damit

$$W_1 = R_{A_1} R_{A_2} R_{A_3} .$$

$$W_2 = W_I + W_{II} + W_{III}$$

$$= R_{A_2} R_{A_3} Q_{A_1} + R_{A_1} R_{A_3} Q_{A_2} + R_{A_1} R_{A_2} Q_{A_3} \cdot$$

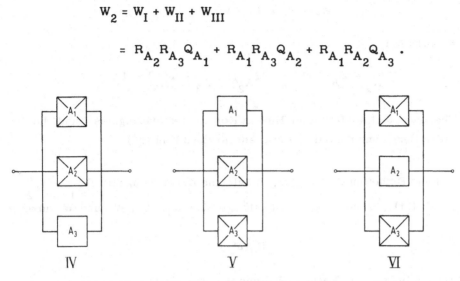

Abb. 4. 5. Möglichkeiten für Doppelausfälle bei zweifacher Redundanz.

Zu c: Das Überleben nur einer Einheit (Ausfall zweier Einheiten) kann auf drei Arten erfolgen (Abb. 4. 5). Die Wahrscheinlichkeiten für die Fälle IV, V, VI sind:

$$W_{IV} = R_{A_3} Q_{A_1} Q_{A_2} \, ,$$

$$W_V \; = R_{A_1} Q_{A_2} Q_{A_3} \, ,$$

$$W_{VI} = R_{A_2} Q_{A_1} Q_{A_3} \cdot$$

Diese drei Ereignisse schließen ebenfalls einander aus, d.h. die Wahrscheinlichkeit W_3 für das Eintreten eines der Ereignisse IV, V, VI ist gegeben durch

$$W_3 = W_{IV} + W_V + W_{VI}$$

$$= R_{A_3} Q_{A_1} Q_{A_2} + R_{A_1} Q_{A_2} Q_{A_3} + R_{A_2} Q_{A_1} Q_{A_3} \cdot$$

Zu d: Analog zu a ergibt sich die Wahrscheinlichkeit W_4, daß alle drei Einheiten innerhalb Δt ausfallen, zu

$$W_4 = Q_{A_1} Q_{A_2} Q_{A_3} \cdot$$

Die Ereignisse a bis d schließen einander aus. Da außerdem eines dieser Ereignisse eintreten muß, gilt

$$W_1 + W_2 + W_3 + W_4 = 1$$

und wir erhalten

$$(R_{A_1} + Q_{A_1}) (R_{A_2} + Q_{A_2}) (R_{A_3} + Q_{A_3}) = 1 .$$

(Da Überleben und Ausfall einer Einheit Komplementärereignisse sind, hätte man diese Beziehung natürlich direkt anschreiben können.)

Besitzen die Einheiten A_1, A_2, A_3 die gleiche Zuverlässigkeit $R_{A_1} = R_{A_2} = R_{A_3} = R_0(\Delta t)$, dann gehen die Gleichungen für W_1, W_2, W_3 und W_4 über in

$$W_1 = [R_0(\Delta t)]^3$$

(Wahrscheinlichkeit, daß alle drei Einheiten überleben),

$$W_2 = 3[R_0(\Delta t)]^2 Q_0(\Delta t)$$

(Wahrscheinlichkeit, daß zwei Einheiten überleben),

$$W_3 = 3 R_0(\Delta t) [Q_0(\Delta t)]^2 ,$$

(Wahrscheinlichkeit, daß eine Einheit überlebt),

$$W_4 = [Q_0(\Delta t)]^3$$

(Wahrscheinlichkeit, daß alle drei Einheiten ausfallen).

Allgemein gilt:

$$W_{k+1}(\Delta t) = \binom{n}{k} R_0(\Delta t)^{n-k} Q_0(\Delta t)^k \quad (k = 0,1,2,\ldots,n) \qquad (4.7)$$

gibt die Wahrscheinlichkeit an, daß von n Einheiten mit der Zuverlässigkeit $R_0(\Delta t)$ genau n-k den Zeitraum Δt überleben oder, anders ausgedrückt, genau k Einheiten ausfallen.[*] Man erhält $W_{k+1}(\Delta t)$ sofort aus der Überlegung, daß es $\binom{n}{k}$ Möglichkeiten gibt, aus n Einheiten die k ausgefallenen herauszusuchen.

---

[*] $\binom{n}{k}$ ist die Abkürzung für $n!/k!(n-k)!$; $n! = 1 \cdot 2 \cdot 3 \cdot \ldots n$; definitionsgemäß ist $0! = 1$.

In dem Ausdruck

$$\sum_{k=0}^{n} W_{k+1}(\Delta t) = \binom{n}{0} R_0(\Delta t)^n + \binom{n}{1} R_0(\Delta t)^{n-1} Q_0 + \ldots + \binom{n}{k} R_0(\Delta t)^{n-k} Q_0(\Delta t)^k$$

$$+ \ldots + \binom{n}{n-1} R_0(\Delta t) Q_0(\Delta t)^{n-1} + \binom{n}{n} Q_0(\Delta t)^n \qquad (4.8)$$

liefert die Summe der beiden ersten Ausdrücke somit die Wahrscheinlichkeit für das Überleben von mindestens $n-1$ Einheiten, die Summe der ersten drei Ausdrücke die Wahrscheinlichkeit für das Überleben von mindestens $n-2$ Einheiten usw. Die Summe aller Ausdrücke mit Ausnahme von $Q_0(\Delta t)^n$ gibt die Überlebenswahrscheinlichkeit einer redundanten Anordnung an, bei der zur Aufrechterhaltung der Funktionstüchtigkeit nur eine einzige Einheit überleben muß. Dies ist aber der schon in Kap.2 behandelte Fall der aktiven Redundanz. Von der Identität der Gl.(2.16) für den Fall gleicher Einheiten,

$$R = 1 - (1 - R_0)^n,$$

mit dem aus Gl.(4.8) resultierenden Ausdruck kann man sich leicht überzeugen, da die in Gl.(4.8) gebrachte Summe gleich 1 ist. Sie stellt nichts anderes dar als die Binomialentwicklung von

$$[R_0(\Delta t) + Q_0(\Delta t)]^n = 1^n = 1.$$

Müssen zur Aufrechterhaltung der Betriebsfähigkeit einer bestimmten Anordnung, bestehend aus n Einheiten mit der Zuverlässigkeit $R_0(\Delta t)$, über einen Zeitraum der Dauer Δt mindestens k Einheiten funktionieren, dann ist die Zuverlässigkeit $R(\Delta t)$ gegeben durch

$$R(\Delta t) = \binom{n}{0} R_0(\Delta t)^n + \binom{n}{1} R_0(\Delta t)^{n-1} Q_0(\Delta t) + \ldots$$

$$+ \binom{n}{n-k} R_0(\Delta t)^k Q_0(\Delta t)^{n-k}$$

oder in abgekürzter Schreibweise

$$R(\Delta t) = \sum_{i=0}^{n-k} \binom{n}{i} R_0(\Delta t)^{n-i} Q_0(\Delta t)^i. \qquad (4.9)$$

In Abb. 4.6 ist die Zuverlässigkeit einer Anordnung, bestehend aus n = 5 gleichen Einheiten, für eine Mission der Dauer Δt dargestellt. Parameter ist die Zahl k der zur Funktionsfähigkeit notwendigen Einheiten.

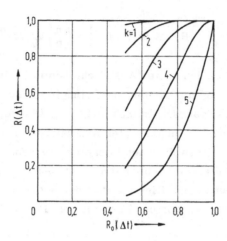

Abb. 4.6. Missionszuverlässigkeit einer partiell redundanten Anordnung [Anzahl parallel angeordneter Einheiten n = 5; Anzahl funktionsnotwendiger Einheiten k = 1, ... , 5; Zuverlässigkeit einer einzelnen Einheit = $R_0(\Delta t)$].

Für $R_0(\Delta t)$ = 0,9 z.B. beträgt die Zuverlässigkeit der Anordnung, wenn mindestens drei der fünf Einheiten überleben müssen, $R(\Delta t) \approx 0,991$. Dem steht eine Zuverlässigkeit von $R(\Delta t) \approx 0,99999$ gegenüber, wenn nur eine Einheit zu überleben braucht, bzw. von $R(\Delta t) \approx 0,590$, wenn alle Einheiten überleben müssen (logische Serienanordnung).

Beispiel: Ein Verkehrsflugzeug mit vier Triebwerken, von denen jedes für eine vorgegebene Flugzeit von Δt Stunden die Zuverlässigkeit $R_0(\Delta t)$ = 0,995 besitzt, soll seinen Bestimmungsort noch erreichen können, wenn mindestens zwei Triebwerke einwandfrei funktionieren. Wie groß ist die Zuverlässigkeit des Flugzeugs hinsichtlich des Untersystems "Triebwerke" für den Zeitraum Δt?

Die Zuverlässigkeit $R(T)$ der aus den vier Triebwerken bestehenden Anordnung ist nach Gl. (4.9) gegeben durch

$$R(\Delta t) = [R_0(\Delta t)]^4 + 4[R_0(\Delta t)]^3 Q_0(\Delta t) + 6[R_0(\Delta t)]^2 [Q_0(\Delta t)]^2$$
$$= 0,995^{-4} + 4 \cdot 0,995^{-3} \cdot 0,005 + 6 \cdot 0,995^{-2} \cdot 0,005^{-2}$$
$$= 0,999\ 999\ 5 \ .$$

Die Systemausfallwahrscheinlichkeit $Q(\Delta t)$ der Anordnung für den vorgegebenen Zeitraum beträgt also $5 \cdot 10^{-7}$. (Die Wahrscheinlichkeit, daß eine Reparatur stattfinden muß, was nach jedem Triebwerkausfall der Fall ist, ist dagegen wesentlich höher, nämlich gleich $1 - 0,995^4 \approx 0,020$.)

Ganz entsprechend geht man vor, wenn n Einheiten mit verschiedenen Zuverlässigkeiten vorhanden sind.

4.4. Stand-by-Redundanz

Im folgenden wollen wir einige Probleme erörtern, die mit Hilfe der bisher behandelten Methoden nicht lösbar sind.

Die vorausgehenden Betrachtungen beruhten stets auf der Annahme, daß Einheiten einer Anordnung sich nicht gegenseitig beeinflussen, insbesondere die Ereignisse "Ausfall" bzw. "Überleben" von Einheiten voneinander unabhängig sind. Diese Annahme trifft nicht immer zu bzw. bedeutet häufig eine unzulässige Vereinfachung.

Die bei der Ermittlung der Zuverlässigkeit von Anordnungen mit abhängigen Einheiten auftretenden Probleme seien anhand eines einfachen Beispiels aufgezeigt:

Wir wollen versuchen, die Zuverlässigkeit einer Anordnung zu ermitteln, die aus den Einheiten A, B und einem Schalter S besteht (Abb. 4.7). Die Anlage möge so ausgelegt sein, daß bei Inbetriebnahme zunächst A eingeschaltet ist. Fällt A aus, so wird Schalter S betätigt, und B übernimmt die Funktion von A. Im Gegensatz zur aktiven Redundanz spricht man in diesem Zusammenhang von passiver Redundanz oder auch stand-by-Redundanz.

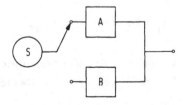

Abb. 4.7. Einfache stand-by-Redundanz.

Zur Vereinfachung der Betrachtungen werde zunächst angenommen, daß Einheit B erst nach ihrer Inbetriebnahme ausfallen kann und Schalter S eine Zuverlässigkeit von 100% besitzt. Unter diesen Voraussetzungen überlebt die Anordnung eine Zeit t , wenn entweder A den gesamten Zeitraum von 0 (Inbetriebnahme) bis t überlebt oder nach dem Ausfall von A zum Zeitpunkt $t_1 (0 < t_1 < t)$ Einheit B während der Zeit von t_1 bis t nicht ausfällt. Da die Ereignisse "Überleben von A während des Zeitraumes von 0 bis t" und "Ausfall von A vor dem Zeitpunkt t und Überleben von B während des restlichen Zeitraumes" einander ausschließen, würde nach Gl.(2.8) für die Zuverlässigkeit R(t) gelten, falls t_1 fest und bekannt wäre,

$$R(t) = R_A(t) + R_B(t - t_1) Q_A(t). \qquad (4.10)$$

Nun ist aber t_1 variabel und kann alle Werte zwischen 0 und t annehmen. Die Einheiten A, B mögen konstante Ausfallraten λ_A, λ_B besitzen. Dann ist die Wahrscheinlichkeit R_A, daß A die gesamte Mission überlebt, gegeben durch

$$R_A(t) = \exp(-\lambda_A t) .$$

Bei der Bestimmung des Ausdruckes $R_B(t - t_1) Q_A(t)$ aus Gl.(4.10) spielt offenbar der Zeitpunkt t_1 des Ausfalls von A eine Rolle. t_1 ist aber, wie gesagt, nicht bekannt, d.h., falls A überhaupt ausfällt, tritt dieses Ereignis irgendwann im Zeitraum zwischen Missionsbeginn und Missionsende einmal auf. Auf diesem Sachverhalt beruht gerade die Abhängigkeit des Ausfallverhaltens der Einheiten A, B. Denn der Zeitpunkt t_1 des Ausfalls von A bestimmt den Zeitraum, über den B zur Erfüllung der Mission zufriedenstellend arbeiten muß.

Wir denken uns den Missionszeitraum von 0 bis t in kleine Zeitintervalle dt_1 eingeteilt. Die Wahrscheinlichkeit, daß A im Zeitintervall dt_1 ausfällt, beträgt dann

$$f_A(t_1) dt_1 = \lambda_A \exp(-\lambda_A t_1) dt_1,$$

($f_A(t_1)$ ist die Ausfalldichte von A). Die Wahrscheinlichkeit, daß Einheit B nach Ausfall von A den Zeitraum von t_1 bis t überlebt, ist gegeben durch

$$R_B(t - t_1) = \exp[-\lambda_B(t - t_1)] .$$

Die Wahrscheinlichkeit für das Ereignis "Ausfall von A im Zeitintervall dt_1 und Überleben von B im Zeitraum von t_1 bis t" ist dann gleich $f_A(t_1)dt_1 R_B(t-t_1)$. (Man beachte: Die Einzelereignisse "Ausfall von A im Zeitintervall dt_1" und "Überleben von B im anschließenden Zeitraum von t_1 bis t" sind voneinander unabhängig.)

Da der Ausfall von A in irgendeinem der Zeitintervalle dt_1, in die wir den Missionszeitraum eingeteilt haben, auftreten kann, erhalten wir für den Ausdruck $R_B Q_A$ (Wahrscheinlichkeit, daß A innerhalb von t ausfällt und B die restliche Zeit überlebt):

$$R_B Q_A = \int_0^t f_A(t_1) R_B(t-t_1) dt_1 \, ,$$

oder ausführlich geschrieben,

$$R_B Q_A = \lambda_A \int_0^t \exp(-\lambda_A t_1) \exp[-\lambda_B(t-t_1)] dt_1 . \qquad (4.11)$$

Das obige Integral wird auch als Faltungsintegral der Funktionen f_A und R_B bezeichnet.

Nach Auswertung des Integrals (Anhang 4) erhält man

$$R_B Q_A = \frac{\lambda_A}{\lambda_A - \lambda_B} [\exp(-\lambda_B t) - \exp(-\lambda_A t)] \quad \text{für} \quad \lambda_A \neq \lambda_B \qquad (4.12)$$

bzw.

$$R_B Q_A = \lambda \exp(-\lambda t) t \quad \text{für} \quad \lambda_A = \lambda_B = \lambda .$$

Unter der Voraussetzung, daß der Schalter S absolut zuverlässig ist und Einheit B nicht ausfällt, solange sie nicht betrieben wird, ergibt sich somit die Zuverlässigkeit der Anordnung für eine Mission der Dauer t zu

$$R(t) = \exp(-\lambda_A t) + \frac{\lambda_A}{\lambda_A - \lambda_B} [\exp(-\lambda_B t) - \exp(-\lambda_A t)] \quad \text{für} \quad \lambda_A \neq \lambda_B \qquad (4.13a)$$

bzw.

$$R(t) = (1 + \lambda t) \exp(-\lambda t) \quad \text{für} \quad \lambda_A = \lambda_B = \lambda . \qquad (4.13b)$$

Im Falle zweier gleicher Einheiten $(\lambda_A = \lambda_B = \lambda)$ und unter den genannten Vereinfachungen gilt für die mittlere Lebensdauer dieser Anordnung (Anhang 4):

$$\tau = \frac{1}{\lambda} + \frac{1}{\lambda} = 2 \cdot \frac{1}{\lambda} \, .$$

Die mittlere Lebensdauer der entsprechenden aktiv redundanten Anordnung ergab sich zu

$$\tau = \frac{3}{2} \cdot \frac{1}{\lambda} \, ,$$

d.h., sie ist um $1/2\lambda$ kleiner.

Beispiel: Es sei $\lambda_A = \lambda_B = 10^{-3}/h$. Dann ergeben sich für die mittlere Lebensdauer τ für die
aktiv redundante Anordnung: $\tau = \frac{3}{2} \cdot 10^3 = 1500 \, h$,
für die passiv redundante Anordnung: $\tau = 2 \cdot 10^3 = 2000 \, h$.
Die passiv redundante Anordnung hat also eine um 25 % größere Lebensdauer.

Wesentlicher ist aber auch hier wieder der Effekt der sehr starken Erhöhung der Zuverlässigkeit für kurze Zeiten. Die Ausfallwahrscheinlichkeit des Systems ist, wenn man Ausfälle der Umschaltvorrichtung nicht berücksichtigt, bei 2 Kanälen angenähert nur halb so groß wie bei aktiver Redundanz.

Berücksichtigt man die Unzuverlässigkeit des Schalters - dieser kann z.B. den Ausfall der Anordnung verursachen, wenn er nicht rechtzeitig auf die Reserveeinheit umschaltet - dann ist der gegenüber der aktiven Redundanz durch stand-by-Redundanz erzielte Zuverlässigkeitsgewinn häufig nicht mehr allzu groß. In vielen Fällen ist durch stand-by-Redundanz (im Vergleich zur entsprechenden Anordnung mit aktiven Einheiten) praktisch keine Erhöhung der Zuverlässigkeit mehr möglich.

Setzt man voraus, daß der Schalter nur beim Umschalten versagen kann, - in diesem Fall ist dessen Zuverlässigkeit also unabhängig von der Betriebszeit - dann ergibt sich die Überlebenswahrscheinlichkeit der in Abb. 4.7 wiedergegebenen Anordnung für eine Mission der Dauer t formal aus Gl. (4.12) durch Multiplikation des zweiten Summanden mit der Zuverlässigkeit R_s des Schalters für einen einzelnen Schaltvorgang. Wir erhalten also:

$$R(t) = \exp(-\lambda_A t) + R_s \, \frac{\lambda_A}{\lambda_A - \lambda_B} \, [\exp(-\lambda_B t) - \exp(-\lambda_A t)] \qquad \text{für } \lambda_A \neq \lambda_B$$

bzw.

$$R(t) = (1 + R_s \lambda t) \exp(-\lambda t) \quad \text{für} \quad \lambda_A = \lambda_B = \lambda \, .$$

In Abb. 4.8 ist zum Vergleich für $\lambda_A = \lambda_B = 10^{-3}/h$ die Überlebenswahrscheinlichkeit in Abhängigkeit von der Missionsdauer dargestellt für a) die aktiv redundante Anordnung, b) die passiv redundante Anordnung mit absolut zuverlässigem Schalter ($R_s = 1$), c,d) die passiv redundante Anordnung, wenn die "Umschalt-Zuverlässigkeit" 0,90 bzw. 0,95 beträgt.

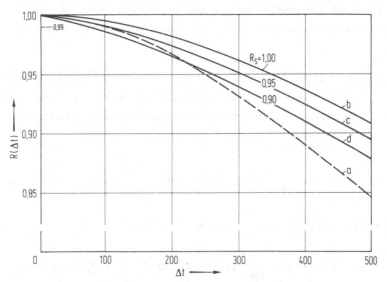

Abb. 4.8. Überlebenswahrscheinlichkeit einer einfach redundanten Anordnung in Abhängigkeit von der Einsatzdauer, Vergleich zwischen aktiver Redundanz a und passiver Redundanz b, c, d bei verschiedenen Umschalt-Zuverlässigkeiten.

Lassen wir die Einschränkung, daß die Reserveeinheit B , solange sie nicht betrieben wird, nicht ausfallen kann, fallen, dann ergibt sich folgender Formalismus: λ_A sei die konstante Ausfallrate der Einheit A, λ'_B die konstante Ausfallrate der Einheit B, bevor diese in Betrieb genommen wird, λ_B ihre Ausfallrate nach der Inbetriebnahme. Wie groß ist in diesem Fall die Zuverlässigkeit der Anordnung für eine Mission der Dauer t?

Die Wahrscheinlichkeit, daß Einheit A den gesamten Missionszeitraum überlebt, ist

$$R_A(t) = \exp(-\lambda_A t)$$

Fällt Einheit A zu einem Zeitpunkt t_1 aus ($0 < t_1 < t$) , dann ändert sich die Ausfallrate der Einheit B von λ'_B auf λ_B . Die Überlebenswahrschein-

125

lichkeit von B für den gesamten Missionszeitraum ist unter dieser Voraussetzung

$$R_B(t) = \exp(-[\lambda'_B t_1 + \lambda_B(t-t_1)])$$

Das Faltungsintegral

$$\lambda_A \int_0^t \exp(-\lambda_A t_1)\, \exp(-[\lambda'_B t_1 + \lambda_B(t-t_1)])\, dt_1 \qquad (4.14)$$

gibt die Wahrscheinlichkeit dafür an, daß A zu irgendeinem Zeitpunkt t_1 zwischen 0 und t ausfällt und B den gesamten Missionszeitraum t überlebt.

Da die Anordnung überlebt, wenn entweder A überlebt, oder nach dem Ausfall von A Einheit B die Funktion über den Restzeitraum aufrecht erhält - diese beiden Ereignisse schließen einander aus - ist die Missionszuverlässigkeit R(t) der Anordnung gegeben durch:

$$R(t) = \exp(-\lambda_A t) + \lambda_A \int_0^t \exp(-\lambda_A t_1)\, \exp(-[\lambda'_B t_1 + \lambda_B(t-t_1)])\, dt_1 \ .$$

Nach Auswertung des Integrals (Anhang 4) erhält man:

$$R(t) = \exp(-\lambda_A t) + \frac{\lambda_A}{\lambda_A + \lambda'_B - \lambda_B}\,(\exp(-\lambda_B t) - \exp[-(\lambda_A + \lambda'_B)t]) \ \text{ für } \lambda_A \neq \lambda_B$$

$$(4.15a)$$

bzw.

$$R(t) = \exp(-\lambda t)\left[1 + \frac{\lambda}{\lambda'}(1 - \exp(-\lambda't))\right] \ \text{ für } \lambda_A = \lambda_B = \lambda . \quad (4.15b)$$

Abschließend sei noch die Zuverlässigkeit einer stand-by-Anordnung, bestehend aus N gleichen Einheiten mit konstanter Ausfallrate λ (Schalter absolut zuverlässig; nach Ausfall der ersten Einheit wird die zweite Einheit zugeschaltet, nach Ausfall der zweiten Einheit die dritte, usw.; $\lambda = 0$ im Stand-by-Betrieb) für eine Mission der Dauer t angegeben. Es läßt sich zeigen, daß gilt:

$$R(t) = e^{-\lambda t} \sum_{k=0}^{N-1} \frac{(\lambda t)^k}{k!} \ . \qquad (4.16)$$

Die mittlere Lebensdauer einer derartigen Anordnung ist gegeben durch

$$\tau = \frac{N}{\lambda} \ .$$

Die rechte Seite von Gl.(4.16) bzw. die einzelnen Summanden $e^{-\lambda T}\frac{(\lambda T)^K}{k!}$ sind spezielle Formen der sog. Poissonverteilung, die wir in Kap.5 im Zusammenhang mit der statistischen Prüfplanung noch näher kennenlernen werden.

Für $N \to \infty$ stellt $\displaystyle\sum_{k=0}^{N-1} \frac{(\lambda t)^k}{k!}$ die Funktion $e^{\lambda t}$ dar; es gilt also für $N \to \infty$:

$$R(t) = e^{-\lambda t}\, e^{+\lambda t} = 1 \;.$$

(Ein unendlich oft redundantes System hätte also stets die Zuverlässigkeit 1.)

Eine andere Form der Abhängigkeit liegt vor, wenn eine logische Parallelanordnung, bei der alle Einheiten gleichzeitig betrieben und gleichmäßig belastet werden (aktive Redundanz) sich so verhält, daß der Ausfall von Einheiten eine erhöhte Belastung der noch funktionstüchtigen Einheiten und damit eine Erhöhung ihrer Ausfallwahrscheinlichkeiten bewirkt. Dieses Problem kann in ähnlicher Weise gelöst werden wie das besprochene Beispiel, mit Änderung von $\lambda_B^!$ auf λ_B.

4.5. Näherungsformeln zur Berechnung der Zuverlässigkeit eines Systems

Die Durchführung mühsamer Rechnungen, die eine hohe Rechengenauigkeit erfordern und oft nur mit Hilfe eines Computers möglich sind, läßt sich sehr häufig vermeiden, wenn man geeignete Näherungsformeln verwendet. Diese liefern meist ausreichend genaue Ergebnisse, wenn man die Unsicherheit der Eingabedaten (z.B. Ausfallraten) berücksichtigt.

Einen Ausgangspunkt für diese Formeln bildet die Reihenentwicklung der Exponentialfunktion

$$e^{-x} = \sum_{n=0}^{\infty} (-1)^n \frac{x^n}{n!} = 1 - x + \frac{x^2}{2} - \frac{x^3}{6} \pm \ldots \qquad (4.17)$$

Wenn x (d.h. λt oder analoge Größen) genügend klein ist, können die höheren Potenzen in der Reihe vernachlässigt werden.

Weiterhin ist wichtig: Es müssen bei den Rechnungen Ausfallwahrscheinlichkeiten und nicht Erfolgswahrscheinlichkeiten verwendet werden, da er-
stere meist ziemlich klein sind, während letztere nahe bei eins liegen. Des
wegen können bei ersteren und nur bei diesen höhere Potenzen und Produkte
vernachlässigt werden.

Damit erhält man sofort folgende Näherungsformeln:

Für Reihenanordnungen gilt in 1. Näherung

$$Q = \sum q_i \qquad\qquad (4.18)$$

mit Q als Ausfallwahrscheinlichkeit des Systems und q_i als Ausfallwahrscheinlichkeit der Komponente i. Begründung: Es gilt

$$Q = 1 - R = 1 - \prod r_i = 1 - \prod (1 - q_i)$$
$$= 1 - 1 + \sum q_i + \text{höhere Glieder}$$
$$\approx \sum q_i$$

mit r_i als Erfolgswahrscheinlichkeit der Komponente i. Diese Formel
ist z.B. auch dann verwendbar, wenn bei allen in Serie liegenden Komponenten der gleiche Redundanzgrad vorliegt und man überall bis zum ersten
nicht verschwindenden Glied in der Reihenentwicklung (vgl. folgende Formeln) geht.

Für redundante Systeme gilt

$$Q \approx \lambda t - \frac{\lambda^2 t^2}{2} + \frac{\lambda^3 t^3}{6} - \ldots \qquad \text{(keine Redundanz)},$$

$$\qquad\qquad\qquad\qquad\qquad\qquad\qquad\qquad\qquad\qquad (4.19)$$

$$Q \approx \quad \lambda_1 \lambda_2 t^2 - \frac{1}{2}(\lambda_1^2 \lambda_2 + \lambda_1 \lambda_2^2)t^3 + \ldots \quad \text{(2 redundante Geräte mit}$$
$$\text{Ausfallraten } \lambda_1 \text{ und } \lambda_2),$$

$$Q \approx \qquad\qquad \lambda_1 \lambda_2 \lambda_3 t^3 - \ldots \qquad \text{(3 redundante Geräte mit}$$
$$\text{Ausfallraten } \lambda_1, \ \lambda_2, \text{ und } \lambda_3)$$

usw.

Wenn man nur bis zum ersten nicht verschwindenden Glied geht und den
Spezialfall betrachtet, daß alle λ_i gleich sind, erhält man

$$Q \approx (\lambda t)^n \qquad\qquad (4.20)$$

mit n als Zahl der redundanten Geräte. Man kann diese Formeln z.B.
durch Einsetzen der Reihenentwicklung [Gl.(4.17)] in die exakten Formeln
beweisen.

Wenn der Systemausfall von der Reihenfolge der Ereignisse abhängt (wichtiges Beispiel: kalte Redundanz; hier kann zuerst nur die normalerweise
in Betrieb befindliche Komponente, dann die redundante ausfallen), dann
tritt vor die vorigen Formeln ein konstanter Faktor, im besonders wichtigen Fall von zwei Komponenten der Faktor 1/2:

$$Q \approx \frac{1}{2} \lambda_1 \lambda_2 t^2. \tag{4.21}$$

[Herleitung durch Reihenentwicklung aus Gl.(4.13a)].

Wenn die Betriebszeiten der Geräte unterschiedlich sind, tritt ein Ausdruck
von der Form $t_1 t_2$ an die Stelle von t^2.

Wichtig ist, daß man bei Systemen, die verschiedene Redundanzgrade enthalten, überall bis zur gleichen Potenz von t entwickeln muß und daß bei
höheren Potenzen gemischte Glieder auftreten können. Aus diesen Gründen
muß man bei der Erstellung von Näherungsformeln durchaus vorsichtig
sein.

Beispiel:

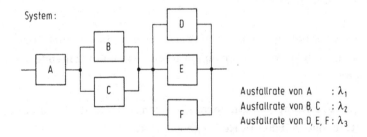

System:

Ausfallrate von A : λ_1
Ausfallrate von B, C : λ_2
Ausfallrate von D, E, F: λ_3

Abb.4.9. Beispiel für das Logikdiagramm eines Systems.

Hier gilt, was der Leser zur Übung selbst nachrechnen möge,

$$Q \approx \lambda_1 t - \frac{\lambda_1^2 t^2}{2} + \lambda_2^2 t^2 + \frac{\lambda_1^3 t^3}{6} - \lambda_2^3 t^3 - \lambda_1 \lambda_2^2 t^3 + \lambda_3^3 t^3.$$

Wenn man also die dreifache Redundanz berücksichtigen will, muß man bis t^3 gehen. Dann muß man aber auch Glieder mit t^2 und t^3 bei der Reihenkomponente und das Glied mit t^3 beim zweiten Abschnitt sowie ein gemischtes Glied (vorletzter Ausdruck) berücksichtigen.

Voraussetzung für die Anwendbarkeit dieser Formeln ist, daß t und alle λ_i so klein sind, daß alle Ausdrücke $\lambda_i t$ klein bleiben. Diese Methode ist also z.B. dann nicht anwendbar, wenn Zuverlässigkeitswerte für sehr lange Zeiten berechnet werden sollen.

Man sieht, daß man dann, wenn die Ausfallraten redundanter Komponenten von der gleichen Größenordnung sind wie die von nicht redundanten, die redundanten Abschnitte gut vernachlässigen kann, und zwar umso besser, je höhere Redundanzgrade vorliegen. Die Reihenkomponenten bestimmen dann im wesentlichen allein die Zuverlässigkeit des Systems. Diese Tatsache erleichtert viele Rechnungen. So könnte man im Beispiel von Abb. 4.9 weiter annähern, indem man nur die ersten beiden Abschnitte betrachtet und bis t^2 geht:

$$Q \approx \lambda_1 t - \frac{\lambda_1^2 t^2}{2} + \lambda_2^2 t^2.$$

Solche Abschneidungen sind deswegen empfehlenswert, weil sonst die Ermittlung der Näherungsformeln recht mühsam wird und sich auch leicht Fehler einschleichen können.

Bei komplexen Logikdiagrammen mit Vermaschung ist es vorteilhaft, das Logikdiagramm selbst vor numerischen Rechnungen auf folgende Weise zu vereinfachen:

1. Man sucht alle Komponenten heraus, deren Ausfall allein das System lahmlegt. Diese werden in Reihe geschaltet.

2. Man sucht alle Kombinationen von zwei Komponenten heraus, deren gemeinsamer Ausfall das System lahmlegt. Diese werden zu den Einzelausfällen als zusätzliche Abschnitte des neuen Logikdiagramms hinzugefügt. Kombinationen, die Komponenten enthalten, deren Ausfall allein zum Systemausfall führt, dürfen hier nicht mehr berücksichtigt werden.

3. Gegebenenfalls wird dasselbe Verfahren für Dreierkombinationen und noch höhere Kombinationen durchgeführt, soweit dies zur Erreichung der gewünschten Genauigkeit nötig ist. Allerdings wird der Aufwand dann schnell sehr groß.

Auf diese Weise erhält man ein einfacheres Logikdiagramm, das so, wie es im obigen Beispiel gezeigt wurde, behandelt werden kann. Man kann z.B. auch zeigen, daß die Ausfallwahrscheinlichkeit einer 2 aus 3-Schaltung mit gleichen Zweigen gegeben ist durch $\binom{3}{2}(\lambda t)^2$, oder diejenige einer 3 aus 4-Schaltung mit gleichen Zweigen durch $\binom{4}{3}(\lambda t)^3$.

Beispiel:

Ursprüngliches Logikdiagramm:

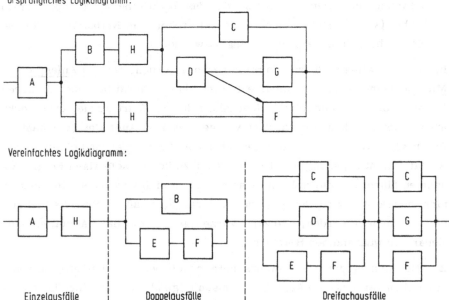

Vereinfachtes Logikdiagramm:

Einzelausfälle | Doppelausfälle | Dreifachausfälle

Abb. 4.10. Beispiel für die Vereinfachung von Logikdiagrammen

Auf derartigen Überlegungen beruhen die Verfahren mit Benützung der "minimum cut sets". Unter diesem Begriff versteht man die kleinsten Kombinationen von Komponentenausfällen, die zum Systemausfall führen (vgl. Richtlinie VDI 4008, Blatt 7).

4.6. Verborgene Fehler

Wie in den Abschn. 4.2, 4.3 und 4.4 gezeigt, verursacht die Einführung von Redundanzen gegenüber einer Serienschaltung beträchtliche Verbesserungen hinsichtlich der Ausfallwahrscheinlichkeit. Dieses positive Bild stimmt jedoch nur dann, wenn am Beginn der Mission gewiß ist, daß im System/Gerät einschließlich der Redundanzen kein Ausfall vorliegt. Eine Überwachung der Geräte ist aber nicht immer möglich, so daß ungewiß sein kann, in welchem Zustand sich das Gerät befindet. Beispiele hierfür sind:

1. Zwei Komponenten liegen parallel und sind fest zusammengeschaltet, so daß eine getrennte Kontrolle jeder Komponente nicht durchgeführt werden kann.

2. Die Redundanz besteht aus einem einfachen Hilfsgerät, das billig sein soll und deswegen keine Überwachungseinrichtung hat. Ein Test ist zu aufwendig oder scheitert daran, daß das Gerät eine nur geringe Kapazität hat (wie bei Batterien oder Druckflaschen zum Notbetrieb), die bei einer Überprüfung weiter verringert würde.

In solchen Fällen muß dann damit gerechnet werden, daß am Anfang der Mission keine Redundanz mehr existiert, da das Gerät bei einer früheren Mission, die nach der letzten Überholung durchgeführt wurde, unbemerkt ausgefallen ist. Man spricht dann von verborgenen Ausfällen (dormant failures). Davon zu unterscheiden ist der Fall, daß während einer Mission Ausfälle nicht angezeigt werden und daher zu keinen sofortigen Folgemaßnahmen führen. Dadurch kann es sein, daß an sich vorhandene Redundanz nicht ausgenützt wird. Es gibt noch andere Folgemaßnahmen, die bisher nicht betrachtet wurden, wie z.B. vorzeitige Umkehr nach Ausfällen oder Reparatur während des Betriebs.

Zur Berechnung der Ausfallwahrscheinlichkeit bei Berücksichtigung von möglichen verborgenen Ausfällen müssen folgende Größen eingeführt werden:

T: Gerätebetriebszeit zwischen der letzten Inspektion (bei der verborgene Ausfälle hätten entdeckt und repariert werden können) und dem betrachteten Einsatz;

t: Gerätebetriebszeit beim betrachteten Einsatz;

$Q(t)$:   Ausfallwahrscheinlichkeit (unter Berücksichtigung von verborgenen Ausfällen) des Gesamtsystems;

λ_D: Rate von verborgenen Ausfällen;

λ: Rate von Ausfällen, die in Kombination mit verborgenen Ausfällen zu einem Totalausfall führen.

Die Ausfallwahrscheinlichkeit soll zuerst unter der Annahme berechnet werden, daß nur ein Zweig der Parallelschaltung verborgene Ausfälle wegen mangelnder Überwachungsmöglichkeiten aufweisen kann. Dann gilt

$$Q(t) = \frac{Q(t+T) - Q(T)}{1 - Q(T)} . \qquad (4.22)$$

Erläuterung: Der Ausdruck $Q(t+T)$ bezeichnet die Wahrscheinlichkeit, daß ein Totalausfall irgendwann während der Zeit von der letzten Inspektion bis einschließlich dem betrachteten Einsatz auftritt. Davon abzuziehen ist die Wahrscheinlichkeit, daß ein Totalausfall schon vor dem betrachteten Einsatz auftritt. Schließlich sollen die Ereignisse

a) System/Gerät in t ausgefallen,

b) System/Gerät in t nicht ausgefallen

ein vollständiges Ereignissystem mit $R(t) + Q(t) = 1$ darstellen, so daß die Differenz der Wahrscheinlichkeiten noch durch $1 - Q(T)$ dividiert werden muß (d.h. die Betrachtung soll nur auf solche Einheiten bezogen werden, die am Anfang des Einsatzes noch vorhanden waren, dagegen nicht auf die unmittelbar nach der Inspektion vorhandenen Einheiten) (zur Ableitung der obigen Formel vgl. Anhang 4 und Abschn. 4.8, Teil 1).

Die einzelnen Ausfallwahrscheinlichkeiten lauten näherungsweise

$$Q(t+T) \approx \frac{1}{2} \lambda \lambda_D (t+T)^2 + \frac{1}{2} \lambda \lambda_D t(T+t) = Q_1(t+T) + Q_2(t+T)$$

$$\qquad (4.23)$$

$$Q(T) \quad \approx \frac{1}{2} \lambda \lambda_D T^2 + \frac{1}{2} \lambda \lambda_D tT = Q_1(T) + Q_2(T).$$

Bei beiden Ausdrücken bezeichnet jeweils der erste Term Q_1 die Wahrscheinlichkeit, daß der verborgene Ausfall zuerst auftritt, dann verborgen bleibt, bis der zweite Ausfall zu einem Totalausfall führt. Es müssen alle Zeitkombinationen für die gesamte Zeit t + T bzw. T berücksichtigt werden, so daß sich nach Gl.(4.21) der obige Wert ergibt.

Der zweite Term Q_2 umfaßt solche Ereigniskombinationen, bei denen zuerst der entdeckbare Ausfall und zeitlich danach der zweite Fehler auftritt. Da bei dieser Ausfallkombination ein sofortiger Totalausfall des Systems gegeben ist, kann man bei dieser Ereignisfolge nicht mehr von einem verborgenen Ausfall sprechen. Der erste stets entdeckbare Ausfall wird nach jedem Einsatz mit der Zeit t sofort beseitigt, deshalb kann sich die Ausfallwahrscheinlichkeit nicht über die Zeit aufakkumulieren. Besteht nun die Betriebszeit T bis zum betrachteten Einsatz aus n Einsätzen mit jeweils der Zeitdauer t, so ist die Wahrscheinlichkeit für die betrachtete Ausfallfolge für jeden Einsatz nach Gl. (4.21)

$$Q(t) = \frac{1}{2} \lambda_D \lambda t^2. \qquad (4.24)$$

Da insgesamt n + 1 bzw. n Einsätze bei $Q_2(t + T)$ bzw. $Q_2(T)$ zugrundeliegen, werden

$$Q_2(t + T) = (n + 1) \cdot \frac{1}{2} \lambda_D \lambda t^2 , \qquad (4.25)$$

$$Q_2(T) \quad = n \frac{1}{2} \lambda_D \lambda t^2 .$$

Mit nt = T bzw. (n + 1)t = T + 1 erhält man die oben angegebenen zweiten Terme.

Mit den Ausdrücken für Q(T) und Q(T + t) wird die Wahrscheinlichkeit eines Totalausfalles während des betrachteten Einsatzes, (solange $Q(t) \ll 1$ ist),

$$Q(t) \approx \lambda\lambda_D(t^2 + tT), \qquad (4.26)$$

da der Ausdruck

$$\frac{1}{1 - \frac{1}{2} \lambda\lambda_D T^2 - \frac{1}{2} \lambda\lambda_D tT} \approx 1 + \frac{1}{2} \lambda\lambda_D T^2 + \frac{1}{2} \lambda\lambda_D tT$$

in der Ausgangsformel nur höhere Potenzen als t^2 bzw. tT verursacht, die hier vernachlässigt werden.

Wenn jeder der beiden Ausfälle (mit den Ausfallraten $\lambda_{D1} = \lambda_{D2} = \lambda_D$) verborgen bleiben kann, solange jeder Ausfall allein auftritt, gilt

$$Q(T + t) \approx \lambda\lambda_D(t + T)^2 , \qquad (4.27)$$

$$Q(T) \quad \approx \lambda\lambda_D T^2$$

und als Wahrscheinlichkeit für einen Totalausfall im betrachteten Einsatz

$$Q(t) \approx \lambda_D^2(t^2 + 2tT) . \qquad (4.28)$$

Bei vielen Betrachtungen ist nun nicht die Ausfallwahrscheinlichkeit für einen bestimmten Einsatz nach der Zeit T gefragt, sondern ein Durchschnittswert aller Einsätze, wenn die Zwischenzeit zwischen zwei Inspektionen, bei denen verborgene Ausfälle entdeckt und repariert werden können, die Betriebszeit τ beträgt.

Die Mittelwertbildung liefert für den Durchschnittswert Q_D

$$Q_D = \frac{1}{\tau} \int_0^\tau \lambda \lambda_D (t^2 + tT)\, dT \qquad (4.29)$$

$$= \lambda \lambda_D (t^2 + \frac{1}{2}\, t\tau),$$

wenn ein Ausfall verborgen bleiben kann, und

$$Q_D = \lambda_D^2 (t^2 + t\tau), \qquad (4.30)$$

wenn jeder der beiden Ausfälle verborgen bleiben kann, solange er allein auftritt.

In ähnlicher Weise kann man Formeln für andere Fälle ableiten, z.B. für andere Redundanzgrade, für unterschiedliche Inspektionsintervalle τ bei den redundanten Einheiten oder für nur teilweise Latenz der Ausfälle.

Anhand dieser abgeleiteten Ausdrücke wird der große Einfluß vor verborgenen Ausfällen ersichtlich. Wird z.B. nur alle 300 Stunden eine Inspektion durchgeführt, so steigt die durchschnittliche Ausfallwahrscheinlichkeit um den Faktor 150 bzw. 300 gegenüber einem Gerät mit sofort entdeckbaren Ausfällen. Tritt ein Totalausfall auf, den ein verborgener Ausfall mitverursacht hat, ist man oft geneigt, eine merkwürdige Koinzidenz von Ausfällen als Erklärung anzugeben. In Wirklichkeit kann aber die vermeintliche Redundanz unter diesen Umständen schon längst beseitigt gewesen sein, ohne daß dieses bemerkt worden war.

Mit Hilfe der obigen Formeln lassen sich nun auch Festlegungen von Inspektionsintervallen treffen: Aus einem höchstzulässigen Wert der Ausfallwahrscheinlichkeit läßt sich ein höchstzulässiges τ als Zeit zwischen zwei Inspektionen leicht bestimmen.

4.7. Grenzen der Redundanz

Aus dem in den Abschn. 4.2-4.4 Gesagten geht hervor, daß Redundanz die Zuverlässigkeit erhöht. Trotzdem muß die Anwendung von Redundanz mit Vorbehalt betrachtet werden. Dies hat folgende Gründe:

1. Redundanz erhöht, und zwar im allgemeinen überproportional zum Redundanzgrad (hierunter wird hier die Zahl der im Logikdiagramm parallelen Einheiten verstanden), den Aufwand an Gewicht, Platzbedarf, Kosten bei der Entwicklung und Beschaffung, den Aufwand zur Fehlererkennung und Wartung, und den Bedarf an Ersatzteilen und somit die Kosten bei der Nutzung. Dadurch kann die Verfügbarkeit und Leistungsfähigkeit eines Systems beeinträchtigt werden.

2. Die Erhöhung der Zuverlässigkeit durch Redundanz - unter Zuverlässigkeit ist hier in erster Linie die Kenngröße Sicherheit und nicht die Kenngröße Instandsetzungsfreiheit oder auch Verfügbarkeit zu verstehen - ist im allgemeinen geringer als eine vereinfachte Rechnung ergibt. Dies hat mehrere Gründe:

   a) Bei höher redundanten Systemen ist eine vollständige Überprüfung des Systems schwieriger und eventuell nur seltener möglich als bei einfachen Systemen. Der Effekt der Zuverlässigkeitserhöhung durch Redundanz kann also durch verborgene Ausfälle zum Teil wieder rückgängig gemacht werden (vgl. Abschn. 4.6).

   b) Infolge des bei redundanten Systemen höheren Aufwands für Überprüfvorrichtungen spielen zunehmend Fehler von der folgenden Art eine Rolle: ein redundanter Kanal ist ausgefallen und wird infolge eines Ausfalls der Überprüfvorrichtung nicht abgeschaltet. Dies kann ebenfalls einen Systemausfall bedeuten. Um solche Ausfälle zu vermeiden, wäre ein überproportional hoher Aufwand durch Redundanz in der Überprüfvorrichtung nötig, was wiederum zu häufigen, eventuell missionsverhindernden, unnötigen Abschaltungen führen könnte.

   c) Redundanz ist im Gegensatz zur idealisierten Theorie nie vollständig, sondern es verbleiben stets einige Ausfallarten, für die keine Redundanz gegeben ist und die bei redundanten Systemen sogar häufiger sein können (Beispiel: Klemmen der Kolbenstange bei einem Stellmotor. Hiergegen hilft die Verwendung von zwei oder sogar drei Hydrauliksystemen nichts). Derartige Ausfälle sind zwar meist selten und können bei einfachen Systemen vernachlässigt werden; sie bilden aber eine Schranke, die bei noch so hoher Redundanz nicht überschritten werden kann und somit dazu führt, daß hohe Grade an Redundanz sinnlos werden. Weiterhin können "common cause"-Ausfälle verbleiben: dieselbe Ursache bringt mehrere redundante Einheiten gleichzeitig zum Ausfall.

3. Man könnte hoffen, daß Redundanz durch die Verwendung zuverlässigerer Bauteile, wie sie in der Raumfahrt üblich sind, oder durch die Senkung der Ausfallraten durch niedrigere Belastungen überflüssig gemacht werden kann. Dies würde sich auch günstig auf Wartungsaufwand, Ersatzteilbedarf, Verfügbarkeit usw. auswirken. Leider ist aber die zur Zeit mögliche Erhöhung der Zuverlässigkeit durch bessere Bauteile (Faktor 10 bis 100 bei der Aufallwahrscheinlichkeit) nicht ausreichend, um Redundanz zu ersetzen (hier ist der Faktor 100 bis 1000). Es gilt ferner, daß Verbesserungen bei den Bauteilen umso wirksamer sind, je höher redundant ein System ist. Dies sieht man am einfachsten bei dem Beispiel der Ausfallwahrscheinlichkeit Q eines Systems von n gleichen parallelen Kanälen mit der Ausfallrate λ. Hier gilt nach Gl. (4.20) angenähert:

$$Q \approx (\lambda t)^n .$$

Eine Verbesserung von λ um den Faktor a verbessert Q angenähert um den Faktor a^n.

Auch wenn auf diese Weise die technische Zuverlässigkeit erhöht wird,
gilt dies nicht für Beschädigungen, Folgeausfälle u.a. Deswegen wird
Redundanz erforderlich bleiben.

Die geschilderten Effekte haben weitgehend unabhängig von den Zahlenwerten von λ folgende Auswirkungen:

Der Effekt der Verbesserung der Zuverlässigkeit durch Redundanz ist vorhanden und Redundanz ist durchaus sinnvoll, jedoch nur bis zu einem gewissen Grad. Dabei handelt es sich bei Flugzeugsystemen ziemlich allgemein um den Grad 2 bis 3 bei normaler Redundanz und um 3 bis 4 Kanäle
bei Redundanz vom Typ: mindestens 2 von n Kanälen müssen funktionieren
(vgl. Abschn.4.3). Man sollte mit dem Redundanzgrad nicht höher gehen
als unbedingt nötig - nicht wegen der Zuverlässigkeit, sondern um bei Beschaffung und Logistik zu sparen.

4.8. Die Markow-Methode

Ein anderes Verfahren zur Ermittlung der Zuverlässigkeit - die Markow-
Methode - erfordert die Lösung eines Systems linearer Differentialgleichungen, wobei in komplizierten Fällen die Verwendung elektronischer
Rechenanlagen zweckmäßig sein kann. Sie läßt dafür aber die Lösung weiter-
gehender Probleme zu, da z.B. auch Wartungsvorgänge berücksichtigt werden können. Sie liefert also nicht nur Zahlenwerte für den Parameter "Zuverlässigkeit", sondern auch solche für andere Verhaltensparameter eines
Systems wie z.B. die Verfügbarkeit. Hieraus ergibt sich der eigentliche
Anwendungsbereich der Markowschen Methode.

Die Grundgedanken der Markowschen Methode seien an einem einfachen
Beispiel, dessen Lösung wir schon kennen, aufgezeigt: Eine einzelne Einheit A, die in Betrieb genommen wird, soll nacheinander zwei Zustände annehmen, nämlich Zustand 1: Einheit in Ordnung, Zustand 2: Einheit ausgefallen. Die Möglichkeit einer Reparatur wollen wir zunächst ausschließen
und die Ausfallrate λ von A als konstant voraussetzen. Gesucht sind die
Wahrscheinlichkeiten $P_1(t)$ bzw. $P_2(t)$, daß Einheit A sich zu einem beliebigen Zeitpunkt t im Zustand 1 bzw. 2 befindet. $P_1(t) = R(t)$ entspricht
dann der Überlebenswahrscheinlichkeit der Einheit im Zeitintervall von 0
bis t (Zuverlässigkeit), $P_2(t) = Q(t)$ ihrer Ausfallwahrscheinlichkeit.

Die Wahrscheinlichkeit $P_{12}(\Delta t)$, daß A im Zeitintervall von t bis t + Δt vom Zustand 1 in den Zustand 2 übergeht (ausfällt), ist unter der Voraussetzung ihres Überlebens bis zum Zeitpunkt t gegeben durch

$$P_{12}(\Delta t) = \lambda \, \Delta t + 0(\Delta t) \qquad (4.31)$$

Dabei ist λ die konstante Ausfallrate von A und das Symbol $0(\Delta t)$ die Abkürzung für eine Summe von Gliedern, in denen der Faktor Δt in zweiter und höherer Potenz auftritt (Berechnung von Gl.(4.31) Anhang 4.) Die Wahrscheinlichkeit, daß im selben Zeitintervall keine Änderung des Zustandes von A eintritt, A also in Ordnung bleibt, ist dann das Komplement zu $P_{12}(\Delta t)$

$$1 - P_{12}(\Delta t) = 1 - [\lambda \, \Delta t + 0(\Delta t)] \ .$$

Einheit A ist bis zur Zeit t + Δt in Ordnung, wenn sie bis zur Zeit t noch in Ordnung war und während des Zeitraumes von t bis t + Δt in Ordnung bleibt. Der Zusammenhang zwischen den entsprechenden Wahrscheinlichkeiten ist daher gemäß Gleichung (2.4) gegeben durch

$$P_1(t + \Delta t) = P_1(t)[1 - P_{12}(\Delta t)] \ .$$

Mit Hilfe von Gl.(4.31) folgt weiter

$$P_1(t + \Delta t) = P_1(t)(1 - [\lambda \, \Delta t + 0(\Delta t)])$$

Hieraus erhalten wir:

$$P_1(t + \Delta t) - P_1(t) = -\lambda P_1(t)\Delta t - 0(\Delta t)P_1(t) \ ,$$

$$\frac{P_1(t + \Delta t) - P_1(t)}{\Delta t} = -\lambda P_1(t) - \frac{0(\Delta t)P_1(t)}{\Delta t} \ .$$

Bildet man den Grenzübergang $\Delta t \to 0$, also

$$\lim_{\Delta t \to 0} \frac{P_1(t + \Delta t) - P_1(t)}{\Delta t} = \frac{dP_1(t)}{dt} \ ,$$

dann verschwindet der Ausdruck $0(\Delta t)P_1(t)/\Delta t$, da sein Zähler höhere Potenzen von Δt als sein Nenner enthält, und es folgt

$$\frac{dP_1(t)}{dt} = -\lambda P_1(t) \ . \qquad (4.32)$$

Analog erhalten wir die Wahrscheinlichkeit $P_2(t + \Delta t)$, daß Einheit A bis zur Zeit $t + \Delta t$ ausgefallen ist. A fällt im Zeitintervall von Null bis $t + \Delta t$ aus, wenn entweder A im Zeitintervall von Null bis t ausfällt oder A im Zeitintervall von Null bis t in Ordnung war und danach zwischen t und $t + \Delta t$ ausfällt.

Diese Ereignisse schließen einander aus. Also gilt nach Gl. (2.8)

$$P_2(t + \Delta t) = P_2(t) + P_1(t) P_{12}(\Delta t) ,$$
$$P_2(t + \Delta t) = P_2(t) + P_1(t) [\lambda \Delta t + 0(\Delta t)] .$$

Bildet man wieder

$$\lim_{\Delta t \to 0} \frac{P_2(t + \Delta t) - P_2(t)}{\Delta t} = \frac{dP_2(t)}{dt} ,$$

dann folgt

$$\frac{dP_2(t)}{dt} = +\lambda P_1(t) . \qquad (4.33)$$

Das bei der Markow-Methode auftretende System von Differentialgleichungen ist also in unserem Fall gegeben durch Gln. (4.32) und (4.33). Für den Fall konstanter Ausfallraten läßt es sich durch Integration leicht nach den gesuchten Wahrscheinlichkeiten $P_1(t)$ und $P_2(t)$ auflösen.

Die Integration von Gl. (4.32) liefert:

$$\int \frac{dP_1(t)}{P_1(t)} = -\lambda \int dt ,$$

$$\ln P_1(t) = -\lambda t + C ,$$
$$P_1(t) = e^{-\lambda t + c} = e^{-\lambda t} e^c$$

oder

$$P_1(t) = c_1 e^{-\lambda t} .$$

Die Integrationskonstante c_1 ergibt sich aus der Voraussetzung, daß Einheit A zum Zeitpunkt der Inbetriebnahme $(t = 0)$ in Ordnung ist $(P_1(0) = 1)$. Wir erhalten

$$P_1(0) = c_1 ,$$
$$c_1 = 1 .$$

Wie erwartet, ist also die Überlebenswahrscheinlichkeit von A gegeben
durch

$$P_1(t) = e^{-\lambda t} .$$

Die Wahrscheinlichkeit $P_2(t)$, daß A innerhalb des Zeitraumes t ausfällt,
ergibt sich entweder durch Integration von Gl.(4.33) oder aufgrund der Voraussetzung, daß A sich zu einem beliebigen Zeitpunkt nur in einem der beiden Zustände 1 oder 2 befinden kann $[P_1(t) + P_2(t) = 1]$, zu

$$P_2(t) = 1 - e^{-\lambda t} .$$

Allgemein ist bei derartigen Systemen von Differentialgleichungen eine
Gleichung stets von den anderen linear abhängig und kann durch die Bedingung $\Sigma P_i = 1$ ersetzt werden, da sich das System stets in genau einem
der möglichen Zustände befinden muß. Letzteres ist eine sehr wichtige Forderung bei der Definition der Zustände. Diese dürfen sich nicht überlappen
und müssen alle Möglichkeiten umfassen, damit sich ein Gleichungssystem
der beschriebenen Art aufstellen läßt.

Darstellung in Matrizenschreibweise

Ein Vorteil der Methode nach Markow liegt darin, daß sie sich - durch Anwendung der Matrizenrechnung - weitgehend schematisieren läßt.

Die Differentialgleichungen (4.32) und (4.33) bilden ein lineares System.
In Matrizenschreibweise hat dieses folgende Form:

$$\begin{pmatrix} \dfrac{dP_1}{dt} \\[2mm] \dfrac{dP_2}{dt} \end{pmatrix} = \begin{pmatrix} -\lambda & 0 \\ \lambda & 0 \end{pmatrix} \begin{pmatrix} P_1(t) \\[2mm] P_2(t) \end{pmatrix} . \qquad (4.34)$$

Läßt man die Einschränkung fallen, daß Einheit A nicht repariert werden
kann, nachdem sie ausgefallen ist, dann tritt an die Stelle der ersten Matrix
auf der rechten Seite von Gl.(4.34) der Ausdruck

$$(C) = \begin{pmatrix} -\lambda & \mu \\ \lambda & -\mu \end{pmatrix} . \qquad (4.35)$$

Dabei ist μ die Reparaturrate von A, die wir ebenfalls als konstant voraussetzen wollen. Sie bestimmt die Wahrscheinlichkeit des Übergangs von Zustand 2 zum Zustand 1.

Das Gleichungssystem für P_1 und P_2 ist dann gegeben durch

$$\frac{dP_1(t)}{dt} = -\lambda P_1(t) + \mu P_2(t) \ ,$$

$$\frac{dP_2(t)}{dt} = \lambda P_1(t) - \mu P_2(t) \ .$$

Die Ausfallrate λ und die Reparaturrate μ wollen wir unter dem übergeordneten Begriff "Übergangsraten" zusammenfassen, denn die Zustände 1 (Einheit in Ordnung) und 2 (Einheit ausgefallen) von A gehen aufgrund von λ und μ ineinander über. Dieser Sachverhalt wird veranschaulicht durch ein sog. Zustandsdiagramm (Abb. 4.11). Eine Matrix der Form von Gl. (4.35), in der sämtliche das betreffende System beschreibenden Übergangsraten auftreten, heißt daher auch "Übergangsmatrix". Zu beachten ist, daß die Summe der Elemente in jeder Spalte verschwindet.

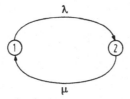

Abb. 4.11. Zustandsdiagramm einer reparierbaren Einheit.

Die bisherigen Betrachtungen lassen sich auf eine Anordnung, die N Zustände annehmen kann, erweitern. Wird der Übergang der Anordnung vom Zustand i in den Zustand k ($k \leqslant N$) durch die Übergangsrate c_{ik} charakterisiert, wobei immer $i \neq k$ sein soll, dann ist die Übergangsmatrix (C) gegeben durch

$$
(C) = \begin{pmatrix}
b_1 & c_{21} & c_{31} \cdots c_{N1} \\
c_{12} & b_2 & c_{32} \cdots c_{N2} \\
c_{13} & c_{23} & b_3 \ \cdots c_{N3} \\
\vdots & \vdots & \vdots \qquad \vdots \\
c_{1N} & c_{2N} & c_{3N} \cdots b_N
\end{pmatrix} \ . \qquad (4.36)
$$

In der ersten Spalte von Gl. (4.36) stehen in aufsteigender Zahlenfolge k alle Übergangsraten c_{1k} , die vom Zustand 1 in die Zustände k (k = 2, 3, 4, ... N) führen, in der zweiten Spalte alle Übergangsraten c_{2k} (k = 1, 3, 4, ... N), durch die sich Zustand 2 verändert, usw.

Damit bleibt nur noch die Ermittlung der Werte b_i (i = 1, 2, ... N) . Eine diesbezügliche Rechenvorschrift lautet: Der Wert b_i ergibt sich durch Addition sämtlicher Übergangsraten c_{ik} der i-ten Spalte und Multiplikation dieser Summe mit (-1) :

$$b_i = - \sum_{\substack{k=1 \\ k \neq i}}^{N} c_{ik} \ .$$

(4.37)

Das der betrachteten Anordnung entsprechende Gleichungssystem für die Wahrscheinlichkeiten P_1, P_2, ... P_N hat also in Matrizenschreibweise folgende Form:

$$
\begin{pmatrix} \dfrac{dP_1(t)}{dt} \\[2mm] \dfrac{dP_2(t)}{dt} \\ \vdots \\ \dfrac{dP_N(t)}{dt} \end{pmatrix}
=
\begin{pmatrix}
-\sum\limits_{k=2}^{N} c_{1k} & c_{21} & \cdots & c_{N1} \\
c_{12} & -\sum\limits_{\substack{k=1 \\ k\neq 2}}^{N} c_{2k} & \cdots & c_{N2} \\
\vdots & \vdots & \vdots & \vdots \\
c_{1N} & c_{2N} & \cdots & -\sum\limits_{k=1}^{N-1} c_{Nk}
\end{pmatrix}
\begin{pmatrix} P_1(t) \\[2mm] P_2(t) \\ \vdots \\ P_N(t) \end{pmatrix} .
$$

(4.38)

Wir wollen Gl. (4.38) auf den Fall der einfachen, aktiven Redundanz zweier Einheiten A, B anwenden, wobei wir die Ausfallraten λ_A, λ_B als konstant voraussetzen. Für die Einheiten A, B sei nur zugelassen, daß sie entweder in Ordnung oder ausgefallen sind; die Möglichkeit einer Reparatur von A und/oder B soll außer Betracht bleiben. Offenbar können in diesem Fall folgende vier Zustände auftreten:

Zustand 1: A in Ordnung, B in Ordnung   (A,B) ,
Zustand 2: A ausgefallen, B in Ordnung   (A̶,B) ,
Zustand 3: A in Ordnung, B ausgefallen   (A,B̶) ,
Zustand 4: A ausgefallen, B ausgefallen   (A̶,B̶) .

Zunächst erfassen wir alle Übergänge, die vom Zustand 1 ausgehen: 1 geht über in 2 , wenn A ausfällt; es ist also

$$c_{12} = \lambda_A \; .$$

Von 1 nach 3 führt der Ausfall von B :

$$c_{13} = \lambda_B \; .$$

Der unmittelbare Übergang der Anordnung von 1 nach 4 würde bedeuten, daß A und B genau gleichzeitig ausfallen. Die Wahrscheinlichkeit hierfür kann vernachlässigt werden. Wir setzen daher

$$c_{14} = 0 \; .$$

Durch ähnliche Überlegungen findet man die Übergangsraten zwischen den Zuständen 2 und 1, 3, 4 bzw. 3 und 1, 2, 4 :

$$c_{21} = 0 \qquad \text{(Reparatur von A nicht zulässig)} \; ,$$

$$c_{23} = 0 \qquad (\quad '' \qquad '' \qquad '' \quad) \; ,$$

$$c_{24} = \lambda_B \; ,$$

$$c_{31} = 0 \qquad \text{(Reparatur von B nicht zulässig)} \; ,$$

$$c_{32} = 0 \qquad (\quad '' \qquad '' \qquad '' \quad) \; ,$$

$$c_{34} = \lambda_A \; ,$$

$$c_{41} = 0 \; ,$$

$$c_{42} = 0 \; ,$$

$$c_{43} = 0 \; .$$

Abb. 4.12 stellt das zugehörige Zustandsdiagramm dar.

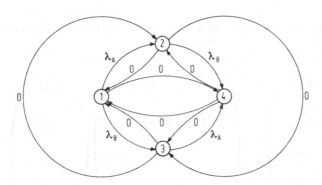

Abb. 4.12. Zustandsdiagramm für den Fall der einfachen aktiven Redundanz ohne Reparaturmöglichkeit.

Die der Form von Gl. (4.36) entsprechende Übergangsmatrix ist gegeben durch

$$
(C) = \begin{pmatrix} b_1 & 0 & 0 & 0 \\ \lambda_A & b_2 & 0 & 0 \\ \lambda_B & 0 & b_3 & 0 \\ 0 & \lambda_B & \lambda_A & b_4 \end{pmatrix}.
$$

Unter Beachtung von Gl. (4.37) erhält man:

$$
(C) = \begin{pmatrix} -(\lambda_A+\lambda_B) & 0 & 0 & 0 \\ \lambda_A & -\lambda_B & 0 & 0 \\ \lambda_B & 0 & -\lambda_A & 0 \\ 0 & \lambda_B & \lambda_A & 0 \end{pmatrix}.
$$

Das Gleichungssystem für die Wahrscheinlichkeiten P_1, P_2, P_3, P_4, daß sich die Anordnung in den Zuständen 1, 2, 3 oder 4 befindet, lautet also

$$
\begin{pmatrix} \dfrac{dP_1(t)}{dt} \\[2mm] \dfrac{dP_2(t)}{dt} \\[2mm] \dfrac{dP_3(t)}{dt} \\[2mm] \dfrac{dP_4(t)}{dt} \end{pmatrix} = \begin{pmatrix} -(\lambda_A+\lambda_B) & 0 & 0 & 0 \\ \lambda_A & -\lambda_B & 0 & 0 \\ \lambda_B & 0 & -\lambda_A & 0 \\ 0 & \lambda_B & \lambda_A & 0 \end{pmatrix} \begin{pmatrix} P_1(t) \\[2mm] P_2(t) \\[2mm] P_3(t) \\[2mm] P_4(t) \end{pmatrix}.
$$

Für den Fall gleicher Ausfallraten $\lambda_A = \lambda_B = \lambda$ geht obiges Gleichungssystem über in

$$
\begin{pmatrix} \dfrac{dP_1(t)}{dt} \\[2mm] \dfrac{dP_2(t)}{dt} \\[2mm] \dfrac{dP_3(t)}{dt} \\[2mm] \dfrac{dP_4(t)}{dt} \end{pmatrix} = \begin{pmatrix} -2\lambda & 0 & 0 & 0 \\ \lambda & -\lambda & 0 & 0 \\ \lambda & 0 & -\lambda & 0 \\ 0 & \lambda & \lambda & 0 \end{pmatrix} \begin{pmatrix} P_1(t) \\[2mm] P_2(t) \\[2mm] P_3(t) \\[2mm] P_4(t) \end{pmatrix},
$$

bzw. ausführlich geschrieben

$$\frac{dP_1(t)}{dt} = -2\lambda P_1(t) \, ,$$

$$\frac{dP_2(t)}{dt} = \lambda P_1(t) - \lambda P_2(t) \, ,$$

$$\frac{dP_3(t)}{dt} = \lambda P_1(t) - \lambda P_3(t) \, , \qquad (4.39)$$

$$\frac{dP_4(t)}{dt} = \lambda P_2(t) + \lambda P_3(t) \, .$$

Die Lösungen lauten dann (Berechnung s. Anhang 4):

$$P_1(t) = e^{-2\lambda t}$$

für die Wahrscheinlichkeit, daß A und B den Zeitraum von Null bis t überleben,

$$P_2(t) = e^{-\lambda t} - e^{-2\lambda t}$$

für die Wahrscheinlichkeit, daß A im Zeitraum von Null bis t ausfällt und
B überlebt,

$$P_3(t) = e^{-\lambda t} - e^{-2\lambda t}$$

für die Wahrscheinlichkeit, daß B im Zeitraum von Null bis t ausfällt und
A überlebt,

$$P_4(t) = 1 - (2e^{-\lambda t} - e^{-2\lambda t})$$

für die Wahrscheinlichkeit, daß A und B im Zeitraum von Null bis t ausfallen. Die Summe $P_1 + P_2 + P_3$ liefert die Wahrscheinlichkeit dafür, daß
mindestens eine Einheit den Zeitraum von Null bis t überlebt (also die Zuverlässigkeit der Anordnung), während die Summe von P_2 und P_3 die Wahrscheinlichkeit dafür angibt, daß genau eine Einheit diesen Zeitraum überlebt.

Die Laplace-Transformation

Während das im vorhergehenden Beispiel auftretende System linearer Differentialgleichungen noch relativ einfach zu lösen war, ist in komplizierten
Fällen die Auflösung eines derartigen Gleichungssystemes nach den Wahrscheinlichkeiten $P_k(t)$ (k = 1, 2 ...) mit erheblichem Rechenaufwand verbunden. Ein mathematisches Hilfsmittel, das hier oft vereinfachend wirkt,

ist die sog. Laplace-Transformation. Der Grundgedanke dieser Methode ist der, die in den Differentialgleichungen auftretenden Ausdrücke - in unserem Falle also die Wahrscheinlichkeiten $P_k(t)$ $(k = 1, 2, \ldots N)$ und deren Ableitungen - durch eine bestimmte Zuordnung so zu transformieren, daß die Differentialgleichungen in algebraische Gleichungen - d.h. Gleichungen, in denen keine Ableitungen mehr auftreten - übergehen.

Die Zuordnung, die eine derartige Transformation ermöglicht, ist gegeben durch das Integral

$$F(s) = \int_0^\infty e^{-st} f(t) \, dt \qquad (4.40)$$

mit der komplexen Transformationsvariablen s. Dabei ist $f(t)$ die Funktion, die transformiert werden soll. Man bezeichnet daher $f(t)$ auch als "Originalfunktion". $F(s)$ heißt "Bildfunktion" oder "Laplace-Transformierte" der Funktion $f(t)$.

Die Laplacetransformation einer Funktion $f(t)$ ist immer dann möglich, wenn das Integral (4.40) konvergiert. Wir wollen jedoch nicht näher darauf eingehen, da diese Voraussetzung - Konvergenz des Integrals - in der Praxis fast immer erfüllt ist. (Weitere Erläuterung in [4.1].)

Anstelle von Gl. (4.40) ist noch folgende abgekürzte Schreibweise üblich:

$$F(s) = L\{f(t)\} . \qquad (4.41)$$

Das Symbol L - Laplacescher Operator genannt - bedeutet also, daß man Vorschrift (4.40) auf die Funktion $f(t)$ anwenden soll. Wir werden von dieser Schreibweise ebenfalls Gebrauch machen. Bevor wir uns dem eigentlichen Problem - der Transformation linearer Differentialgleichungen - zuwenden, ist es notwendig, die Laplace-Transformierten einiger einfacher Funktionen zu ermitteln.

1. $f(t) = a = \text{const.}$
Durch Anwendung von Gl. (4.40) erhält man:

$$F(s) = L\{a\} = \int_0^\infty e^{-st} a \, dt = a\left(\frac{-1}{s}\right) e^{-st} \Big|_0^\infty$$

$$L\{a\} = \frac{a}{s} .$$

2. $f(t) = aP(t)$.

$$F(s) = L\{aP(t)\} = \int\limits_0^\infty e^{-st} aP(t)\, dt = a\int\limits_0^\infty e^{-st} P(t)\, dt$$

oder

$$L\{aP(t)\} = aL\{P(t)\}$$

(Bei der Laplace-Transformation bleiben also konstante Faktoren erhalten).

3. $f(t) = a_1 P_1(t) + a_2 P_2(t)$.

$$F(s) = L\{a_1 P_1(t) + a_2 P_2(t)\}$$

$$= \int\limits_0^\infty e^{-st} [a_1 P_1(t) + a_2 P_2(t)]\, dt$$

$$= a_1 \int\limits_0^\infty e^{-st} P_1(t)\, dt + a_2 \int\limits_0^\infty e^{-st} P_2(t)\, dt$$

oder

$$L\{a_1 P_1(t) + a_2 P_2(t)\} = a_1 L\{P_1(t)\} + a_2 L\{P_2(t)\} .$$

Analog zu 2. gilt allgemein:

$$L\left\{\sum_{k=1}^n a_k P_k(t)\right\} = \sum_{k=1}^n a_k L\{P_k(t)\} .$$

4. $f(t) = dP(t)/dt$.

$$F(s) = L\left\{\frac{dP(t)}{dt}\right\} = \int\limits_0^\infty e^{-st} \frac{dP(t)}{dt}\, dt .$$

Durch partielle Integration ergibt sich:

$$\int\limits_0^\infty e^{-st} \frac{dP(t)}{dt}\, dt = e^{-st} P(t)\, \Big|_0^\infty + s \int\limits_0^\infty e^{-st} P(t)\, dt$$

$$= -P(0) + s \int\limits_0^\infty e^{-st} P(t)\, dt ,$$

$$L\left\{\frac{dP(t)}{dt}\right\} = -P(0) + sL\{P(t)\} .$$

147

Mit Hilfe der Beziehungen 1 bis 4 läßt sich nun ein System linearer Differentialgleichungen in ein System algebraischer Gleichungen überführen. Dieser Sachverhalt sei am Beispiel der einfachen aktiven Redundanz mit $\lambda_A =$ $= \lambda_B = \lambda$ aufgezeigt. Das für diesen Fall gefundene Differentialgleichungssystem (4.39) geht unter Beachtung von 2, 3 und 4 über in

$$
\begin{aligned}
-P_1(0) + s\,L\{P_1\} &= -2\lambda\,L\{P_1\} \ , \\
-P_2(0) + s\,L\{P_2\} &= \lambda\,L\{P_1\} - \lambda\,L\{P_2\} \ , \\
-P_3(0) + s\,L\{P_3\} &= \lambda\,L\{P_1\} - \lambda\,L\{P_3\} \ , \\
-P_4(0) + s\,L\{P_4\} &= \lambda\,L\{P_2\} + \lambda\,L\{P_3\} \ .
\end{aligned}
\tag{4.42}
$$

Dieses lineare, algebraische Gleichungssystem für die Laplace-Transformierten läßt sich leicht nach $L\{P_1\}, \dots L\{P_4\}$ auflösen. Auf der linken Seite von Gl.(4.42) stehen schon die vorgegebenen Wahrscheinlichkeiten $P_1(0)$ bis $P_4(0)$ für die Zustände 1 bis 4 der Anordnung zur Zeit $t = 0$. In den beiden ersten Beispielen dieses Abschnitts hatten wir diese Anfangsbedingungen benutzt, um die Integrationskonstanten c_1 bis c_4 zu bestimmen; diese Arbeit entfällt nun.

Schreibt man Gl.(4.42) so, daß die Anfangsbedingungen $P_1(0)$ bis $P_4(0)$ für sich stehen, dann ergibt sich:

$$
\begin{aligned}
P_1(0) &= (s+2\lambda)\,L\{P_1\} \ , \\
P_2(0) &= -\lambda\,L\{P_1\} + (s+\lambda)\,L\{P_2\} \ , \\
P_3(0) &= -\lambda\,L\{P_1\} + (s+\lambda)\,L\{P_3\} \ , \\
P_4(0) &= -\lambda\,L\{P_2\} - \lambda\,L\{P_3\} + s\,L\{P_4\}
\end{aligned}
$$

bzw.

$$
\begin{pmatrix} P_1(0) \\ P_2(0) \\ P_3(0) \\ P_4(0) \end{pmatrix}
=
\begin{pmatrix}
(s+2\lambda) & 0 & 0 & 0 \\
-\lambda & (s+\lambda) & 0 & 0 \\
-\lambda & 0 & (s+\lambda) & 0 \\
0 & -\lambda & -\lambda & s
\end{pmatrix}
\begin{pmatrix} L\{P_1\} \\ L\{P_2\} \\ L\{P_3\} \\ L\{P_4\} \end{pmatrix} .
$$

Wir wollen einmal die Koeffizientenmatrix obigen Systems mit der ursprünglichen Übergangsmatrix vergleichen. Offenbar bestehen zwischen beiden Matrizen folgende Zusammenhänge:

1. Bei der Laplace-Transformation ändern sämtliche Koeffizienten ihr Vorzeichen.

2. Zu den in der Diagonale (von links oben nach rechts unten) stehenden Koeffizienten wird außerdem der Parameter s addiert.

Wie sich leicht nachprüfen läßt, gilt diese Regel ganz allgemein. Man braucht also gar nicht erst das Differentialgleichungssystem nach der Art von Gl. (4.39) anzuschreiben, sondern kann sofort das (algebraische) Gleichungssystem für die Laplace-Transformierten $L\{P_1\}$, $L\{P_2\}$, ... $L\{P_n\}$ bilden. Mit den Anfangsbedingungen $P_1(0) = 1$, $P_2(0) = P_3(0) = P_4(0) = 0$ hat das transformierte System die Lösungen

$$L\{P_1\} = \frac{1}{s+2\lambda} \ ,$$

$$L\{P_2\} = L\{P_3\} = \frac{\lambda}{(s+\lambda)(s+2\lambda)} \ ,$$

$$L\{P_4\} = \frac{2\lambda^2}{s(s+\lambda)(s+2\lambda)} \ .$$

(In diesem Fall läßt sich das Gleichungssystem leicht auflösen, indem man aus der 1.Gleichung von Gl. (4.42) zunächst $L\{P_1\}$ ermittelt und dann diesen Ausdruck in die 2.Gleichung einsetzt, usw. Manchmal ist es jedoch zweckmäßiger, die Cramersche Regel zu benutzen s. [4.2]).

Nun würden uns die Ausdrücke für die Laplace-Transformierten $L\{P_k\}$ (k = 1, 2 ... N) wenig nützen, wenn es nicht gelänge, ihre Rücktransformation in die Originalfunktion vorzunehmen. Für die Rücktransformation existieren jedoch umfangreiche Tabellenwerke mit Bildfunktion F(s) und zugehöriger Originalfunktion f(t) [4.1]. Im Anhang 4 sind einige Grundtypen von Transformationspaaren angegeben. Wir können sie auf unser Beispiel anwenden, wenn wir zuvor geeignete Substitutionen vornehmen. So ergibt sich z.B. die Originalfunktion zu $L\{P_1\}$ mit Hilfe des Transformationspaares 5 und mit $2\lambda = a$ zu

$$P_1(t) = e^{-2\lambda t} \ .$$

Zur Ermittlung von $P_2(t)$, $P_3(t)$ und $P_4(t)$ sind zunächst Partialbruchzerlegungen der Bildfunktionen notwendig (s. Anhang 4). Dabei ergibt sich

$$\frac{\lambda}{(s+\lambda)(s+2\lambda)} = \frac{1}{s+\lambda} - \frac{1}{s+2\lambda} \, ,$$

$$\frac{2\lambda^2}{s(s+\lambda)(s+2\lambda)} = \frac{1}{s} - \frac{2}{s+\lambda} + \frac{1}{s+2\lambda} \, .$$

Die Summanden können nun mit Hilfe der Transformationstabelle einzeln rücktransformiert werden, und wir erhalten

$$P_2(t) = P_3(t) = e^{-\lambda t} - e^{-2\lambda t} \, ,$$

$$P_4(t) = 1 - 2e^{-\lambda t} + e^{-2\lambda t}$$

$$= 1 - [P_1(t) + P_2(t) + P_3(t)] \, .$$

Zusammenfassend wollen wir die bei Anwendung der Markow-Methode notwendigen Schritte nochmals angeben:

1. Aufstellung aller in Frage kommenden Zustände der betrachteten Anordnung.

2. Erfassung aller Übergänge zwischen diesen Zuständen einschließlich der zugehörigen Übergangsraten C_{ik}.

3. Aufstellung des linearen Gleichungssystems für die Laplace-Transformierten $L\{P_k\}$ (k = 1, 2, ... N).

4. Ermittlung der Laplace-Transformierten $L\{P_k\}$.

5. Rücktransformation der Laplace-Transformierten $L\{P_k\}$ auf die Wahrscheinlichkeiten P_k .

Statt der Verwendung der Laplace-Transformation bieten sich noch weitere Verfahren an (vgl. Richtlinie VDI 4008, Blatt 3).

Weitere Beispiele

Die Brauchbarkeit der Markow-Methode soll noch an zwei weiteren Beispielen aufgezeigt werden.

Beispiel 1. Wir betrachten nochmals die einfache passive Redundanz gemäß Abb. 4.7 im Abschn. 4.4. Wir wollen wieder annehmen, daß Einheit B erst nach ihrer Inbetriebnahme ausfallen kann und der Schalter S eine Zuverlässigkeit von 100 % besitzt. Die Möglichkeit einer Reparatur soll nicht in Betracht gezogen werden. Dabei wird sich zeigen, daß wir jetzt die Aufgabe wesentlich leichter lösen können als mit dem in Abschn. 4.4 angewendeten Verfahren.

Unter den genannten Voraussetzungen kann die Anordnung drei Zustände annehmen:

Zustand 1: A (und B) in Ordnung, A arbeitet, B ist abgeschaltet,

Zustand 2: A ausgefallen, B arbeitet,

Zustand 3: A und B und damit die Anordnung ausgefallen.

Von Zustand 1 geht die Anordnung in Zustand 2 über mit der Ausfallrate λ_A, von 2 nach 3 mit λ_B (s.Abb.4.13). Andere Übergänge existieren nicht.

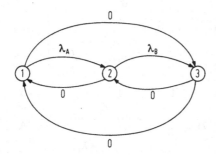

Abb.4.13. Zustandsdiagramm für den Fall der stand-by-Redundanz ohne Reparaturmöglichkeit.

Die Übergangsmatrix lautet also

$$
\begin{pmatrix} b_1 & c_{21} & c_{31} \\ c_{12} & b_2 & c_{32} \\ c_{13} & c_{23} & b_2 \end{pmatrix} = \begin{pmatrix} -\lambda_A & 0 & 0 \\ \lambda_A & -\lambda_B & 0 \\ 0 & \lambda_B & 0 \end{pmatrix} \ .
$$

Das Gleichungssystem für die Laplace-Transformierten ist gegeben durch

$$
\begin{pmatrix} P_1(0) \\ P_2(0) \\ P_3(0) \end{pmatrix} = \begin{pmatrix} s + \lambda_A & 0 & 0 \\ -\lambda_A & s + \lambda_B & 0 \\ 0 & -\lambda_B & s \end{pmatrix} \begin{pmatrix} L\{P_1\} \\ L\{P_2\} \\ L\{P_3\} \end{pmatrix}
$$

mit den Anfangsbedingungen $P_1(0) = 1$ (Wahrscheinlichkeit, daß zur Zeit $t = 0$ A und B in Ordnung sind), $P_2(0) = 0$ (Wahrscheinlichkeit, daß zur Zeit $t = 0$ A ausgefallen ist), $P_3(0) = 0$ (Wahrscheinlichkeit, daß zur Zeit $t = 0$ A und B ausgefallen sind).

Interessiert uns nur die Ausfallwahrscheinlichkeit $P_3(t)$ der Anordnung bis zur Zeit t , dann genügt es, die Bildfunktion $L\{P_3\}$ zu ermitteln, welche gegeben ist durch

$$L\{P_3\} = \frac{\Delta_3}{\Delta} \; .$$

Dabei ist Δ die Determinante der Koeffizientenmatrix des transformierten Gleichungssystems und Δ_3 die Unterdeterminante, die dadurch entsteht, daß man die Werte der 3.Spalte von Δ durch die Anfangsbedingungen $P_1(0)$, $P_2(0)$ $P_3(0)$ ersetzt. Im vorliegenden Fall ist

$$\Delta = \begin{vmatrix} s+\lambda_A & 0 & 0 \\ -\lambda_A & s+\lambda_B & 0 \\ 0 & -\lambda_B & s \end{vmatrix} = - \begin{vmatrix} 0 & 0 & s+\lambda_A \\ 0 & s+\lambda_B & -\lambda_A \\ s & -\lambda_B & 0 \end{vmatrix} = s(s+\lambda_A)(s+\lambda_B) \; ,$$

$$\Delta_3 = \begin{vmatrix} s+\lambda_A & 0 & 1 \\ -\lambda_A & s+\lambda_B & 0 \\ 0 & -\lambda_B & 0 \end{vmatrix} = - \begin{vmatrix} 1 & 0 & s+\lambda_A \\ 0 & s+\lambda_B & -\lambda_A \\ 0 & -\lambda_B & 0 \end{vmatrix} = \lambda_A \lambda_B \; .$$

Als Bildfunktion $L\{P_3\}$ von $P_3(t)$ ergibt sich also

$$L\{P_3\} = \frac{\Delta_3}{\Delta} = \frac{\lambda_A \lambda_B}{s(s+\lambda_A)(s+\lambda_B)} = \frac{1}{s} + \frac{\lambda_B}{\lambda_A - \lambda_B} \frac{1}{s+\lambda_A} + \frac{\lambda_A}{\lambda_B - \lambda_A} \frac{1}{s+\lambda_B} \; .$$

Mit Hilfe der Formeln 1 und 5 der Tabelle im Anhang 4 erhalten wir für die Ausfallwahrscheinlichkeit der Anordnung im Zeitintervall von 0 bis t :

$$P_3(t) = 1 + \frac{\lambda_B}{\lambda_A - \lambda_B} \exp(-\lambda_A t) + \frac{\lambda_A}{\lambda_B - \lambda_A} \exp(-\lambda_B t) \; .$$

Für ihre Zuverlässigkeit $R(t)$ ergibt sich

$$R(t) = 1 - P_3(t) = \frac{1}{\lambda_B - \lambda_A} [\lambda_B \exp(-\lambda_A t) - \lambda_A \exp(-\lambda_B t)] \; .$$

und damit das gleiche Ergebnis, das bereits in Abschn. 4.4 auf kompliziertere Weise ermittelt wurde.

Beispiel 2. Ein Gerät mit konstanter Ausfallrate λ wird kontinuierlich betrieben. Bei Ausfall wird es wieder instandgesetzt. Die Wahrscheinlichkeit, daß das Gerät t Stunden nach seinem Ausfall wieder betriebsbereit ist, sei gegeben durch

$$M(t) = 1 - e^{-\mu t} .$$

Dabei bedeutet μ die Reparaturrate, $1/\mu$ die mittlere Zeit bis zur Instandsetzung (englisch auch MTTR = Mean Time To Repair), M(t) die Wartbarkeit (englisch Maintainability) des Gerätes (Näheres s.Kap. 6). Es soll die Wahrscheinlichkeit $P_1(t)$ berechnet werden, daß das Gerät zum Zeitpunkt t arbeitet.

Wir unterscheiden Zustand 1: Gerät in Ordnung, arbeitet, und Zustand 2: Gerät ausgefallen, wird repariert. Vom Zustand 1 geht das Gerät mit der Ausfallrate λ in den Zustand 2 über, von 2 nach 1 mit der Reparaturrate μ (s. auch Abb. 4.10). Die Übergangsmatrix lautet also

$$\begin{pmatrix} d_1 & c_{21} \\ c_{12} & d_2 \end{pmatrix} = \begin{pmatrix} -\lambda & \mu \\ \lambda & -\mu \end{pmatrix} .$$

Das Gleichungssystem für die Laplace-Transformierten ist

$$\begin{pmatrix} P_1(0) \\ P_2(0) \end{pmatrix} = \begin{pmatrix} s+\lambda & -\mu \\ -\lambda & s+\mu \end{pmatrix} \begin{pmatrix} L\{P_1\} \\ L\{P_2\} \end{pmatrix} .$$

Zum Zeitpunkt t = 0 möge das Gerät mit der Wahrscheinlichkeit α in Ordnung sein. Wir setzen also

$$P_1(0) = \alpha ,$$
$$P_2(0) = 1 - \alpha .$$

(Anmerkung: Die Wahrscheinlichkeit α entspricht dem Zustand zur Zeit t = 0 und braucht deshalb nicht gleich 1 zu sein.)

Für die Laplace-Transformierte $L\{P_1\}$ der Wahrscheinlichkeit $P_1(t)$ gilt:

$$L\{P_1\} = \frac{\Delta_1}{\Delta}$$

mit

$$\Delta = \begin{vmatrix} s+\lambda & -\mu \\ -\lambda & s+\mu \end{vmatrix} = (s+\lambda)(s+\mu) - \mu\lambda = s(s+\mu+\lambda) \; ,$$

$$\Delta_1 = \begin{vmatrix} \alpha & -\mu \\ 1-\alpha & s+\mu \end{vmatrix} = \alpha(s+\mu) + (1-\alpha)\mu = \alpha s+\mu \; .$$

Damit erhalten wir

$$L\{P_1\} = \frac{\Delta_1}{\Delta} = \frac{\alpha s+\mu}{s(s+\mu+\lambda)} = \frac{\mu}{\mu+\lambda}\frac{1}{s} + (\alpha - \frac{\mu}{\mu+\lambda})\frac{1}{s+\mu+\lambda} \; .$$

Die Rücktransformation ergibt

$$P_1(t) = \frac{\mu}{\mu+\lambda} + (\alpha - \frac{\mu}{\mu+\lambda})\, e^{-(\mu+\lambda)t} \; .$$

Mißt man die Zeit t in Vielfachen der mittleren Zeit $1/\mu$ bis zur Instandsetzung, setzt also

$$\frac{t}{1/\mu} = t_N \qquad (t_N = \text{normierte Zeit}) \; ,$$

dann wird

$$P_1(t) = \frac{\mu}{\mu+\lambda} + (\alpha - \frac{\mu}{\mu+\lambda})\, e^{-[(\mu+\lambda)/\mu]t_N}$$

bzw. mit $\mu/(\mu+\lambda) = k$

$$P_1(t) = k + (\alpha-k)\exp(-t_N/k) \; .$$

$P_1(t)$ ist die Wahrscheinlichkeit, daß sich die Anordnung zu einem beliebigen Zeitpunkt t , zu dem sie benötigt wird, in funktionsfähigem Zustand befindet. So lautet aber die Definition der Verfügbarkeit, und wir setzen daher

$$P_1(t) = V(t) \; .$$

Läßt man t gegen ∞ gehen, dann verschwindet in den Gleichungen für $P_1(t)$ der 2.Summand, und wir erhalten

$$\lim_{t \to \infty} V(t) = \frac{\mu}{\mu+\lambda} = k$$

oder, da

$$\mu = 1/\text{MTTR} \; , \quad \lambda = 1/\text{MTBF}$$

$$\lim_{t \to \infty} V(t) = \frac{\text{MTBF}}{\text{MTBF} + \text{MTTR}} \; .$$

Diese Angabe

$$\text{Verfügbarkeit} = \frac{\text{Mittlere Zeit bis zum Ausfall}}{\begin{matrix}\text{Mittlere Zeit} \\ \text{bis zum Ausfall}\end{matrix} + \begin{matrix}\text{Mittlere Zeit} \\ \text{bis zur Instandsetzung}\end{matrix}}$$

findet man häufig in der Literatur, und es ist ersichtlich, daß sie unter den Einschränkungen konstanter Ausfall- und Reparaturraten, Gleichgewichtszustand (t hinreichend groß) sowie nur zweier Zustände (in Ordnung - ausgefallen) gilt.

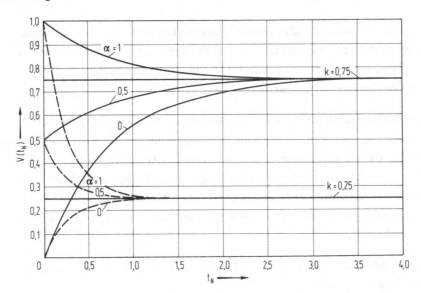

Abb. 4. 14. Einschwingen der Verfügbarkeit auf stationäre Werte k bei verschiedenen Anfangsbedingungen α.

Abb. 4.14 zeigt, wie sich $V(t)$ dem Endwert $k = \mu/(\mu+\lambda)$ nähert. Es sind dargestellt die Kurven $V(t_N) = k + (\alpha - k) \exp(-t_N/k)$ für

1. $\alpha = 1$, $k = 0,75$,	4. $\alpha = 1$, $k = 0,25$,
2. $\alpha = 0,5$, $k = 0,75$,	5. $\alpha = 0,5$, $k = 0,25$,
3. $\alpha = 0$, $k = 0,75$,	6. $\alpha = 0$, $k = 0,25$.

Je kleiner das Verhältnis $k = \mu/(\mu+\lambda)$ ist, desto eher wird der (neue) Gleichgewichtszustand erreicht.

Auch in anderen Fällen liefert der Grenzübergang $t \to \infty$ das asymptotische Verhalten eines Systems, das nach langen Zeiten angenähert erreicht wird. Es gibt aber auch die folgende einfachere Lösung:

Alle P_i werden für $t \to \infty$ konstant. Somit verschwinden die P_i' in Gl. (4.38) und es verbleibt ein lineares algebraisches Gleichungssystem für die P_i, das nach bekannten Methoden gelöst werden kann, wobei eine Gleichung durch $\Sigma P_i = 1$ ersetzt werden muß.

4.9. Fehlerbaumanalysen

Fehlerbäume stellen ebenfalls eine graphische Darstellung der Bedingungen für den Ausfall (oder auch Erfolg) eines Systems dar. Sie entsprechen in dieser Hinsicht den Logikdiagrammen, wobei aber noch einige zusätzliche Möglichkeiten bestehen. Näheres vgl. [4.3].

Ein systematischer Unterschied zwischen den beiden Verfahren besteht darin, daß man bei der Aufstellung von Fehlerbäumen vom Systemausfall ausgeht und die Bedingungen hierfür schrittweise weiter detailliert (deduktive Methode), während man bei der Erstellung von Logikdiagrammen gewöhnlich von Komponentenausfällen ausgeht und ihre Auswirkung auf das System untersucht (induktive Methode). Die Ergebnisse müssen natürlich äquivalent sein.

Bei der graphischen Darstellung der Ergebnisse der beiden Verfahren gelten folgende Analogien:

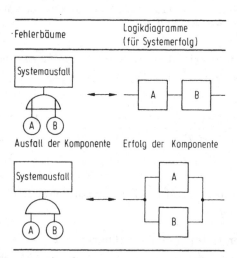

Abb. 4.15. Analogien Fehlerbäume – Logikdiagramme.

Bei Fehlerbäumen existieren noch einige zusätzliche Symbole, die bei Logikdiagrammen nicht einfach darstellbar sind, z.B. für Ausfälle von Schaltern, Bedingungen mit zeitlich konstanter Wahrscheinlichkeit u.ä.

Weiterhin werden hier durch Kästchen mit Texten Zwischenschritte und damit die gesamte logische Deduktion der Ereignisse für Ausfall oder Erfolg im Bild dargestellt, während ein Logikdiagramm nur das Endergebnis bringt. Aus diesem Grund wie auch infolge der graphischen Darstellung der Verknüpfungen sind Fehlerbäume weniger abstrahiert, anschaulicher, aber auch komplizierter und unübersichtlicher als äquivalente Logikdiagramme.

Ob Fehlerbäume oder Logikdiagramme verwendet werden, ist weitgehend durch historische Gewohnheit bedingt:

System	Darstellungsweise
Flugzeugsysteme	Logikdiagramme
Kernreaktoren (und allgemein Sicherheitsanalysen)	Fehlerbäume

Zur Auswertung von Fehlerbäumen existieren Verfahren von Hand oder mit Computern, die denen für Logikdiagramme im wesentlichen äquivalent sind.

4.10. Computerprogramme

Zur Berechnung der Zuverlässigkeit eines komplexen Systems aus den Zuverlässigkeitswerten der Komponenten existieren zahlreiche Computerprogramme.

Es werden im Grunde zwei unterschiedliche Methoden verwendet:

1. Man berechnet die Systemzuverlässigkeit analytisch mit Hilfe von Formeln, wie sie in diesem Buch gebracht worden sind, oder mit ähnlichen gleichwertigen.

2. Man berechnet die Systemzuverlässigkeit durch wiederholte Simulation von Betriebsperioden oder Ausfallabständen. Hierbei werden Ausfälle von Komponenten mit Hilfe eines Zufallsgenerators simuliert und ihre Auswirkung auf das System untersucht. Durch häufige Wiederholung dieses Vorgangs kann eine Statistik über die Systemausfälle erstellt werden, die Schätzwerte und/oder Vertrauensbereiche für die Systemzuverlässigkeit liefert.

Die vorhandenen Programme sind teilweise relativ einfach (die betrachtete
Mission besteht nur aus einer einzigen Phase mit konstanten Ausfallraten
und einer einzigen Logikgleichung), teils lassen sie kompliziertere Rechnungen zu (die Mission kann aus verschiedenen Phasen mit unterschiedlichen Ausfallraten und Logikgleichungen bestehen; es können die kritischen
Komponenten ermittelt werden; es können Effekte wie vorzeitige Umkehr
oder Änderung des Missionsprofils nach Ausfällen berücksichtigt werden).
Kritisch ist meist die Berücksichtigung kalter Redundanz, die nur bei Si-
mulations- oder Markow-Programmen einfach möglich ist.

Bewertung der Methoden:

Analytische Verfahren. Falls anwendbar, benötigen sie kurze Rechenzei-
ten und liefern im Rahmen der Rechengenauigkeit und der eventuell verwendeten Näherungen exakte Ergebnisse; jedoch ist das Spektrum der exakt lösbaren Probleme kleiner. Die Größe der verarbeitbaren Systeme
ist beschränkt.

Simulationsverfahren. In der Theorie (und bei der Programmierung) sind
diese Verfahren einfacher. Die Berücksichtigung beliebiger Effekte ist
möglich. Sie sind für beliebig große Systeme anwendbar. Die Genauigkeit
hängt von der Zahl der Simulationsläufe ab. Die Berechnung hochzuverlässiger Systeme ist ohne analytische Zusatzrechnungen (varianzreduzie-
rende Methoden) wegen der zu hohen Zahl der nötigen Läufe unmöglich.

Allgemeine Beurteilung.

Es hat sich gezeigt, daß die Fähigkeiten der Programme - z.B. bezüglich
der maximal verarbeitbaren Logikdiagramme - oft nicht sehr wesentlich
über das hinausgehen, was ein geschickter Bearbeiter manuell mit Hilfe
eines Tischrechners zumindest in Form von Näherungslösungen leisten
kann. Andererseits kann auch bei Verwendung von Computern nicht auf
einen geschickten Bearbeiter verzichtet werden, da auch hier eine Aufbereitung der Probleme nötig ist, bevor sie in den Computer eingegeben werden können. Die Verwendung von Computerprogrammen ist deshalb vor allem dann sinnvoll, wenn dasselbe Problem öfters mit veränderten Ausfallraten oder Missionszeiten o.ä. gerechnet werden soll, wenn Systeme äus-
serst komplex sind, unterschiedliche Missionsphasen vorkommen oder Reparaturen während des Betriebs stattfinden.

Es ist günstig, wenn nicht feste Programme, sondern Programmfamilien vorliegen, aus denen die jeweils nötigen Teile bei jedem Problem individuell herausgesucht werden. Hierdurch wird unnötiger Leerlauf vermieden und der Computer bezüglich Speicherbedarf und Rechenzeit optimal ausgenutzt. Weiterhin sollten geeignete Näherungsmethoden verwendet werden. Daneben gibt es auch Programme, die z.B. die Auswertung von MIL-HDBK 217 [1.11] und somit Zuverlässigkeitsanalysen von Geräten durch Ermittlung der Bauelementeausfallraten erleichtern sollen.

Anhang 4. Mathematische Ergänzungen

Zu Abschn. 4.2

Die mittlere Lebensdauer τ von n logisch parallel angeordneten Einheiten mit unterschiedlichen Ausfallraten λ_1, λ_2, ... λ_n ergibt sich zu:

$$\tau = \sum_{\substack{i=1}}^{n} \frac{1}{\lambda_i} - \sum_{\substack{i,k=1 \\ i<k}}^{n} \frac{1}{\lambda_i+\lambda_k} + \sum_{\substack{i,k,l=1 \\ i<k<l}}^{n} \frac{1}{\lambda_i+\lambda_k+\lambda_l} - + \dots + (-1)^{n+1} \frac{1}{\sum\limits_{i=1}^{n} \lambda_i}$$

Ausführlich geschrieben:

$$\tau = \frac{1}{\lambda_1} + \frac{1}{\lambda_2} + \dots + \frac{1}{\lambda_n}$$

$$-\frac{1}{\lambda_1+\lambda_2} - \frac{1}{\lambda_1+\lambda_3} - \dots - \frac{1}{\lambda_1+\lambda_n} - \frac{1}{\lambda_2+\lambda_3} - \dots - \frac{1}{\lambda_2+\lambda_n} - \dots - \frac{1}{\lambda_{n-1}+\lambda_n}$$

$$+\frac{1}{\lambda_1+\lambda_2+\lambda_3} + \frac{1}{\lambda_1+\lambda_2+\lambda_4} + \dots + \frac{1}{\lambda_{n-2}+\lambda_{n-1}+\lambda_n}$$

$$\vdots$$

$$+ (-1)^{n+1} \frac{1}{\lambda_1+\lambda_2+\dots+\lambda_n} .$$

Zu Abschn. 4.4

1. Berechnung des Faltungsintegrals Gl. (4.11).

a) $\lambda_A \neq \lambda_B$:

$$\lambda_A \int_0^t \exp(-\lambda_A t_1) \exp[-\lambda_B(t-t_1)]dt_1 = \lambda_A \exp(-\lambda_B t) \int_0^t \exp[-t_1(\lambda_A-\lambda_B)] dt_1$$

$$= \lambda_A \exp(-\lambda_B t)\left[-\frac{1}{\lambda_A-\lambda_B}\exp(-t_1[\lambda_A-\lambda_B])\right)\Big|_0^t\,\right]$$

$$= \lambda_A \exp(-\lambda_B t)\left[-\frac{1}{\lambda_A-\lambda_B}\exp(-t[\lambda_A-\lambda_B]) + \frac{1}{\lambda_A-\lambda_B}\right]$$

$$= -\frac{\lambda_A}{\lambda_A-\lambda_B}\exp(-\lambda_A t) + \frac{\lambda_A}{\lambda_A-\lambda_B}\exp(-\lambda_B t)$$

$$= \frac{\lambda_A}{\lambda_A-\lambda_B}[\exp(-\lambda_B t) - \exp(-\lambda_A t)]\ .$$

b) $\lambda_A = \lambda_B = \lambda$:

$$\int_0^t \lambda\exp(-\lambda t_1)\exp[-\lambda(t-t_1)]dt_1 = \int_0^t \lambda\,e^{-\lambda t}\,dt_1$$

$$= \lambda\,e^{-\lambda t}\int_0^t dt_1$$

$$= \lambda\,e^{-\lambda t}\,t\ .$$

2. Berechnung der mittleren Lebensdauer einer einfach passiv redundanten Anordnung.

Für die mittlere Lebensdauer gilt allgemein

$$\tau = \int_0^\infty R(t)\,dt\ .$$

Durch Einsetzen von Gl.(4.13a) folgt

$$\tau = \int_0^\infty \left[\exp(-\lambda_A t) + \frac{\lambda_A}{\lambda_A-\lambda_B}[\exp(-\lambda_B t) - \exp(-\lambda_A t)]\right]dt$$

$$= \int_0^\infty \exp(-\lambda_A t)\,dt + \frac{\lambda_A}{\lambda_A-\lambda_B}\int_0^\infty \exp(-\lambda_B t)\,dt - \frac{\lambda_A}{\lambda_A-\lambda_B}\int_0^\infty \exp(-\lambda_A t)\,dt$$

$$= -\frac{1}{\lambda_A}\exp(-\lambda_A t)\Big|_0^\infty - \frac{\lambda_A}{\lambda_B(\lambda_A-\lambda_B)}\exp(-\lambda_B t)\Big|_0^\infty + \frac{1}{\lambda_A-\lambda_B}\exp(-\lambda_A t)\Big|_0^\infty$$

$$= \frac{1}{\lambda_A} + \frac{\lambda_A-\lambda_B}{\lambda_B(\lambda_A-\lambda_B)}$$

$$= \frac{1}{\lambda_A} + \frac{1}{\lambda_B}\ .$$

Für $\lambda_A = \lambda_B = \lambda$ wird

$$\tau = \frac{1}{\lambda} + \frac{1}{\lambda} = \frac{2}{\lambda}$$

3. Berechnung des Faltungsintegrals Gl.(4.14).

$$\lambda_A \int_0^t \exp(-\lambda_A t_1) \exp(-[\lambda'_B t_1 + \lambda_B(t-t_1)]) \, dt_1$$

$$= \lambda_A \exp(-\lambda_B t) \int_0^t \exp(-\lambda_A t_1 - \lambda'_B t_1 + \lambda_B t_1) \, dt_1$$

$$= \lambda_A \exp(-\lambda_B t) \int_0^t \exp[-(\lambda_A + \lambda'_B - \lambda_B) t_1] \, dt_1$$

$$= -\frac{\lambda_A \exp(-\lambda_B t)}{\lambda_A + \lambda'_B - \lambda_B} \exp[-(\lambda_A + \lambda'_B - \lambda_B) t_1] \Big|_0^t$$

$$= \frac{\lambda_A \exp(-\lambda_B t)}{\lambda_A + \lambda'_B - \lambda_B} \left[1 - \exp(-[\lambda_A + \lambda'_B - \lambda_B] t) \right]$$

$$= \frac{\lambda_A}{\lambda_A + \lambda'_B - \lambda_B} \left[\exp(-\lambda_B t) - \exp(-[\lambda_A + \lambda'_B] t) \right] .$$

Zu Abschn. 4.8

1. Berechnung der Wahrscheinlichkeit $P_{12}(\Delta t)$, daß Einheit A im Zeitintervall zwischen t und $t + \Delta t$ ausfällt, unter der Voraussetzung, daß sie zur Zeit t in Ordnung war.

X sei das Ereignis des Überlebens von A bis zum Zeitpunkt t , Y das Ereignis des Überlebens von A im Zeitraum von t bis $t + \Delta t$, $\overline{Y}$ das zu Y komplementäre Ereignis $[W(Y \cup \overline{Y}) = 1]$ und $W(X), W(Y), W(\overline{Y})$ die diesen Ereignissen entsprechenden Wahrscheinlichkeiten. Dann gilt nach Gl.(2.4) für die bedingte Wahrscheinlichkeit

$$P_{12}(\Delta t) = W_x(\overline{Y}) = \frac{W(X \cap \overline{Y})}{W(X)} .$$

Die Ereignisse X und $\overline{Y}$ sind nicht voneinander unabhängig, denn Einheit A kann nur dann zwischen t und $t + \Delta t$ ausfallen, wenn sie bis t überlebt hat.

[Für die Wahrscheinlichkeit $W(X \cap \overline{Y})$, daß A bis t in Ordnung ist und danach zwischen t und $t + \Delta t$ ausfällt, gilt also nicht: $W(X \cap \overline{Y}) = W(X) W(\overline{Y})$].

Das Ereignis X (Überleben bis zum Zeitpunkt t) tritt entweder mit Y oder $\overline{Y}$ gemeinsam auf; die Ereignisse $(X \cap Y)$ und $(X \cap \overline{Y})$ schließen einander aus. Nach Gl. (2.8) gilt daher:

$$W[(X \cap Y) \cup (X \cap \overline{Y})] = W(X \cap Y) + W(X \cap \overline{Y}) .$$

Wegen

$$W[(X \cap Y) \cup (X \cap \overline{Y})] = W[X \cap (Y \cup \overline{Y})] = W(X)$$

folgt

$$W(X) = W(X \cap Y) + W(X \cap \overline{Y}) .$$

Das Ereignis X ist im Ereignis Y "enthalten", d.h. es ist eine Teilmenge von Y , denn Überleben der Einheit A bis $t + \Delta t$ bedingt Überleben bis t . Also gilt

$$W(X \cap Y) = W(Y)$$

und

$$W(X \cap \overline{Y}) = W(X) - W(Y) ;$$

eingesetzt

$$P_{12}(\Delta t) = \frac{W(X) - W(Y)}{W(X)} .$$

Nach Definition bedeuten aber die Wahrscheinlichkeiten $W(X)$ bzw. $W(Y)$ nichts anderes als die Zuverlässigkeit der Einheit A , bezogen auf die Zeitintervalle von 0 bis t bzw. von t bis $t + \Delta t$. Wir können also schreiben

$$P_{12}(\Delta t) = \frac{R(t) - R(t + \Delta t)}{R(t)} .$$

Reihenentwicklung der Zuverlässigkeitsfunktion $R(t + \Delta t)$ liefert

$$R(t + \Delta t) = R(t) + \frac{dR(t)}{dt} \frac{\Delta t}{1!} + \frac{d^2 R(t)}{dt^2} \frac{(\Delta t)^2}{2!} + \cdots ,$$

und wir erhalten

$$P_{12}(\Delta t) = -\frac{1}{R(t)} \frac{dR(t)}{dt} \Delta t - \left[\frac{1}{R(t)} \frac{d^2 R(t)}{dt^2} \frac{(\Delta t)^2}{2!} + \cdots \right] .$$

Der in den eckigen Klammern auftretende Ausdruck enthält nur noch Glieder, in denen Δt in höherer Potenz auftritt, und es ergibt sich

$$P_{12}(\Delta t) = \lambda \Delta t + 0(\Delta t) .$$

162

2. Berechnung der Wahrscheinlichkeiten der Zustände einer aktiv redundanten Anordnung.

Aus der ersten Gleichung von (4.39) folgt durch Integration

$$P_1(t) = c_1 e^{-2\lambda t} \ .$$

Mit $P_1(0) = 1$ wird $c_1 = 1$ und somit

$$P_1(t) = e^{-2\lambda t} \ .$$

Bei der zweiten Gleichung von (4.39) handelt es sich um eine inhomogene lineare Differentialgleichung. Die ihr entsprechende homogene Differentialgleichung lautet

$$\frac{dP_2}{dt} + \lambda P_2 = 0 \ .$$

Die allgemeine Lösung einer linearen inhomogenen Differentialgleichung ist gleich der Summe aus der allgemeinen Lösung der entsprechenden homogenen Differentialgleichung und irgendeiner "partikulären" Lösung der inhomogenen Differentialgleichung.

Zur Gewinnung einer partikulären Lösung machen wir den Ansatz

$$\tilde{P}_2 = a\, e^{-2\lambda t}$$

und erhalten durch Einsetzen in die zweite Gleichung von (4.39)

$$-2\lambda a\, e^{-2\lambda t} + \lambda a\, e^{-2\lambda t} = \lambda e^{-2\lambda t} \ ,$$
$$-\lambda a = \lambda \ ,$$
$$a = -1 \ ,$$
$$\tilde{P}_2 = -e^{-2\lambda t} \ .$$

Die allgemeine Lösung der homogenen Differentialgleichung lautet

$$P_2^* = c_2 e^{-\lambda t} \ ,$$

Damit wird

$$P_2 = P_2^* + \tilde{P}_2 = c_2 e^{-\lambda t} - e^{-2\lambda t} \ .$$

Mit $P_2(0) = 0$ ergibt sich $c_2 = 1$, und wir erhalten

$$P_2(t) = e^{-\lambda t} - e^{-2\lambda t} \ .$$

Aus der dritten Gleichung in (4.39) folgt ganz analog

$$P_3(t) = e^{-\lambda t} - e^{-2\lambda t} \ ,$$

also gilt

$$P_2(t) = P_3(t) \ .$$

Die Differentialgleichung für $P_4(t)$ ist elementar integrierbar:

$$\frac{dP_4}{dt} = 2\lambda\, e^{-\lambda t} - 2\lambda\, e^{-2\lambda t} ,$$

$$P_4(t) = -2\, e^{-\lambda t} + e^{-2\lambda t} + c_4 \ .$$

Mit $P_4(0) = 0$ ergibt sich $c_4 = 1$ und

$$P_4(t) = 1 - \left[2e^{-\lambda t} - e^{-2\lambda t}\right] = 1 - [P_1(t) + P_2(t) + P_3(t)] = 1 - R(t) \ .$$

3. Tabelle für Transformationspaare

Nr.	Originalfunktion $f(t)$	Bildfunktion $F(s) = L\{f(t)\}$
1	1	$\dfrac{1}{s}$
2	a	$\dfrac{a}{s}$
3	at	$\dfrac{a}{s^2}$
4	$a\,\dfrac{t^{n-1}}{(n-1)!}\quad (n>0;\ \text{ganzzahlig})$	$\dfrac{a}{s^n}$
5	e^{-at}	$\dfrac{1}{s+a}$
6	$k\,e^{-at}$	$\dfrac{k}{s+a}$
7	$1 - e^{-at}$	$\dfrac{a}{s(s+a)}$
8	$\dfrac{1}{a}\left(1 - e^{-at}\right)$	$\dfrac{1}{s(s+a)}$
9	$\dfrac{a}{k}\,e^{-t/k}$	$\dfrac{a}{1+ks}$
10	$\dfrac{a}{k}\,e^{-(b/k)t}$	$\dfrac{a}{b+ks}$

4. Partialbruchzerlegung.

a) $\dfrac{\lambda}{(s+\lambda)(s+2\lambda)}$: Aus dem Ansatz

$$\frac{\lambda}{(s+\lambda)(s+2\lambda)} = \frac{A}{s+\lambda} + \frac{B}{s+2\lambda}$$

folgt

$$\lambda = A(s+2\lambda) + B(s+\lambda) \ .$$

Setzt man $s = -\lambda$, dann ergibt sich:

$$\lambda = A\lambda \ ,$$
$$A = 1 \ .$$

Analog folgt mit $s = -2\lambda$:

$$\lambda = -B\lambda \ ,$$
$$B = -1 \ .$$

Also gilt

$$\frac{\lambda}{(s+\lambda)(s+2\lambda)} = \frac{1}{s+\lambda} - \frac{1}{s+2\lambda} \ .$$

b) $\dfrac{2\lambda^2}{s(s+\lambda)(s+2\lambda)}$: Hier führt folgender Ansatz zum Ziel

$$\frac{2\lambda^2}{s(s+\lambda)(s+2\lambda)} = \frac{A}{s} + \frac{B}{s+\lambda} + \frac{C}{s+2\lambda} \ .$$

Daraus ergibt sich

$$2\lambda^2 = A(s+\lambda)(s+2\lambda) + Bs(s+2\lambda) + Cs(s+\lambda) \ .$$

Mit $s = 0$ wird

$$2\lambda^2 = A2\lambda^2 \ ,$$
$$A = 1 \ .$$

Mit $s = -\lambda$ wird

$$2\lambda^2 = B(-\lambda)\lambda = -\lambda^2 B \ ,$$
$$B = -2 \ .$$

Mit $s = -2\lambda$ wird

$$2\lambda^2 = C(-2\lambda)(-\lambda) = C2\lambda^2 \ ,$$
$$C = 1 \ .$$

Wir erhalten also:

$$\frac{2\lambda^2}{s(s+\lambda)(s+2\lambda)} = \frac{1}{s} - \frac{2}{s+\lambda} + \frac{1}{s+2\lambda} \ .$$

5. Statistische Verfahren

5.1. Empirische Ermittlung von Zuverlässigkeitskenngrößen

Wir wir in den vorhergehenden Kapiteln gezeigt haben, erfolgt die quantitative Erfassung der Zuverlässigkeit durch eine Reihe von Kenngrößen. Die Bestimmung dieser Größen aus experimentell gewonnenen Daten erfordert die Anwendung statistischer Methoden. Nachfolgend soll der Leser mit diesen Methoden vertraut gemacht werden, wobei wir uns nicht darauf beschränken wollen, aus vorhandenem Datenmaterial Gesetzmäßigkeiten graphisch oder formelmäßig abzuleiten, sondern vor allem auch die Genauigkeit bzw. Sicherheit so gewonnener statistischer Aussagen untersuchen.

Zunächst sollen noch einmal die im folgenden benötigten Größen zusammengestellt werden, wobei auf die Erläuterungen in Kap. 3 verwiesen sei. Bedeutet n_0 die Anzahl der Einheiten der betrachteten Stichprobe und $n(t)$ die Anzahl der nach der Zeit t noch funktionsfähigen Einheiten, dann ist ein Schätzwert für die Wahrscheinlichkeit $R(t)$, daß eine Einheit eines Kollektives gleichartiger Einheiten den Zeitraum von 0 bis t überlebt, gegeben durch

$$\tilde{R}(t) = \frac{n(t)}{n_0} \qquad \text{(empirische Zuverlässigkeitsfunktion)} .$$

Für die Ausfallwahrscheinlichkeit $Q(t)$ gilt entsprechend:

$$\tilde{Q}(t) = \frac{N(t)}{n_0} \qquad \text{(empirische Ausfallverteilung)}$$

mit $n(t) + N(t) = n_0$. Damit wird die Ausfalldichte $f(t)$ sowie die mittlere Lebensdauer τ und die Ausfallrate $\lambda(t)$:

$$f(t) \approx -\frac{1}{n_0} \frac{dn(t)}{dt} = \frac{1}{n_0} \frac{dN(t)}{dt} ,$$

$$\tau = \int_0^\infty t\,f(t)\,dt = \int_0^\infty R(t)\,dt \,,$$

$$\lambda(t) \approx \frac{1}{n(t)}\,\frac{dN(t)}{dt}\,.$$

In der Praxis steht immer nur eine beschränkte Anzahl von Einheiten zur
Verfügung. Also tritt auch nur eine beschränkte Zahl von Ausfällen auf. In
den angegebenen Formeln sind deshalb die Differentiale durch Differenzen
($dN \to \Delta N$, $dn \to \Delta n$, $dt \to \Delta t$) , das Integralzeichen durch das Summenzeichen
zu ersetzen. Auf die Berechnung der verschiedenen Größen kommen wir im
jeweiligen Einzelfall zurück.

Nach diesen Wiederholungen wollen wir anhand eines Beispiels zeigen, wie
experimentell ermittelte Daten systematisch ausgewertet werden können.
Wir betrachten ein Kollektiv von n_0 = 100 Einheiten, das über 300 h betrieben wurde. In diesem Zeitraum fielen insgesamt 95 Einheiten aus; die Zeitpunkte der einzelnen Ausfälle wurden notiert.

Zweckmäßigerweise gehen wir so vor, daß wir den gesamten Betriebszeit-
raum in Intervalle Δt gleicher Größe unterteilen*, also eine Einteilung in
Klassen vornehmen und die in Δt aufgetretenen Ausfälle zusammenfassen.
In unserem Beispiel unterteilen wir den gesamten Betriebszeitraum in 10
Intervalle der Länge Δt = 30 h. In Tab. 5.1 ist die Anzahl der in den einzel-
nen Zeitintervallen aufgetretenen Ausfälle vermerkt. Nun bilden wir die
Größe $(1/n_0)(\Delta N/\Delta t)$ und erhalten somit mittlere Werte für die Ausfall-
dichte in den Zeitintervallen Δt (s. Tab. 5.2 und Abb. 5.1).

Das in Abb. 5.1 dargestellte Treppenpolygon (auch "Histogramm" genannt)
gibt also näherungsweise den Verlauf der Ausfalldichte wieder. Die Fläche
der einzelnen Rechtecke in Abb. 5.1 ist gegeben durch

$$\frac{1}{n_0}\,\frac{\Delta N_i}{\Delta t}\,\Delta t\,.$$

---

* Die Anzahl der zu wählenden Klassen bestimme man nach folgender Faust-
regel: Anzahl der Klassen $\approx$ Wurzel aus der Anzahl der insgesamt beobachteten Ereignisse. Die Anzahl der Klassen soll jedoch mindestens 5 , höchstens aber 25 betragen. Ferner ist die Klassenbreite (hier das Zeitintervall Δt) so zu wählen, daß keine leeren Klassen auftreten.

Tabelle 5.1. Ausfälle im Zeitintervall Δt.

$\Delta t[h]$	0–30	30–60	60–90	90–120	120–150	150–180	180–210	210–240	240–270	270–300
ΔN_i	25	22	12	12	7	5	6	1	4	1

Tabelle 5.2. Ausfalldichte im Zeitintervall Δt.

$\Delta t[h]$	0–30	30–60	60–90	90–120	120–150	150–180	180–210	210–240	240–270	270–300
$\dfrac{1}{n_0}\dfrac{\Delta N_i}{\Delta t}10^2$	0,835	0,735	0,40	0,40	0,233	0,167	0,20	0,033	0,134	0,033

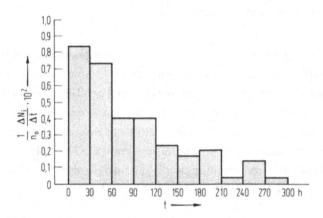

Abb. 5.1. Mittlere Ausfalldichte in den Zeitintervallen Δt.

Die Summe der Flächen der einzelnen Rechtecke

$$\sum_{i=1}^{n} \frac{1}{n_0} \frac{\Delta N_i}{\Delta t} \Delta t = \frac{N}{n_0}$$

entspricht ungefähr dem Wert der Ausfallverteilungsfunktion für $t = 30h$ $(n = 1)$, $t = 60\,h$ $(n = 2)$ usw. Näherungswerte der Zuverlässigkeitsfunktion für $t = 30\,h$, $t = 60\,h$ usw. erhalten wir durch $1 - N/n_0 = n/n_0$.

In Tab.5.3 sind die Größen $N, n, N/n_0, n/n_0$ unseres Beispiels zusammengestellt. Abb.5.2 zeigt die Polygonzüge, durch welche $Q(t)$ bzw. $R(t)$ approximiert wird.

Tabelle 5.3. Absolute und relative Zahl von ausgefallenen bzw. überlebenden Einheiten bis zur Zeit t.

t[h]	30	60	90	120	150	180	210	240	270	300
$\sum \Delta N_i = N$	25	47	59	71	78	83	89	90	94	95
$n = n_0 - N$	75	53	41	29	22	17	11	10	6	5
$\dfrac{\sum \Delta N_i}{n_0} = \dfrac{N}{n_0}$	0,25	0,47	0,59	0,71	0,78	0,83	0,89	0,90	0,94	0,95
$1 - \dfrac{N}{n_0} = \dfrac{n}{n_0}$	0,75	0,53	0,41	0,29	0,22	0,17	0,11	0,10	0,06	0,05

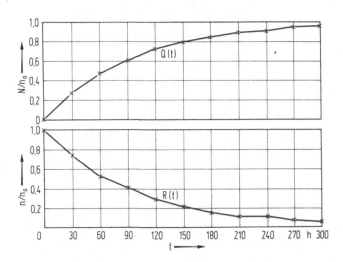

Abb. 5.2. Empirisch ermittelte Ausfallverteilungsfunktion $Q(t) \approx N/n_0$ und Zuverlässigkeitsfunktion $R(t) \approx n/n_0$.

Im folgenden wollen wir graphische Verfahren beschreiben, die es ermöglichen zu prüfen, welcher Verteilungstyp ein beobachtetes Ausfallverhalten am besten beschreibt. Dabei beschränken wir uns auf die Anwendung der

Exponentialverteilung, der Weibullverteilung und der Normalverteilung, weil diese Verteilungen leicht in Geraden transformierbar sind.

Der besseren Übersicht halber sollen die drei oben genannten Verteilungen getrennt behandelt werden, obwohl die Exponentialverteilung ein Spezialfall der Weibullverteilung ist.

Die Exponentialverteilung

Bei Vorliegen einer Exponentialverteilung gilt:

$$R(t) = e^{-\lambda t} \, ,$$

$$\log R(t) = - \lambda t \log e \, .$$

Setzen wir $x = t$, $y = \log R$, dann ergibt sich eine Gerade mit dem Anstieg $- \lambda \log e$:

$$y = -\lambda(\log e)x$$

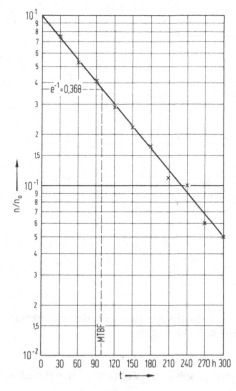

Abb. 5.3. Empirische Zuverlässigkeitsfunktion in logarithmischem Maßstab bei Vorliegen einer Exponentialverteilung.

Zweckmäßigerweise tragen wir n/n_0 auf logarithmisch geteiltem Papier auf. In Abb.5.3 sind die Wertpaare $(t, n/n_0)$ unseres Beispiels und die Gerade, durch welche die Zuverlässigkeitsfunktion approximiert wird, in solch ein Koordinatennetz eingezeichnet. Die konstante Ausfallrate des Kollektives läßt sich aus dem Anstieg der Geraden bestimmen. Dabei ist jedoch zu beachten, daß für die direkte Ablesung von $\lambda \log e$ auf beiden Achsen die gleichen Einheitsmaßstäbe verwendet werden. Es ist daher zweckmäßiger, λ mit Hilfe folgender Überlegung zu ermitteln:

Bei konstanter Ausfallrate gilt für $t = 1/\lambda = $ MTBF:

$$R(t) = e^{-1} \approx 0,368 .$$

Wir können die MTBF - und damit λ - direkt aus Abb.5.3 (gestrichelte Linien) ablesen. In unserem Fall beträgt die MTBF ungefähr 100 h . Die Zuverlässigkeitsfunktion ist somit gegeben durch:

$$R(t) \approx e^{-(1/100)t} .$$

Die Weibullverteilung

Wie schon erwähnt, enthält die Weibullverteilung die Exponentialverteilung als Spezialfall. Wir können daher bei den folgenden Betrachtungen auf dasselbe Beispiel wie oben zurückgreifen. Liegt eine Weibullverteilung vor, (Abschn.3.3), dann gilt für die Zuverlässigkeitsfunktion:

$$R(t) = e^{-(1/\alpha)t^{\beta}}$$

Setzen wir $\alpha = \gamma^{\beta}$ und bilden $1/R(t)$, dann geht diese Gleichung über in

$$\frac{1}{R(t)} = e^{(t/\gamma)^{\beta}} .$$

Durch zweimaliges Logarithmieren erhält man:

$$\log \log \frac{1}{R(t)} = \beta (\log t - \log \gamma) + \log \log e .$$

Durch die Transformation $x = \log t$, $y = \log \log [1/R(t)]$ wird obige Gleichung in die Gleichung einer Geraden

$$y = \beta x + x_0$$

mit $x_0 = \log \log e - \beta \log \gamma$ übergeführt.

Zur graphischen Darstellung verwenden wir ein Koordinatensystem, dessen Abszisse einfach logarithmisch und dessen Ordinate doppelt logarithmisch geteilt ist (Abb.5.4). Werden in dieses Netz die Werte n/n_0 in Abhängigkeit vom Betriebsalter eingetragen, dann ist die Kurve durch diese Punkte - sofern eine Weibullverteilung vorliegt - eine Gerade mit dem Anstieg β . Die direkte Ablesung des Parameters β in der in Abb.5.3 angedeuteten Weise ist auch hier nur möglich, wenn bei der Konstruktion des Koordinatennetzes für $x = \log t$, $y = \log \log (1/R)$ derselbe Einheitsmaßstab verwendet wird.

Beispiel: Einheitslänge kcm (Koordinatennetz in Abb.5.4). Da $x = \log t$ und $\log 10 = 1$, $\log 100 = 2$ usw., ist eine Dekade allgemein gleich der Einheitslänge, im Beispiel also kcm. Da $\log \log 10 = 0$, sind von diesem Punkt aus die mit der Einheitslänge multiplizierten Werte $y = \log \log (1/R)$ abzutragen.

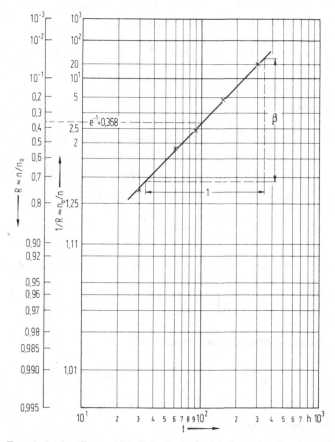

Abb.5.4. Empirische Zuverlässigkeitsfunktion bei Vorliegen einer Weibullverteilung; Abszisse einfach logarithmisch, Ordinate doppelt logarithmisch geteilt.

172

Zur Bestimmung des Parameters γ macht man sich die Tatsache zunutze, daß für $t = \gamma$ gilt:

$$R(\gamma) = e^{-(\gamma/\gamma)} = e^{-1} = 0,368 \ .$$

Bringt man also die Parallele zur t-Achse durch den Punkt $R = 0,368$ mit der Geraden zum Schnitt, dann läßt sich auf der t-Achse direkt γ ablesen.

Für unser Beispiel entnehmen wir der Abb.5.4 $\beta \approx 1$; $\gamma \approx 100$. Damit ergibt sich:
$$R(t) \approx e^{-(t/100)} \ .$$

Die Normalverteilung

Auch hier sei die graphische Bestimmung der Parameter x_0 , σ an einem Beispiel erläutert. Wie schon in Abschn. 3.3 erwähnt, ist die Verteilungsfunktion einer normalverteilten Zufallsgröße X gegeben durch

$$F(x) = \frac{1}{\sigma\sqrt{2\pi}} \int_{-\infty}^{x} \exp[-(x'-x_0)^2/2\sigma^2]dx' \ .$$

Mit Hilfe der Transformation

$$\frac{x-x_0}{\sigma} = u$$

wurde dort die Verteilungsfunktion $F(x)$ in die standardisierte Normalverteilung

$$Q(u) = \frac{1}{\sqrt{2\pi}} \int_{-\infty}^{u} e^{-(u'^2/2)} du'$$

(Mittelwert = 0 , Standardabweichung = 1) übergeführt. Die letzten beiden Gleichungen bilden die Grundlage für eine graphische Nachprüfung auf das Vorliegen einer Normalverteilung.

Konstruiert man ein Koordinatennetz mit linear unterteilten Achsen x, u und schreibt anstelle der u-Werte die Werte $Q(u)$ an (Tabelle im Anhang 5), dann erhält man das sog. Wahrscheinlichkeitspapier. (Bei käuflichem Wahrscheinlichkeitspapier sind die Größen $100\,Q(u)$ aufgetragen. Da für $u = 0$ $Q(u) = 0,5$ ist, steht am Schnittpunkt beider Achsen der Q-Wert 50.). Das Bild jeder Normalverteilung - auf diesem Papier dargestellt - ist eine Gerade mit dem Anstieg $1/\sigma$, welche die waagrechte Achse im Punkt $x = x_0$

schneidet. Tragen wir also die Werte N/n_0 gegen t auf Wahrscheinlichkeitspapier auf, müssen die entsprechenden Punkte bei Vorliegen einer Normalverteilung auf einer Geraden liegen.

Beispiel: Wir betrachten wieder ein Kollektiv von $n_0 = 100$ gleichen Einheiten, das über 600 h betrieben wurde. Im Zeitraum von 0 bis 375 h traten keine Ausfälle auf; die restliche Betriebszeit (375 - 600 h) unterteilen wir in 9 Intervalle der Breite $\Delta t = 25$ h. In Tab.5.4 ist die Zahl ΔN_i der in den einzelnen Zeitintervallen Δt beobachtete Ausfälle enthalten.
Abb.5.5 gibt das aus den Größen $(1/n_0)(\Delta N_i/\Delta t)$ resultierende Bild der Ausfalldichte wieder.

Tabelle 5.4. Ausfallanzahl und Ausfalldichte im Zeitintervall Δt.

Δt[h]	375-400	400-425	425-450	450-475	475-500	500-525	525-550	550-575	575-600
Zahl der Ausfälle ΔN_i in Δt	2	5	10	11	20	22	15	7	5
$\dfrac{1}{n_0}\dfrac{\Delta N_i}{\Delta t} \cdot 10^2$	0,08	0,2	0,4	0,44	0,8	0,88	0,6	0,28	0,20

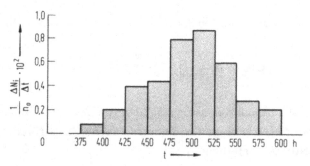

Abb.5.5. Empirisch gemessene Ausfalldichteverteilung; Klassenbreite $\Delta t = 25$ h.

In Abb.5.6 ist der ungefähre Verlauf der Ausfallverteilungsfunktion, wie er sich aufgrund der Werte $\sum \Delta N_i/n_0 = N/n_0$ ergibt (Tab.5.5), dargestellt.

In Abb.5.7 ist die Verteilungsfunktion auf Wahrscheinlichkeitspapier dargestellt mit $x_0 = \tau$. Aus dieser Abbildung lassen sich die Parameter τ und σ finden. Für τ lesen wir ungefähr 500 h ab. Wie schon erwähnt, läßt sich $1/\sigma$ (und damit σ) aus dem Anstieg der Geraden ermitteln. Da aber bei der direkten Bestimmung von $1/\sigma$ aus dem Anstieg der Geraden die für beide

Achsen verwendeten Einheitsmaßstäbe zu beachten sind, bestimmt man σ einfacher mit Hilfe folgender Überlegung: Für u = 1 wird t = τ + σ; Q(1) = 0,841 (Tabelle im Anhang 5.). Für u = - 1 wird t = τ - σ; Q(-1) = 0,159. Der Schnittpunkt der Parallelen zur t-Achse durch 100 Q(1) = 84,1 (bzw. 100 Q(- 1) = 15,9) mit der eingezeichneten Geraden liefert also direkt τ + σ bzw. τ - σ.

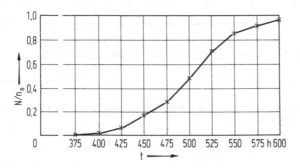

Abb. 5.6. Empirisch gemessene Ausfallverteilungsfunktion; Klassenbreite $\Delta t = 25\,h$.

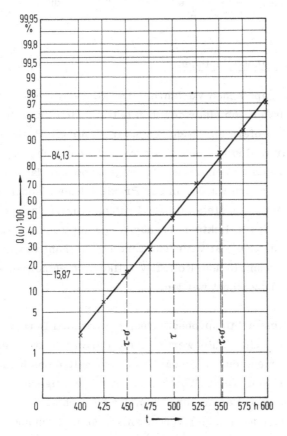

Abb. 5.7. Darstellung einer Normalverteilung auf Wahrscheinlichkeitspapier.

Tabelle 5.5. Absolute und relative Ausfallhäufigkeit bis zur Zeit t.

t[h]	400	425	450	475	500	525	550	575	600
$\sum \Delta N_i = N$	2	7	17	28	48	70	85	92	97
$\dfrac{\sum \Delta N_i}{n_0} = \dfrac{N}{n_0}$	0,02	0,07	0,17	0,28	0,48	0,70	0,85	0,92	0,97

In unserem Beispiel ist $\sigma \approx 50\,\mathrm{h}$. Ausfalldichte bzw. Ausfallverteilungsfunktion sind also gegeben durch

$$f(t) \approx \frac{1}{50\sqrt{2\pi}}\, e^{-[(t-500)^2/2 \cdot 50^2]} \, ,$$

$$Q(t) \approx \frac{1}{50\sqrt{2\pi}} \int_0^t e^{-[(t'-500)^2/2 \cdot 50^2]} \, dt' \, .$$

Die Maximum-Likelihood-Methode

Die angegebenen graphischen Verfahren ermöglichen eine Untersuchung von Ausfalldaten daraufhin, ob einer der drei betrachteten Verteilungstypen vorliegt. Gleichzeitig liefern sie "Näherungswerte" für die Parameter dieser Verteilungen. Wir wollen uns nun näher mit solchen "Näherungswerten" beschäftigen. Wir haben bisher immer davon gesprochen, daß ein Kollektiv einer Prüfung unterzogen wurde. In der Praxis ist dies jedoch in der Regel unmöglich. Man muß sich stets mit der Prüfung einer relativ kleinen Anzahl von Einheiten des Kollektives begnügen und aufgrund dieser Prüfung Rückschlüsse auf das Kollektiv ziehen. Eine solche Zahl von Einheiten des Kollektives soll, wenn sie dem Kollektiv willkürlich entnommen wird, als Zufallsstichprobe bezeichnet werden.

Mit Hilfe der aus einer Stichprobenprüfung gewonnenen Betriebszeiten und Ausfälle ist es möglich, Zahlenwerte für die Parameter der Verteilungsfunktion zu bestimmen, durch die das Ausfallverhalten des Kollektives beschrieben werden kann. Diese Werte sind jedoch im allgemeinen nicht identisch mit den "wahren" Parameterwerten des betrachteten Kollektives, sondern weichen mehr oder weniger von ihnen ab. Man bezeichnet sie deshalb als Schätzwerte.

Ein zur Ermittlung von Schätzwerten für Parameter von Verteilungsfunktionen allgemein anwendbares Verfahren ist die sog. Maximum-Likelihood-Methode (Anhang 5.). Im folgenden werden Schätzwerte mit dem aufgesetzten Symbol "∧" gekennzeichnet; t_i, i = 1,2,... bedeuten die Zeitpunkte von Ausfällen.

Im folgenden sollen einige Schätzwerte der oben beschriebenen Parameter angegeben werden.

1. Exponentialverteilung: Der Maximum-Likelihood-Schätzwert für die MTBF ist unter der Annahme, daß bis zum Ausfall aller N Einheiten der Stichprobe geprüft wird, gegeben durch

$$\hat{\text{MTBF}} = \frac{\sum\limits_{i=1}^{N} t_i}{N} . \qquad (5.1)$$

Unter der Annahme, daß nicht alle Einheiten ausgefallen sind, erhalten wir einen Schätzwert für die MTBF durch das Verhältnis

$$\hat{\text{MTBF}} = \frac{\text{akkumulierte Betriebszeit aller Einheiten}}{\text{Summe aller Ausfälle}} = \frac{t_{akk}}{N} \qquad (5.2)$$

oder ausführlicher

$$\hat{\text{MTBF}} = \frac{\sum\limits_{i=1}^{N} t_i + (n_0 - N)t}{N} . \qquad (5.3)$$

Dabei bedeuten n_0 = Zahl der Prüflinge, N = Zahl der Ausfälle bis zur Zeit t, t = Dauer der Prüfung.

Eine andere Möglichkeit der Prüfungs-Durchführung besteht darin, die ausgefallenen Einheiten sofort nach Ausfall durch funktionsfähige zu ersetzen, d.h., die Zahl der funktionsfähigen Prüflinge konstant zu halten. Damit geht Gl.(5.3) über in

$$\hat{\text{MTBF}} = \frac{n_0 t}{N} . \qquad (5.4)$$

2. Weibullverteilung: Für die Schätzwerte der Parameter α, β liefert das Maximum-Likelihood-Verfahren folgende Werte:

177

$$\hat{\alpha} = \frac{\sum\limits_{i=1}^{N} t_i^{\hat{\beta}}}{N} , \tag{5.5}$$

$$\hat{\beta} = \frac{N}{\frac{1}{\hat{\alpha}} \sum\limits_{i=1}^{N} t_i^{\hat{\beta}} \ln t_i - \sum\limits_{i=1}^{N} \ln t_i} . \tag{5.6}$$

Die Lösungen $\hat{\alpha}$ und $\hat{\beta}$ sind in geschlossener Form nicht darstellbar. Näherungslösungen sollen hier nicht angegeben werden, da ihre Behandlung über den Rahmen dieses Buches hinausgehen würde.

3. Normalverteilung: Bei Anwendung des Maximum-Likelihood-Verfahrens auf die Normalverteilung lassen sich die Schätzwerte $\hat{\tau}$ der mittleren Lebensdauer τ und $\widehat{\sigma^2}$ der Dispersion σ^2 in expliziter Form darstellen (Anhang 5):

$$\hat{\tau} = \frac{1}{N} \sum\limits_{i=1}^{N} t_i , \tag{5.7}$$

$$\widehat{\sigma^2} = \frac{1}{N} \sum\limits_{i=1}^{N} (t_i - \hat{\tau})^2 . \tag{5.8}$$

5.2. Bestimmung von Vertrauensgrenzen für die Parameter von Verteilungsfunktionen

Die aus einer Stichprobenprüfung ermittelten Werte für die Parameter der Verteilungsfunktion, sind nur Schätzwerte. Wie stark werden diese Schätzwerte von den "wahren" Werten abweichen?

Die Statistik bietet hierzu folgende Lösungsmethode: Mit Hilfe eines Schätzwertes für einen Parameter läßt sich ein Bereich angeben, der den "wahren" Wert des Parameters mit einer bestimmten, vorzugebenden Wahrscheinlichkeit (z.B. 90 %, 95 % oder 99 %) überdeckt. Wir nennen diesen Bereich Vertrauensbereich, seine Grenzen Vertrauensgrenzen.

Vertrauensgrenzen sind wie folgt zu interpretieren: Werden sehr viele Stichproben gleichen Umfangs aus derselben Grundgesamtheit entnommen und jedesmal die zugehörigen Vertrauensgrenzen berechnet, dann schließen diese Grenzen bei einer vorgegebenen statistischen Sicherheit von β 100% den unbekannten Wert in durchschnittlich β 100% aller Fälle zwischen sich ein, in durchschnittlich $(1 - \beta)$ 100% aller Fälle nicht in sich ein.

Vertrauensgrenzen bzw. Vertrauensbereiche sind Zufallsgrößen. Ihre Lage hängt also von den in der jeweiligen Stichprobe beobachteten Merkmalswerten ab. Die Realisationen dieser Zufallsgrößen werden jedoch in der einschlägigen Literatur ebenfalls als Vertrauensgrenzen bezeichnet.

Im folgenden wollen wir Vertrauensgrenzen für die Parameter der Normal-, der Exponential- und der Weibull-Verteilung angeben.

Vertrauensgrenzen für die Parameter der Normalverteilung

I. Vertrauensgrenzen für τ bei bekanntem σ.

Eine Stichprobe eines Kollektivs sei bis zum Ausfall aller Einheiten geprüft worden. Dann ergibt sich nach der Maximum-Likelihood-Methode für den Schätzwert $\hat{\tau}$ der mittleren Lebensdauer τ nach Gl.(5.7):

$$\hat{\tau} = \frac{1}{N} \sum_{i=1}^{N} t_i \; .$$

In Bezug auf die mit Hilfe von $\hat{\tau}$ über τ zu treffende Aussage sind grundsätzlich zwei Fälle zu unterscheiden:

1. Es interessiert entweder nur eine untere oder nur eine obere Vertrauensgrenze für τ.

2. Es interessiert sowohl eine untere als auch eine obere Vertrauensgrenze für τ.

Zu 1: a) Untere Vertrauensgrenze: Für τ gilt mit einer statistischen Sicherheit von $\beta \cdot 100\,\%$.

$$\tau \geqslant \hat{\tau} - \frac{\sigma}{\sqrt{N}} \, \tilde{u}_\beta \; . \tag{5.9}$$

$\tilde{u}_\beta$ berechnet sich aus

$$\frac{1}{\sqrt{2\pi}} \int_{-\infty}^{\tilde{u}_\beta} e^{-u'^2/2} \, du' = \beta \; . \tag{5.10}$$

und heißt obere Signifikanzschranke (Schwelle) der standardisierten Normalverteilung bei einseitiger Abgrenzung zur statistischen Sicherheit β [5.1];

bei vorgegebenem β ist die obere Integrationsgrenze $\tilde{u}_\beta$ in Gl. (5.10) eindeutig bestimmt. Ebenso wie die Werte des Integrals in Gl. (5.10) sind die Werte $\tilde{u}_\beta$ für vorgegebene Aussagesicherheiten β tabelliert (Anhang 5).

Entnimmt man also einem Kollektiv von Einheiten, dessen Ausfallverhalten durch eine Normalverteilung beschrieben werden kann, eine Stichprobe und berechnet nach Gl. (5.7) den Schätzwert $\hat{\tau}$ für τ , dann ist bei bekanntem σ folgende Aussage möglich: Mit der statistischen Sicherheit β ist die mittlere Lebensdauer des Kollektives größer oder gleich $\hat{\tau} - (\sigma/\sqrt{N})\tilde{u}_\beta$.

Dieser Wert ist untere (β 100 %)-Vertrauensgrenze, der Bereich von $\hat{\tau} - (\sigma/\sqrt{N})\tilde{u}_\beta$ bis ∞ einseitiger (β 100 %)-Vertrauensbereich für τ . Die Wahrscheinlichkeit, daß τ nicht in diesem Bereich liegt - die (einseitige) Irrtumswahrscheinlichkeit - beträgt

$$1 - \beta = \frac{1}{\sqrt{2\pi}} \int_{\tilde{u}_\beta}^{\infty} e^{-u'^2/2} \, du' \; .$$

Zu 1: b) Obere Vertrauensgrenze: Eine obere Vertrauensgrenze für τ ist gegeben durch die Beziehung (Anhang 5)

$$\tau \leqslant \hat{\tau} - \frac{\sigma}{\sqrt{N}} \tilde{\tilde{u}}_\beta \; . \tag{5.11}$$

Dabei ist $\tilde{\tilde{u}}_\beta$ der sich aus

$$\frac{1}{\sqrt{2\pi}} \int_{\tilde{\tilde{u}}_\beta}^{\infty} e^{-u'^2/2} \, du' = \beta \tag{5.12}$$

berechnende Wert und wird untere Signifikanzschranke (Schwelle) bei einseitiger Abgrenzung genannt.

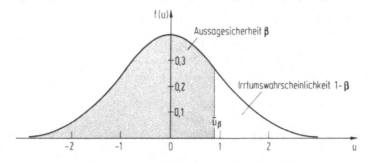

Abb. 5.8. Obere Signifikanzschranke $\tilde{u}_\beta$ der standardisierten Normalverteilung bei einseitiger Abgrenzung.

Bei bekanntem σ ist also die mittlere Lebensdauer τ des Kollektives mit einer Aussagesicherheit von β 100% kleiner oder gleich $\hat{\tau} - (\sigma/\sqrt{N})\widetilde{u}_\beta$. Der Bereich von Null bis $\hat{\tau} - (\sigma/\sqrt{N})\widetilde{u}_\beta$ ist wieder einseitiger β 100%-Vertrauensbereich für τ .

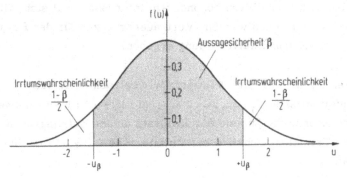

Abb. 5.9. Signifikanzschranken u_β der standardisierten Normalverteilung bei zweiseitiger Abgrenzung und symmetrischer Lage des Vertrauensbereiches.

Zu 2: Hier treffen wir folgende Vereinbarung: Die Wahrscheinlichkeit, daß τ kleiner ist als eine untere Vertrauensgrenze, soll gleich der Wahrscheinlichkeit sein, daß τ größer ist als eine obere Vertrauensgrenze, also jeweils $(1-\beta)/2$ (Abb. 5.9). Dieser bezüglich der Wahrscheinlichkeit symmetrische Vertrauensbereich ist gegeben durch

$$\hat{\tau} - \frac{\sigma}{\sqrt{N}} u_\beta \leqslant \tau \leqslant \hat{\tau} + \frac{\sigma}{\sqrt{N}} u_\beta \, , \qquad (5.13)$$

wobei u_β sich aus

$$\frac{1}{\sqrt{2\pi}} \int_{-u_\beta}^{+u_\beta} e^{-u'^2/2} \, du' = \beta \qquad (5.14)$$

berechnet. Die Werte u_β werden als Signifikanzschranken bei zweiseitiger Abgrenzung bezeichnet. Sie stimmen nicht mit denjenigen bei einseitiger Abgrenzung überein. Für vorgegebene Aussagesicherheiten β kann u_β wieder aus Tabellen entnommen werden (Anhang 5). Ähnlich wie vorher gilt also die Aussage: Bei einer vorgegebenen Aussagesicherheit β liegt die mittlere Lebensdauer τ des Kollektives

zwischen $\hat{\tau} - \dfrac{\sigma}{\sqrt{N}} u_\beta$ (untere Vertrauensgrenze)

und $\hat{\tau} + \dfrac{\sigma}{\sqrt{N}} u_\beta$ (obere Vertrauensgrenze)

II. Vertrauensgrenzen für σ^2 bei unbekanntem τ

Die Ermittlung der Vertrauensgrenzen für die Varianz σ^2 macht die Einführung einer neuen Verteilungsfunktion, der sog. χ^2-Verteilung erforderlich. Diese ist auch deshalb von besonderem Interesse, weil sich mit ihrer Hilfe, wie wir später sehen werden, Vertrauensgrenzen für den Parameter λ (bzw. MTBF) der Exponentialverteilung ergeben.

Die χ^2-Verteilung ist wie folgt definiert: Wir betrachten N voneinander unabhängige Zufallsgrößen X_1, X_2, ... X_N, die alle (0 ; 1)-normalverteilt sind. Bezeichnet man die Summe der Quadrate dieser Zufallsgrößen mit χ^2, dann heißt die Verteilungsfunktion der Zufallsgröße χ^2 χ^2-Verteilung vom Freiheitsgrad N :

$$\chi^2 = X_1^{\,2} + X_2^{\,2} + \dots + X_N^{\,2} \,. \qquad (5.15)$$

Da diese Summe nie kleiner als Null wird, ist die Verteilungsfunktion nur für positive Werte definiert. Die χ^2-Verteilung ist eine unsymmetrische Verteilung und strebt, wie sich zeigen läßt, mit wachsendem N gegen die Normalverteilung. In Abb.5.10 ist der Verlauf der Dichtefunktion der Zufallsgröße χ^2 für verschiedene Freiheitsgrade N wiedergegeben.

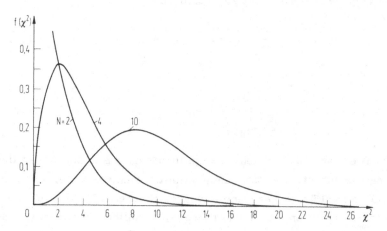

Abb.5.10. Dichte einer χ^2-verteilten Zufallsgröße für verschiedene Freiheitsgrade.

Der mathematische Ausdruck für die Dichtefunktion ist Anhang 5 zu entnehmen. Die Werte der χ^2-Verteilung sind für verschiedene Freiheitsgrade tabelliert.

Wir kommen nun zur Anwendung der χ^2-Verteilung auf unser Problem und betrachten wieder ein Kollektiv, dessen Ausfallverteilungsfunktion eine Normalverteilung ist. Über die mittlere Lebensdauer τ und die Standardabweichung σ sei nichts näheres bekannt. Eine Stichprobe von N Einheiten dieses Kollektives wurde bis zum Ausfall aller Einheiten geprüft. Der Maximum-Likelihood-Schätzwert $\widehat{\sigma^2}$ der Varianz ist damit gegeben durch Gl.(5.8):

$$\widehat{\sigma^2} = \frac{1}{N} \sum_{i=1}^{N} (t_i - \hat{\tau})^2$$

mit t_i = Ausfallzeitpunkt der i-ten Einheit.

Zweckmäßigerweise berechnet man $\widehat{\sigma^2}$ jedoch mit Hilfe der folgenden Formel (Begründung s. Anhang 5):

$$\widehat{\sigma^2} = \frac{1}{N-1} \sum_{i=1}^{N} (t_i - \hat{\tau})^2 \ . \tag{5.16}$$

Wir wollen uns hier auf den Fall des zweiseitigen Vertrauensbereiches beschränken. Gefordert sei wieder eine Aussagesicherheit β . Für die Irrtumswahrscheinlichkeit "nach links" (Wahrscheinlichkeit, daß $\widehat{\sigma^2}$ kleiner ist als eine untere Vertrauensgrenze) geben wir einen Wert γ vor. Da die

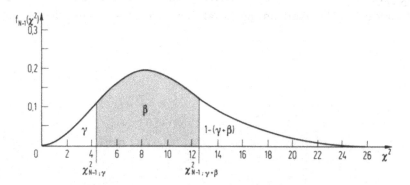

Abb. 5.11. Signifikanzschranken der χ^2-Verteilung bei zweiseitiger Abgrenzung.

Summe von Aussagesicherheit, Irrtumswahrscheinlichkeit "nach links" und Irrtumswahrscheinlichkeit "nach rechts" gleich 1 ist, beträgt die Irrtumswahrscheinlichkeit "nach rechts" $1 - (\beta + \gamma)$ (Abb.5.11; hier wird also zunächst keine Symmetrie des Vertrauensbereiches gefordert). Dann läßt sich mit Hilfe des Schätzwerts $\widehat{\sigma^2}$ über σ^2 folgendes aussagen (Anhang 5): Die Varianz σ^2 des betrachteten Kollektives liegt mit einer Aussagesicherheit von β 100 % zwischen den Grenzen

$$\frac{N-1}{x^2_{N-1;\gamma+\beta}}\,\widehat{\sigma^2} \quad \text{und} \quad \frac{N-1}{x^2_{N-1;\gamma}}\,\widehat{\sigma^2}\,,$$

d.h., es gilt mit der genannten statistischen Sicherheit die Ungleichung

$$\frac{(N-1)\widehat{\sigma^2}}{x^2_{N-1;\gamma+\beta}} \leqslant \sigma^2 \quad \sigma \quad \frac{(N-1)\widehat{\sigma^2}}{x^2_{N-1;\gamma}} \tag{5.17}$$

Die Signifikanzschranken $x^2_{N-1;\gamma+\beta}$ bzw. $x^2_{N-1;\gamma}$ der x^2-Verteilung, die tabelliert sind (Anhang 5), berechnen sich aus den Gleichungen

$$\int_0^{x^2} f_{N-1}(x^{2'})\,dx^{2'} = \gamma + \beta\,, \tag{5.18}$$

$$\int_0^{x^2} f_{N-1}(x^{2'})\,dx^{2'} = \gamma \tag{5.19}$$

mit $f_{N-1}(x^{2'})$ = Dichte der x^2-Verteilung vom Freiheitsgrad N - 1. Die Ungleichung (5.17) enthält als Spezialfall denjenigen Vertrauensbereich, der

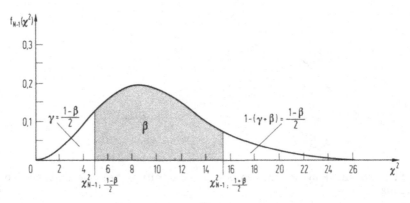

Abb. 5.12. Signifikanzschranken der x^2-Verteilung; Vertrauensbereich symmetrisch.

sich ergibt, wenn die Irrtumswahrscheinlichkeiten "nach links" und "nach rechts" gleich groß gewählt werden, d.h. $\gamma = 1-(\beta+\gamma) = (1-\beta)/2$ (Abb. 5.12).

In diesem Falle gilt also:

$$\frac{(N-1)\hat{\sigma}^2}{x^2_{N-1;(1+\beta)/2}} \leqslant \sigma^2 \leqslant \frac{(N-1)\hat{\sigma}^2}{x^2_{N-1;(1-\beta)/2}} \quad . \tag{5.20}$$

III. Vertrauensgrenzen für τ bei unbekanntem σ .

Mit Hilfe der sog. <u>Studentverteilung</u> (Anhang 5) ist es möglich, Vertrauensgrenzen für τ auch bei unbekanntem σ zu ermitteln. Die Studentverteilung hängt eng mit der Normalverteilung und der x^2-Verteilung zusammen und ist - ebenso wie die x^2-Verteilung - für verschiedene Freiheitsgrade definiert. In Abb.5.13 ist die Dichte $f_N(z)$ einer Student-verteilten Zufallsgröße z für die Freiheitsgrade N=1 und N=4 dargestellt.

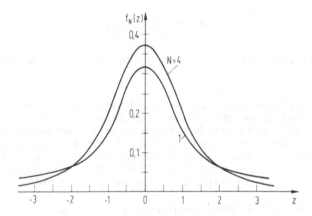

Abb.5.13. Dichte einer Student-verteilten Zufallsgröße für die Freiheitsgrade N = 1 und N = 4 .

Ebenso wie die Dichte der standardisierten Normalverteilung ist $f_N(z)$ symmetrisch zur Geraden z = 0 . Die Studentverteilung geht mit wachsender Zahl der Freiheitsgrade in die standardisierte Normalverteilung über.

Ist das Betriebsalter ausgefallener Einheiten normalverteilt, dann läßt sich mit Hilfe der Gln.(5.7) und (5.16) und der Student-Verteilung folgender symmetrischer Vertrauensbereich für τ angeben:

$$\hat{\tau} - \frac{\hat{\sigma}}{\sqrt{N}} z_{N-1;\beta} \leqslant \tau \leqslant \hat{\tau} + \frac{\hat{\sigma}}{\sqrt{N}} z_{N-1;\beta} \quad . \tag{5.21}$$

Dabei sind die Werte $z_{N-1;\beta}$ Signifikanzschranken der Studentverteilung, die sich berechnen aus

$$\int_{-z}^{+z} f_{N-1}(z')\,dz' = \beta .$$ (5.22)

Diese Werte sind ebenfalls tabelliert (Anhang 5). Für hinreichend große N ist $z_{N-1;\beta} \approx u_\beta$. Wird der Schätzwert $\hat{\sigma}$ mit Hilfe von Gl. (5.16) berechnet, dann strebt dieser Schätzwert mit wachsendem N gegen den wahren Wert σ und obiger Vertrauensbereich geht über in den Vertrauensbereich Gl. (5.13) für τ.

Analog zu Gl. (5.21) erhalten wir eine obere bzw. untere Schranke für τ mit Hilfe der Beziehungen

$$\tau \leqslant \hat{\tau} + \frac{\hat{\sigma}}{\sqrt{N}}\,\tilde{z}_{N-1,\beta} ,$$ (5.23)

$$\tau \geqslant \hat{\tau} - \frac{\hat{\sigma}}{\sqrt{N}}\,\tilde{z}_{N-1,\beta} .$$ (5.24)

($\tilde{z}_{N-1;\beta}$ = Signifikanzschranke der Studentverteilung bei einseitiger Abgrenzung)

Beispiel: Im folgenden wollen wir die Ermittlung von Vertrauensbereichen durchführen. Gegeben sei ein Kollektiv von Einheiten, dessen Ausfallverhalten durch eine Normalverteilung beschrieben werden kann. Eine Stichprobe von 10 Einheiten wurde bis zum Ausfall aller Einheiten geprüft. Für das Betriebsalter t_i der einzelnen Einheiten zur Zeit ihres Ausfalls ergaben sich die in Tab. 5.6 zusammengestellten Werte. Mit Hilfe dieser Daten wurde ein Schätzwert $\hat{\tau}$ für die mittlere Lebensdauer τ ermittelt zu $\tau = 101,0\,h$.

Tabelle 5.6. Betriebsalter t_i bis zum Ausfall.

$$t_1 \quad = \quad 94{,}1$$

$$t_2 \quad = \quad 95{,}6$$

$$t_3 \quad = \quad 97{,}8$$

$$t_4 \quad = \quad 98{,}6$$

$$t_5 \quad = \quad 100{,}3$$

$$t_6 \quad = \quad 101{,}1$$

$$t_7 \quad = \quad 102{,}9$$

$$t_8 \quad = \quad 103{,}9$$

$$t_9 \quad = \quad 107{,}0$$

$$t_{10} \quad = \quad 108{,}7$$

a) Vertrauensgrenzen für τ bei bekanntem σ.

Die Standardabweichung möge 5 h betragen, die geforderte Aussagesicherheit sei 0,90. Dann ergibt sich mit Hilfe von Gl.(5.9) folgende untere Vertrauensgrenze:

$$\hat{\tau} - \frac{\sigma}{\sqrt{N}}\,\tilde{u}_{0,90} = 101,0 - \frac{5}{\sqrt{10}}\,\tilde{u}_{0,90}\,.$$

Der Tabelle im Anhang 5 entnehmen wir: $\tilde{u}_{0,90} = 1,282$. Damit wird

$$\hat{\tau} - \frac{\sigma}{\sqrt{N}}\,\tilde{u}_{0,90} = 99,0\,\mathrm{h}\,,$$

d.h., mit einer Aussagesicherheit von 90% ist $\tau \geqslant 99,0\,\mathrm{h}$.

Eine obere Vertrauensgrenze für τ ist aufgrund der Gl.(5.11) gegeben durch

$$\tau \leqslant \hat{\tau} - \frac{\sigma}{\sqrt{N}}\,\tilde{\tilde{u}}_{\beta}\,.$$

Wegen der Symmetrie der Dichtefunktion der standardisierten Normalverteilung ist

$$\tilde{\tilde{u}}_{\beta} = -\tilde{u}_{\beta} = -1,282\,,$$

und wir erhalten

$$\tau \leqslant 103,0\,\mathrm{h}\,.$$

Mit einer Aussagesicherheit von 90% ist daher $\tau \leqslant 103,0\,\mathrm{h}$.

Einen bezüglich der Wahrscheinlichkeit symmetrischen Vertrauensbereich liefert uns die Ungleichung (5.13):

$$101,0 - \frac{5}{\sqrt{10}}\,u_{\beta} \leqslant \tau \leqslant 101,0 + \frac{5}{\sqrt{10}}\,u_{\beta}\,.$$

Mit Hilfe der Tabelle im Anhang 5 erhalten wir:

$$u_{\beta} = 1,645\,,$$

$$98,4\,\mathrm{h} \leqslant \tau \leqslant 103,6\,\mathrm{h}\,.$$

Die mittlere Lebensdauer τ der Einheiten liegt also mit einer Aussagesicherheit von 90% zwischen den Grenzen $t = 98,4\,\mathrm{h}$ und $t = 103,6\,\mathrm{h}$.

Nach demselben Verfahren wurden Vertrauensgrenzen für τ mit den Aussagesicherheiten $\beta = 0,95$, $\beta = 0,99$ und $\beta = 0,995$ berechnet (Tab.5.7). Die Breite des Vertrauensbereiches wächst bei konstantem Stichprobenumfang mit zunehmender Aussagesicherheit β.

b) Vertrauensgrenzen für σ^2 bei unbekanntem τ.

Wir wollen nun annehmen, daß in unserem Beispiel neben τ auch σ unbekannt ist, und fragen nach den Vertrauensgrenzen für σ^2. Mit Hilfe von $\hat{\tau}$ und der t_i-Werte aus Tab.5.6 berechnen wir zunächst die Ausdrücke $(t-\hat{\tau})^2$ (Tab.5.8). Aufgrund von Gl.(5.16) ergibt sich dann ein Schätzwert $\hat{\sigma^2}$ für σ^2 zu

$$\hat{\sigma^2} = 22,3\,\mathrm{h}^2\,.$$

Tabelle 5.7. Aussagesicherheit und Vertrauensgrenzen.

Aussage-sicherheit	Einseitiger Vertrauensbereich		Zweiseitiger Vertrauensbereich	
	unterer Wert	oberer Wert	untere Grenze	obere Grenze
0,90	99,0	103,0	98,4	103,6
0,95	98,4	103,6	97,9	104,1
0,99	97,3	104,7	96,9	105,1
0,995	96,9	105,1	96,6	105,4

Tabelle 5.8. Quadratische Abweichungen $(t_i - \hat{\tau})^2$.

$t_i [h]$	$t_i - \hat{\tau} [h]$	$(t_i - \hat{\tau})^2 [h^2]$
94,1	−6,9	47,6
95,6	−5,4	29,2
97,8	−3,2	10,2
98,6	−2,4	5,8
100,3	−0,7	0,5
101,1	+0,1	0,0
102,9	+1,9	3,6
103,9	+2,9	8,4
107,0	+6,0	36,0
108,7	+7,7	59,3

Beschränken wir uns auf die Ermittlung eines symmetrischen Vertrauensbe-reiches (Irrtumswahrscheinlichkeit "nach rechts" = Irrtumswahrscheinlich-keit "nach links" = 0,05), dann gilt

$$\frac{9 \cdot 22,3}{\chi^2_{9;0,05+0,90}} \leqslant \sigma^2 \leqslant \frac{9 \cdot 22,3}{\chi^2_{9;0,05}} \ .$$

Der Tabelle im Anhang 5 entnehmen wir

$$\chi^2_{9;0,95} = 16,919 \ , \quad \chi^2_{9;0,05} = 3,325$$

und erhalten somit

$$11,9\,h^2 \leqslant \sigma^2 \leqslant 60,5\,h^2 \ .$$

Bei einer Aussagesicherheit von 90% liegt die Dispersion σ^2 zwischen den Grenzen $11,9\,h^2$ und $60,5\,h^2$.

c) Vertrauensgrenzen für τ bei unbekanntem σ.

Mit den t_i-Werten aus Tab.5.6 ergaben sich für τ und σ^2 die Schätzwerte $\hat{\tau} = 101,0\,h$, $\hat{\sigma^2} = 22,3\,h$ $(\hat{\sigma} = 4,7\,h)$. Damit läßt sich aufgrund der Beziehung Gl.(5.21) folgender Vertrauensbereich für τ angeben:

$$101,0 - \frac{4,7}{\sqrt{10}}\, z_{9;0,90} \leqslant \tau \leqslant 101,0 + \frac{4,7}{\sqrt{10}}\, z_{9;0,90} \ .$$

$z_{9;0,90}$ ist gegeben durch

$$\int_{-z}^{+z} f_9(z')\,dz' = 0,90 \ ;$$

$$z_{9;0,90} = 1,833 \quad \text{(Tabelle im Anhang 5)},$$

$$101,0 - \frac{4,7}{\sqrt{10}}\, 1,833 \leqslant \tau \leqslant 101,0 + \frac{4,7}{\sqrt{10}}\, 1,833 \ ,$$

$$98,3\,h \leqslant \tau \leqslant 103,7\,h \ .$$

Vertrauensgrenzen für Parameter der Exponential- und Weibullverteilung

1. Vertrauensgrenzen für die MTBF (Herleitung s. Anhang 5)

Bei der Ermittlung von Vertrauensbereichen gingen wir bisher von der Voraussetzung aus, daß die betrachtete Stichprobe bis zum Ausfall aller Einheiten geprüft wurde. Für den Parameter MTBF der Exponentialverteilung betrachten wir nun den allgemeineren Fall, daß bei Prüfungsabbruch noch Einheiten funktionstüchtig sind.

Es liege ein Kollektiv von Einheiten vor, dessen Ausfallverhalten durch eine Exponentialverteilung beschrieben werden kann. Eine dem Kollektiv entnommene Stichprobe werde einer Prüfung unterzogen. Folgende beiden Fälle sollen unterschieden werden:

a) Die Prüfung wird unmittelbar nach dem Ausfall der N-ten Einheit abgebrochen; $t = t_N$.

b) Der Zeitpunkt des Prüfungsabbruchs ist nicht identisch mit dem Zeitpunkt eines Ausfalls; $t \neq t_N$.

Wir betrachten zunächst den ersten Fall, nehmen also an, daß die Prüfung einer Stichprobe vom Umfang n_0 unmittelbar nach dem N-ten Ausfall abgebrochen wurde. Dann läßt sich bezüglich der MTBF folgendes aussagen: Ist die Irrtumswahrscheinlichkeit "nach links" gleich γ und diejenige "nach rechts" gleich $1 - (\beta + \gamma)$, dann liegt die MTBF mit der statistischen Sicherheit β innerhalb des Bereichs

$$\widehat{MTBF} \; \frac{2N}{\chi^2_{2N;\,\gamma+\beta}} \leqslant MTBF \leqslant \widehat{MTBF} \; \frac{2N}{\chi^2_{2N;\,\gamma}} \; . \qquad (5.25)$$

Werden ausgefallene Einheiten der Stichprobe nicht ersetzt, dann kann der in obiger Beziehung auftretende Schätzwert $\widehat{MTBF}$ mit Hilfe von Gl.(5.3) berechnet werden. Wird dagegen die Zahl der funktionstüchtigen Einheiten während der Prüfung konstant gehalten, dann ist Gl.(5.4) zu verwenden. Gl.(5.2) gilt für beide Fälle.

Analog zu Gl.(5.25) sind die einseitigen (β 100 %)-Vertrauensbereiche für die MTBF gegeben durch

$$MTBF \geqslant \frac{2N}{\chi^2_{2N;\,\beta}} \; \widehat{MTBF} \; , \qquad (5.26)$$

worin $\chi^2_{2N;\,\beta}$ zu bestimmen ist aus

$$\int_0^{\chi^2} f_{2N}(\chi^{2\prime})\,d\chi^{2\prime} = \beta \quad \text{(Tabelle im Anhang 5)},$$

und

$$MTBF \leqslant \frac{2N}{\tilde{\chi}^2_{2N;\,\beta}} \widehat{MTBF} \; , \qquad (5.27)$$

worin $\tilde{\chi}^2_{2N;\,\beta}$ zu bestimmen ist aus

$$\int_{\tilde{\chi}^2}^{\infty} f_{2N}(\chi^{2\prime})\,d\chi^{2\prime} = \beta \; .$$

Da die MTBF gleich dem Kehrwert der konstanten Ausfallrate λ ist, ergeben sich mit Hilfe von den Gln.(5.25), (5.26) und (5.27) auch Vertrauensgrenzen für λ, wenn man MTBF durch $1/\lambda$ ersetzt.

Wir betrachten nun noch den letzteren Fall, daß der Zeitpunkt des Prüfungsabbruchs nicht mit dem Ausfall einer Einheit zusammenfällt. Man kann zeigen, daß dann der zweiseitige symmetrische Vertrauensbereich für die
MTBF gegeben ist durch

$$\frac{2N}{\chi^2_{2(N+1)\,;\,(1+\beta)/2}}\, \widehat{MTBF} \leqslant MTBF \leqslant \frac{2N}{\chi^2_{2N\,;\,(1-\beta)/2}}\, \widehat{MTBF} \,, \qquad (5.28)$$

wobei $\widehat{MTBF}$ wieder zu berechnen ist aufgrund von Gl.(5.3) bzw. (5.4).
Man beachte, daß in die untere Schranke von Gl.(5.28) die χ^2-Verteilung
vom Freiheitsgrad $2(N+1)$ eingeht.

Die Vertrauensgrenzen für die MTBF lassen sich noch in eine etwas andere
Form bringen, wenn man $\widehat{MTBF}$ ersetzt durch t_{akk}/N [Gl.(5.2)]. Dann folgt
z.B. aus Gl.(5.28):

$$\frac{2\,t_{akk}}{\chi^2_{2(N+1)\,;\,(1+\beta)/2}} \leqslant MTBF \leqslant \frac{2\,t_{akk}}{\chi^2_{2N\,;\,(1-\beta)/2}} \,. \qquad (5.29)$$

Es werde nun angenommen, daß die Prüfung einer Stichprobe vom Umfang
n_0 zu einem Zeitpunkt t abgebrochen wurde, bevor überhaupt ein Ausfall
auftrat. Die akkumulierte Betriebszeit ist dann $n_0 t$. Da im Nenner der
Gln.(5.2), (5.3) und (5.4) die Zahl der Ausfälle - hier gleich Null - auftritt, ist die Berechnung eines Schätzwertes für die MTBF nicht mehr möglich. In Gl.(5.29) tritt zwar $\widehat{MTBF}$ nicht auf, aber der im Nenner der oberen
Grenze stehende Ausdruck $\chi^2_{2N\,;\,(1-\beta)/2}$ ist für $N = 0$ nicht definiert. Ein
zweiseitiger Vertrauensbereich für die MTBF läßt sich also nicht angeben.
Dies ist sinnvoll, da man keine Aussage über eine obere Vertrauensgrenze
erwarten kann, solange kein Ausfall auftritt.

Dagegen ist es durchaus möglich und auch sinnvoll, für den betrachteten Fall
eine untere Vertrauensgrenze anzugeben. Mit der Aussagesicherheit β gilt
für die "wahre" MTBF:

$$MTBF \geqslant \frac{2n_0 t}{\chi^2_{2\,;\,\beta}} \,. \qquad (5.30)$$

Diese Beziehung ist ein Spezialfall des einseitigen Vertrauensbereiches mit
unterer Vertrauensgrenze, der sich ergibt, wenn der Zeitpunkt des Abbru-
ches einer Stichprobenprüfung nicht mit einem Ausfall übereinstimmt. In

diesem Fall gilt

$$\text{MTBF} \geqslant \frac{2t_{akk}}{\chi^2_{2(N+1);\beta}} \quad . \tag{5.31}$$

Beispiel: 10 Einheiten eines Kollektivs mit konstanter Ausfallrate wurden geprüft. Die Prüfung wurde unmittelbar nach dem 8. Ausfall abgebrochen. Aufgrund der in Tab. 5.9 zusammengestellten Ausfallzeitpunkte t_i ergab sich ein Schätzwert für die MTBF zu $\widehat{\text{MTBF}} = 110,8\,\text{h}$.

Tabelle 5.9. Betriebsalter t_i bis zum Ausfall.

$$t_1 = 9,9$$
$$t_2 = 23,5$$
$$t_3 = 36,7$$
$$t_4 = 49,9$$
$$t_5 = 70,1$$
$$t_6 = 90,5$$
$$t_7 = 121,2$$
$$t_8 = 161,6$$

Wir wollen zunächst den zweiseitigen symmetrischen 90%-Vertrauensbereich der MTBF ermitteln; also: Irrtumswahrscheinlichkeit γ "nach links": 0,05; Irrtumswahrscheinlichkeit "nach rechts": $1-(\gamma+\beta)=0,05$. Nach Gl. (5.25) gilt:

$$110,8 \frac{2\cdot 8}{\chi^2_{2\cdot 8;0,05+0,90}} \leqslant \text{MTBF} \leqslant 110,8 \frac{2\cdot 8}{\chi^2_{2\cdot 8;0,05}} \quad .$$

Der Tabelle zur χ^2-Verteilung (Anhang 5) entnehmen wir:

$$\chi^2_{16;0,95} = 26,296 \, , \quad \chi^2_{16;0,05} = 7,962 \, .$$

Damit ergibt sich:

$$110,8 \frac{16}{26,296} \leqslant \text{MTBF} \leqslant 110,8 \frac{16}{7,962} \, ,$$

$$67,4\,\text{h} \leqslant \text{MTBF} \leqslant 222,7\,\text{h} \, .$$

Soll lediglich nachgewiesen werden, daß die MTBF des Kollektivs größer ist als eine spezifizierte untere Grenze, dann gilt:

$$\text{MTBF} \geqslant \frac{2\cdot 8}{\chi^2_{16;0,90}} \cdot 110,8 = \frac{16}{23,542} \cdot 110,8 = 75,3\,\text{h} \, .$$

Zur Vereinfachung der Ermittlung der Vertrauensbereiche sind in Abb. 5.14 die Größen $2N/\chi^2_{2N;x}$ für verschiedene Werte N und x aufgetragen. Für

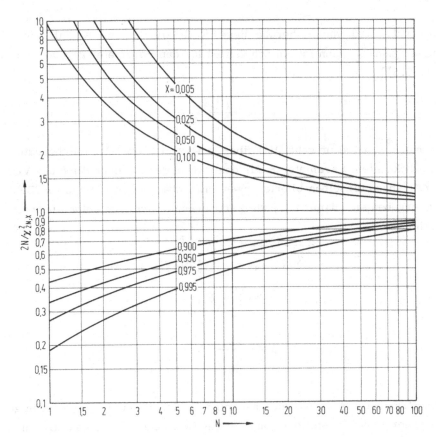

Abb. 5.14. Graphische Ermittlung der Vertrauensgrenzen der MTBF .

$N = 8$ und $x = 0,90$ entnimmt man z.B. dem Diagramm $16/\chi^2_{16;0,9} = 0,68$.
Hätten wir die Prüfung nicht direkt nach dem 8.Ausfall abgebrochen, sondern z.B. noch bis $t = 200\,h$ fortgesetzt, ohne daß ein weiterer Ausfall auftrat, dann ergäbe sich

$$\widehat{MTBF} = 120,4\,h \; ,$$

$$\frac{16}{\chi^2_{18;0,95}}\,120,4 \leqslant MTBF \leqslant \frac{16}{\chi^2_{16;0,05}}\,120,4 \;\; ,$$

$$\frac{16}{28,869}\,120,4 \leqslant MTBF \leqslant \frac{16}{7,962}\,120,4 \;\; ,$$

$$66,7\,h \leqslant MTBF \leqslant 241,8\,h \; .$$

2. Vertrauensgrenzen für Parameter der Weibullverteilung.

Das Ausfallverhalten eines Kollektivs von Einheiten möge einer Weibullver-

teilung $Q(t) = 1 - e^{-(1/\alpha)t^{\beta}}$ gehorchen. Der "wahre" Wert des Parameters β

sei bekannt. Wird eine Stichprobe dieses Kollektivs bis zum Ausfall aller Einheiten geprüft, dann ist ein Schätzwert für den Parameter gegeben durch [s.Gl.(5.5)]

$$\hat{\alpha} = \frac{\sum\limits_{i=1}^{N} t_i^{\beta}}{N} .$$

Setzt man $t^{\beta} = z$, dann geht $Q(t)$ über in $Q(z) = 1 - e^{-z/\alpha}$. Das bedeutet, daß bei bekanntem Parameter β für den Parameter α hinsichtlich der Vertrauensgrenzen dieselben Überlegungen anwendbar sind wie für die MTBF. Für α ergeben sich damit folgende Vertrauensbereiche bei einer Aussagesicherheit δ :

$$\hat{\alpha} \frac{2N}{\chi^2_{2N;\,\delta+\gamma}} \leqslant \alpha \leqslant \hat{\alpha} \frac{2N}{\chi^2_{2N;\,\gamma}} ,$$

$$\alpha \geqslant \frac{2N}{\chi^2_{2N;\,\delta}} \hat{\alpha} ,$$

$$\alpha \leqslant \frac{2N}{\tilde{\chi}^2_{2N;\,\delta}} \hat{\alpha} .$$

Ist der Parameter β unbekannt, dann sind die Schätzwerte $\hat{\alpha}$, $\hat{\beta}$ nicht in geschlossener Form darstellbar, und für die Vertrauensgrenzen existieren ebenfalls nur Näherungslösungen.

5.3. Bayessche Methode

Neben den bisher beschriebenen "klassischen" Methoden zur Auswertung von Tests wurden in neuerer Zeit andere Verfahren entwickelt, die auf der an sich schon lange bekannten Bayes'schen Formel beruhen. Ihr Vorteil beruht auf der Tatsache, daß Vorkenntnisse mitverwendet und dadurch genauere Ergebnisse erzielt werden. Diese Verfahren sind allerdings zur Zeit noch heftig umstritten und können nicht als allgemein anerkannt und einsatzreif gelten.

Es wird bei dieser sog. "Bayes'schen Methode" angenommen, daß der wahre Wert der aufgrund eines Tests zu bestimmenden Größe (z.B. MTBF eines Geräts) im Gegensatz zur klassischen Theorie eine Zufallsgröße ist und hierfür eine Wahrscheinlichkeitsverteilung vorliegt (z. B. $F(x) = p(MTBF \geq x)$). Aus dieser Verteilung werden dann einseitige oder zweiseitige Vertrauensgrenzen oder auch beste Schätzwerte berechnet; so ergibt sich z.B. die einseitige untere Vertrauensgrenze μ_u mit Konfidenz γ aus

$$F(\mu_u) = \gamma \qquad (5.32)$$

(in Worten: die Wahrscheinlichkeit, daß die wahre MTBF $\geq \mu_u$ ist, ist γ). Daraus folgt

$$\mu_u = F^{-1}(\gamma) \qquad (5.33)$$

mit F^{-1} als Umkehrfunktion von F.

Vor dem Test seien bereits Vorkenntnisse über das betrachtete Gerät vorhanden, die sich in Form einer Wahrscheinlichkeitsverteilung (a-priori-Verteilung) darstellen lassen. Diese Vorkenntnisse können aus theoretischen Überlegungen gewonnen worden sein oder aus mehr oder weniger übertragbaren Erfahrungswerten oder Ergebnissen von früheren Tests bestehen. Durch den Test wird diese a-priori-Verteilung modifiziert. Dadurch ergibt sich die sog. a-posteriori-Verteilung. Aus dieser können dann wieder nach der obigen Formel neue verbesserte Vertrauensgrenzen berechnet werden.

Die Modifikation erfolgt folgendermaßen: Mit A als Testergebnis, $f(x) = dF(x)/dx$ als Dichte der Wahrscheinlichkeitsverteilung und $p(A/x) =$ Wahrscheinlichkeit für das Testergebnis, wenn x der wahre Parameterwert in der Ausfallverteilung ist (z.B. der wahre Wert der MTBF), gilt nach Bayes

$$f_{\text{a-posteriori}}(x/A) = \frac{p(A/x) \cdot f_{\text{a-priori}}(x)}{\int p(A/x') \cdot f_{\text{a-priori}}(x')dx'} \qquad (5.34)$$

Die Integration im Nenner ist dabei über den Bereich aller möglichen Werte von x zu erstrecken (z.B. $0 \leq x < \infty$ oder $-\infty < x < \infty$).

Ableitung der Formel: Es gilt nach Definition der bedingten Wahrscheinlichkeit

$$p(x/A) = \frac{p(Ax)}{p(A)}$$

195

Analog ist

$$p(A/x) = \frac{p(Ax)}{p(x)} \; .$$

Zusammengefaßt gilt

$$p(x/A) = \frac{p(A/x)p(x)}{p(A)} \quad \text{(Bayessche Formel)}.$$

Schließlich gilt nach dem Satz von der vollständigen Wahrscheinlichkeit

$$p(A) = p\left(\sum_i Ax_i \right) = \sum_i p(Ax_i) = \sum_i p(A/x_i)p(x_i),$$

wobei über eine vollständige Ereignisdisjunktion der x_i zu summieren ist. Das bedeutet: Die x_i schließen sich gegenseitig aus; $\sum x_i$ umfaßt alle Möglichkeiten.

Aus den letzten beiden Formeln zusammen folgt

$$p(x/A) = \frac{p(A/x)p(x)}{\sum_i p(A/x_i)p(x_i)} \; .$$

An die Stelle von $p(x)$ und $p(x/A)$ treten für kontinuierliche Werte von x Wahrscheinlichkeitsdichten, die hier als $f_{\text{a-priori}}(x)$ bzw. $f_{\text{a-posteriori}}(x/A)$ bezeichnet werden. An die Stelle der Summation tritt in diesem Fall die Integration. Auf diese Weise erhält man sofort die zu beweisende Formel.

Zur leichteren Rechnung verwendet man oft Verteilungen $f(x)$, die so an die Art der Wahrscheinlichkeiten $p(A/x)$ angepaßt sind, daß die Integration einfach wird und sich wieder eine Verteilung vom gleichen Typ ergibt (konjugierte Verteilungen). Ist z.B. das Testergebnis: k Ausfälle bei M Versuchen, so wählt man als a-priori-Verteilung günstigerweise eine Beta-Verteilung. Dann kann man das a-posteriori-Ergebnis interpretieren als Test mit $(k + r)$ Ausfällen bei $(M + N)$ Versuchen. Es ist also zu dem wirklichen Test aufgrund der Vorkenntnisse ein fiktiver Test mit r Ausfällen bei N Versuchen hinzugekommen. Der Test ist also umfangreicher und damit aussagekräftiger geworden. r/N entspricht dem besten Schätzwert für die Ausfallwahrscheinlichkeit aufgrund der Vorkenntnisse. Die Größe von N hängt vom Vertrauen in die Vorkenntnisse (Anwendbarkeit der Vorkenntnisse) ab. Je besser die Vorkenntnisse anwendbar sind, desto größer kann N gewählt werden. Bestehen die Vorkenntnisse selbst aus Testergebnissen (Beispiele: Tests aus der Entwicklungsphase als Vorkenntnisse bei Tests in der Produktionsphase; Tests aus einem früheren Abschnitt der Pro-

duktion als Vorkenntnisse bei späteren Tests), so muß man deren Ergebnisse (Zahl der Versuche und Zahl der Ausfälle) mit einem Faktor C
$(0 < C \leqslant 1)$ multiplizieren, bevor man sie zu den neuen Testergebnissen
addiert.

C ist umso kleiner, je weniger vertrauenswürdig/anwendbar die Vorkenntnisse sind. Der Fall $C = 1$ entspricht der vollkommenen Übertragbarkeit
der Vorkenntnisse. Sind beim Test noch überhaupt keine Vorkenntnisse vorhanden, kann man sich helfen, indem man als a-priori-Verteilung eine
Gleichverteilung verwendet.

Die Wahl von C bzw. allgemein die Aufstellung der a-priori-Verteilung
ist subjektiv, d.h. sie ist mehr oder weniger der Willkür des Bearbeiters
überlassen und nicht streng begründbar. Diese Tatsache sowie ganz allgemein die andere Definition des Begriffs Wahrscheinlichkeit (Bayessches
Verfahren: subjektive Gewissheit; klassisch: axiomatische Definition als
spezielles Maß bzw. als Grenzwert der relativen Häufigkeit) sowie damit
zusammenhängend die Bayessche Interpretation der wahren Werte der Parameter einer Ausfallverteilung als Zufallsgrößen (statt als unbekannte,
aber feste Werte wie in der klassischen Theorie), haben zur Folge, daß
das Bayessche Verfahren umstritten ist. Als positives Argument wird gebracht, daß es engere Vertrauensgrenzen als das klassische Verfahren
liefert, da Vorkenntnisse mitverarbeitet werden. Letzteres ist beim klassischen Verfahren nur dann möglich, wenn die Vorkenntnisse unmittelbar
übertragbar sind, es sich also in Wirklichkeit praktisch um einen einzigen
Test gehandelt hat. Als negatives Argument gilt, daß die so ermittelten
Werte unkontrollierbare subjektive Anteile enthalten.

5.4. Statistische Prüfplanung

Bereits im Kap. 1 haben wir auf die Bedeutung von experimentellen Prüfungen für die Zuverlässigkeitsarbeit hingewiesen. Eine unmittelbare Messung
der Zuverlässigkeit eines Erzeugnisses auf experimentellem Weg ist wegen
des stochastischen Charakters der Zuverlässigkeitskenngrößen nicht mög-

lich. Man kann jedoch aus den Ergebnissen von Stichprobenprüfungen Zuverlässigkeitsaussagen ableiten, deren statistische Unsicherheit vom Umfang des Prüfloses und von den Besonderheiten des Prüfablaufs abhängt.
Dies wurde bereits in Abschn.5.2 gezeigt, soweit Vertrauensgrenzen betrachtet werden. Im Gegensatz zu diesen Betrachtungen interessiert uns
nun aber nicht die Messung der Zuverlässigkeit einer bestimmten Einheit
bzw. die Angabe von Vertrauensgrenzen für ihren wahren Wert. Vielmehr
sollen nun Methoden erläutert werden, mit deren Hilfe nachgewiesen werden kann - und zwar bei einem Minimum an Aufwand (Prüfdauer, Zahl der
Prüflinge, Prüfkosten) -, ob die Zuverlässigkeit eines bestimmten Kollektives von Einheiten vorgegebenen Forderungen genügt und deshalb das Kollektiv angenommen werden kann oder nicht. Auch diese Entscheidung ist
natürlich wieder mit statistischen Risiken behaftet. Die Wahrscheinlichkeit
für die Entscheidung "Annahme" ist eine durch den Testplan gegebene Funktion der wahren Zuverlässigkeit des getesteten Geräts (Operationscharakteristik, abgekürzt O.C.). Es bestehen zwei Möglichkeiten für Fehlent-
scheidungen:

1. Ablehnung eines "guten" Gerätes;

2. Annahme eines "schlechten" Gerätes.

Stichprobenumfang, Prüfdauer, Zahl der zulässigen Ausfälle und weitere für
die Durchführung und Auswertung der Prüfungen wesentliche Angaben werden
durch einen sog. Prüfplan festgelegt. Im Rahmen der statistischen Qualitätskontrolle sind zahlreiche derartige Prüfpläne für verschiedene Anwendungs-
fälle entwickelt worden. Zwei davon sollen nachfolgend näher dargestellt werden.

Man geht jeweils davon aus, daß ein Kollektiv von Einheiten zur Prüfung
vorgestellt sei. Könnte man nun die Entscheidung dadurch herbeiführen,
daß man alle Einheiten des Kollektives bis zum Ausfall prüft, so hätte man
die Zuverlässigkeit R des Kollektives bestimmt und könnte sicher entscheiden, ob das Kollektiv anzunehmen ist oder nicht. Bedeutet L die Wahrscheinlichkeit, das Kollektiv anzunehmen, so wäre

$$L = 0 \text{ für } R < R_0, \quad L = 1 \text{ für } R \geq R_0,$$

wie in Abb.5.15 dargestellt.

Offensichtlich ist es in der Praxis unsinnig, eine solche zerstörende Prüfung am gesamten Kollektiv durchzuführen. Wir sind daher gezwungen, uns

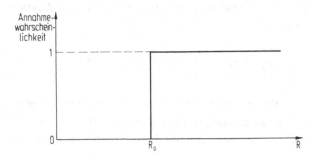

Abb.5.15. Idealer Verlauf einer Annahmekennlinie (O.C.-Kurve).

mit einer Stichprobenprüfung zu begnügen und aufgrund des Ergebnisses dieser Stichprobenprüfung zu entscheiden, ob das Kollektiv angenommen werden soll oder nicht. Die Annahmewahrscheinlichkeit $L(R)$ in Abhängigkeit von der wahren Zuverlässigkeit R hat dann eine Form, die derjenigen in Abb.5.16 entspricht.

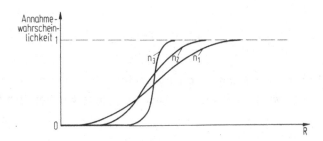

Abb.5.16. Verschiedene Annahmekennlinien (O.C.-Kurven) schematisch.

Je größer man den Stichprobenumfang N macht, desto mehr nähert sich die Funktion $L(R)$ der idealen Sprungfunktion in Abb.5.15. Jeder Prüfplan kann durch eine solche Darstellung beschrieben werden.

Biomialprüfpläne

Im folgenden wollen wir annehmen, daß einem Kollektiv zufällig eine Stichprobe von n Einheiten entnommen und einer Prüfung unterzogen wird[*].

---

[*] Eine Stichprobe gilt als zufällig einem Kollektiv entnommen, wenn die Wahrscheinlichkeit, in die Stichprobe aufgenommen zu werden, für alle Einheiten des Kollektives gleich groß ist.

Während der Prüfung werden i (i = 0, 1, 2, ...) Ausfälle beobachtet. Bedeutet R die Zuverlässigkeit der Einheiten, dann ist die Wahrscheinlichkeit $W(i \leqslant N)$, daß höchstens eine vorgegebene Anzahl N von Ausfällen auftritt, gegeben durch (Abschn. 4.2)

$$W\{i \leqslant N\} = \sum_{i=0}^{N} \binom{n}{i} R^{n-i} (1 - R)^{i} \ . \qquad (5.35)$$

Setzen wir fest, daß der Abnehmer das Kollektiv annimmt, wenn die beobachtete Anzahl i von Ausfällen kleiner oder gleich N ist, und das Kollektiv zurückweist, wenn die beobachtete Anzahl i von Ausfällen größer als N ist, so ist die Annahmewahrscheinlichkeit L(R) offensichtlich gleich der Wahrscheinlichkeit, daß höchstens N Ausfälle auftreten, also

$$L_{n,N}(R) = W\{i \leqslant N\} \ . \qquad (5.36)$$

Die Indizes n und N sollen darauf hindeuten, daß L vom Umfang n der Stichprobe und der zugelassenen Anzahl von Ausfällen N abhängt. Wir haben damit die in Abb. 5.16 zunächst qualitativ angedeutete O.C.-Kurve quantitativ ermittelt zu

$$L_{n,N}(R) = \sum_{i=0}^{N} \binom{n}{i} R^{n-i} (1 - R)^{i} \ . \qquad (5.37)$$

In diesem Fall ist also die Annahmewahrscheinlichkeit durch eine Binomialverteilung gegeben, weshalb man hier auch von einem Binomialprüfplan spricht.

Führen wir das Verhältnis $z = R/R_0$ der "wahren" zur geforderten Zuverlässigkeit ein, dann erhalten wir:

$$L_{n,N}(z) = \sum_{i=0}^{N} \binom{n}{i} (z R_0)^{n-i} (1 - z R_0)^{i} \ . \qquad (5.38)$$

Da über den Verlauf von R(t) keinerlei Annahmen gemacht wurden, gelten die Gln. (5.37) und (5.38) ganz allgemein für hinreichend große Kollektive[*]. Gehorcht z.B. R(t) einer Exponentialfunktion, gilt also

$$R(t) = e^{-t/m}$$

---

[*] Ist der Umfang der Stichprobe nicht klein gegenüber der Größe des Kollektives (größer als ca. 10% des Kollektives), so ist die hier verwendete Binomialverteilung durch die hypergeometrische Verteilung zu ersetzen.

mit $m = 1/\lambda = $ MTBF , dann erhalten wir

$$L_{n,N,t}(m) = \sum_{i=0}^{N} \binom{n}{i} e^{-(n-i)t/m} (1 - e^{-t/m})^i \; .$$ (5.39)

Wie im Anhang 5 gezeigt wird, geht diese Gleichung bei hinreichend großem Stichprobenumfang n und $t/m \ll 1$ in die Poisson-Verteilung

$$L_{n,N,t}(m) = e^{-nt/m} \sum_{i=0}^{N} \frac{1}{i!} \left(\frac{nt}{m}\right)^i$$ (5.40)

über. Werden während der Prüfung ausgefallene Einheiten sofort durch funktionsfähige ersetzt, dann ist das Produkt nt gleich der akkumulierten Betriebszeit t_{akk} aller Prüflinge, und wir erhalten

$$L_{N,t_{akk}}(m) = \exp(-t_{akk}/m) \sum_{i=0}^{N} \frac{1}{i!} (t_{akk}/m)^i \; .$$ (5.41)

Der Verlauf der O.C.-Kurve nach Gl.(5.41) - d.h. L als Funktion von m - hängt dann nur noch ab von der Zahl der zulässigen Ausfälle N und der während der Prüfung akkumulierten Betriebszeit t_{akk} .

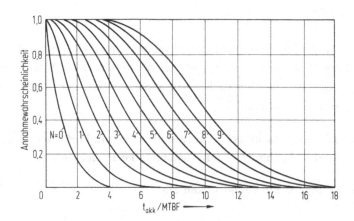

Abb. 5.17. Annahmewahrscheinlichkeit als Funktion von $t_{akk}/$MTBF mit N als Parameter.

Abb.5.17 zeigt eine Schar von O.C.-Kurven nach Gl.(5.41), d.h. L in Abhängigkeit von t_{akk}/m . Während bei konstantem Stichprobenumfang n eine Änderung von N im wesentlichen nur eine seitliche Verschiebung der O.C.-

Kurve bewirkt, kann gezeigt werden, daß bei vorgegebenem N die Steilheit einer O.C.-Kurve in einem bestimmten Bereich mit wachsender akkumulierter Prüfzeit t_{akk} zunimmt, die O.C.-Kurve sich ihrer Form nach also immer mehr einer Sprungfunktion nähert. Dies gilt auch für die allgemeineren Darstellungen der O.C.-Kurven nach Gln.(5.37) und (5.38). Die Besonderheit liegt im Falle der Exponentialfunktion lediglich darin, daß es hier gleichgültig ist, ob die Prüfzeit der einzelnen Prüflinge oder die Prüflingsanzahl erhöht wird.

Mit den obigen Gleichungen haben wir die mathematische Grundlage für einen Prüfplan gelegt. An diesen müssen aber noch einige Forderungen gestellt werden, die wir nun darlegen wollen.

Offensichtlich sollte der Prüfplan so geartet sein, daß er mit großer Wahrscheinlichkeit zu einer Annahmeentscheidung führt, wenn die tatsächliche Zuverlässigkeit R des Kollektives größer oder gleich der geforderten Zuverlässigkeit R_0 ist; er soll weiter, falls dies nicht zutrifft, mit großer Wahrscheinlichkeit zur Ablehnung führen. Wir stellen also folgende Forderungen:

1. Ein Kollektiv, dessen Zuverlässigkeit größer oder gleich der geforderten Zuverlässigkeit R_0 ist, soll mindestens mit der Wahrscheinlichkeit $1 - \alpha$ angenommen werden.

2. Ein Kollektiv, dessen Zuverlässigkeit kleiner oder gleich einer minimal akzeptablen Zuverlässigkeit R_1 ist, soll mindestens mit der Wahrscheinlichkeit $1 - \beta$ abgelehnt werden (d.h. darf höchstens mit der Wahrscheinlichkeit β angenommen werden).

In der einschlägigen Literatur ist es auch üblich, α als Lieferanten- oder Herstellerrisiko, β als Abnehmer- oder Kundenrisiko zu bezeichnen.

Die Forderungen lassen sich ausdrücken als

$$L_{n,N}(R_0) \geqslant 1 - \alpha \, ,$$
$$L_{n,N}(R_1) \leqslant \beta \, , \tag{5.42}$$

wobei $R_0 > R_1$ und $1 - \alpha > \beta$. Das bedeutet, daß wir einen Prüfplan zu bestimmen haben, dessen O.C.-Kurve die schraffierten Flächen der Abb.5.18 nicht durchsetzt.

Offensichtlich kann man beliebig viele Prüfpläne aufstellen, deren O.C.-Kurven im "erlaubten Gebiet" liegen. Wir wollen aus diesem Grunde die einleuchtende Zusatzforderung stellen, daß derjenige Prüfplan gewählt wird, der mit kleinstem Stichprobenumfang n die Forderung (5.42) erfüllt. Dies wird im allgemeinen kein Prüfplan sein, der genau durch die Punkte (R_1, β) und $(R_0, 1-\alpha)$ geht, da L - als Funktion von n und N betrachtet - nur diskrete Werte zwischen 0 und 1, nicht aber jeden beliebigen Wert annehmen kann. Diese Aufgabe ist rechnerisch nicht geschlossen lösbar. Ein Lösungsweg wäre aber, sich die O.C.-Kurven für alle in Frage kommenden Wertepaare (n, N) auszurechnen und darzustellen und dann aus der sich ergebenden Kurvenschar diejenige Kurve mit dem kleinsten n , das die in Abb.5.18 dargestellten Bedingungen erfüllt, auszuwählen und so den Prüfplan zu definieren. Zur Lösung dieser Aufgabe kann z.B. Abb.5.24 aus dem Anhang 5 verwendet werden.

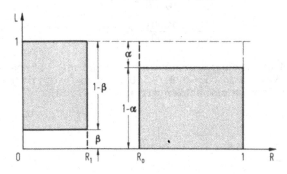

Abb.5.18. Zulässiger Bereich der Annahmekennlinie bei festgelegtem Hersteller- und Kundenrisiko.

Die bisher besprochenen Prüfpläne nennt man auch Prüfpläne für attributive Prüfungen. Sie wurden zunächst im Rahmen der Qualitätskontrolle benutzt und sind dadurch charakterisiert, daß sie nur zwischen den beiden Alternativen "gut/schlecht" bzw. "ausgefallen/nicht ausgefallen" unterscheiden. Für die Entscheidung, ob aufgrund der Prüfung ein Kollektiv angenommen wird oder nicht, spielt es daher keine Rolle, ob die Ausfälle gleich zu Beginn oder ·fast am Ende der Prüfung auftraten. Es ist einzusehen, daß so die durch eine Prüfung zu gewinnende Information für die Entscheidungsfindung nicht voll ausgeschöpft wird.

Beispiel 1: Gefordert sei eine Zuverlässigkeit von $R_0 = 0,96$ für eine bestimmte Missionsdauer Δt. Ferner sei eine minimal akzeptable Zuverlässigkeit $R_1 = 0,8$ vorgegeben. Wie groß ist der minimal erforderliche Stichprobenumfang n zu wählen und wie groß ist die innerhalb des Zeitraums Δt maximal zulässige

Zahl der Ausfälle N , bei der das Kollektiv von Einheiten aufgrund der Stichprobenprüfung noch angenommen wird, wenn die Annahmewahrscheinlichkeit für $R = R_0$ $1 - \alpha = 0,90$ für $R = R_1$ $\beta = 0,10$ betragen soll?

Der Abb.5.24 im Anhang 5 ist zu entnehmen, daß von den dort angegebenen Kurven die mit "m" bezeichnete O.C.-Kurve diesem Sachverhalt am ehesten entspricht. Aus der zugehörigen Tabelle liest man ab: $n = 25$; $N = 2$. Wird also eine Stichprobe von 25 Einheiten Δt Stunden geprüft, dann wird das Kollektiv angenommen, falls während der Prüfung nicht mehr als 2 Einheiten ausfallen. Treten während der Prüfung (Prüfdauer Δt) mehr als 2 Ausfälle auf, dann wird das Kollektiv abgelehnt.

Beispiel 2: Gefordert sei eine MTBF von m_0 = 10000 h . Die minimal akzeptable MTBF betrage m_1 = 4000 h . Eine Stichprobe von Einheiten werde über t = 1000 h geprüft. Wie groß sind die Werte n und N zu wählen, wenn vereinbart wird, daß die Annahmewahrscheinlichkeit für $m = m_0$ $1 - \alpha = 0,8$, für $m = m_1$ $\beta = 0,2$ betragen soll?

Es gilt:
$$\frac{t}{m_0} = \frac{1000}{10000} = 0,1 \, ,$$

$$\frac{t}{m_1} = \frac{1000}{4000} = 0,25 \, .$$

Wie aus Abb.5.24 im Anhang 5 ersichtlich, ist die mit "n" bezeichnete O.C.-Kurve den Werten $1 - \alpha = 0,8$; $\beta = 0,2$; $t/m_0 = 0,1$; $t/m_1 = 0,25$ gut angepaßt. Der Tabelle entnehmen wir $n = 25$; $N = 3$.

Sequentialprüfungen

Die Ermittlung der minimalen Zahl der erforderlichen Prüflinge und der maximal zulässigen Zahl der Ausfälle für bestimmte Werte R_0 , R_1 , α , β nach dem eben beschriebenen Verfahren baut auf der Voraussetzung auf, daß die Prüfzeit der diesen Werten entsprechenden Stichprobenprüfung vorgegeben ist. Wie schon betont kann daher der "Nachweis" einer spezifizierten Zuverlässigkeit R_0 bzw. m_0 aufgrund eines solchen Stichprobenplanes erst nach Ablauf der gesamten, vorgegebenen Prüfzeit erbracht werden. (Allerdings kann eine Ablehnung schon vorher erfolgen.)

Ein Prüfverfahren, das im Gegensatz zur oben genannten Methode nicht an eine bestimmte Prüfzeit gebunden ist, ist die sog. Sequentialprüfung. Wir wollen hier nur den Fall behandeln, daß die Ausfallrate der zu prüfenden Einheiten konstant ist. Gefordert sei eine MTBF m_0 ; die Annahmewahrscheinlichkeit für ein Kollektiv, dessen "wahre" MTBF gleich m_0 ist, betrage $1 - \alpha$. Ferner wollen wir eine MTBF m_1 mit der zugehörigen Annahmewahrscheinlichkeit β vorgeben und zwar so, daß $m_1 < m_0$ und $\beta < 1 - \alpha$.

Wie bereits dargelegt, kann für den Fall konstanter Ausfallraten und kleiner Ausfallwahrscheinlichkeiten die Wahrscheinlichkeit, daß von n Einheiten höchstens N Einheiten ausfallen, durch die Poissonverteilung [Gl.(5.40)] beschrieben werden. Spielt hier nur die akkumulierte Prüfzeit eine Rolle und nicht die Zahl der Prüflinge, dann gilt insbesondere Gl.(5.41).

Die einzelnen Summanden

$$W_i(m) = \exp(-t_{akk}/m) \frac{(t_{akk}/m)^i}{i!}$$

sind die Wahrscheinlichkeiten, daß während einer akkumulierten Prüfzeit t_{akk} genau i Einheiten ausfallen. Beträgt z.B. die "wahre" MTBF der geprüften Einheiten 100 h, dann ist die Wahrscheinlichkeit dafür, daß nach einer akkumulierten Prüfzeit von 500 h

kein Ausfall auftritt: $\qquad$ $W_0(100) \approx 1\%$,

genau ein Ausfall auftritt: $\qquad$ $W_1(100) \approx 3,3\%$,

genau zwei Ausfälle auftreten: $\qquad$ $W_2(100) \approx 8,5\%$,

genau drei Ausfälle auftreten: $\qquad$ $W_3(100) \approx 14\%$ usw.

Wird also mit einer Stichprobe einer bestimmten Art von Einheiten, die eine "wahre" (aber unbekannte) MTBF m_0 besitzen, eine Zuverlässigkeitsprüfung durchgeführt und sind innerhalb einer bestimmten akkumulierten Prüfzeit t_{akk} genau N Einheiten ausgefallen, dann ist die Wahrscheinlichkeit für dieses Ereignis gegeben durch:

$$W_N(m_0) = \exp(-t_{akk}/m_0) \frac{(t_{akk}/m_0)^N}{N!} \quad .$$

Beträgt dagegen die "wahre" MTBF der betrachteten Einheiten nicht m_0, sondern m_1, dann gilt entsprechend:

$$W_N(m_1) = \exp(-t_{akk}/m_1) \frac{(t_{akk}/m_1)^N}{N!} \quad .$$

Wir machen nun folgende Prüfvorschrift: Man registriere in bestimmten Zeitabständen Δt die Zahl N der Ausfälle und bilde das Verhältnis

$$\frac{W_N(m_1)}{W_N(m_0)} = \left(\frac{m_0}{m_1}\right)^N \exp[-[(1/m_1) - (1/m_0)]t_{akk}] \quad . \qquad (5.43)$$

Den so erhaltenen Wert vergleiche man jeweils mit den Konstanten

$$A = \frac{1 - \beta}{\alpha} = \frac{\text{Ablehnungswahrscheinlichkeit für } m = m_1}{\text{Ablehnungswahrscheinlichkeit für } m = m_0} \ ,$$

$$B = \frac{\beta}{1 - \alpha} = \frac{\text{Annahmewahrscheinlichkeit für } m = m_1}{\text{Annahmewahrscheinlichkeit für } m = m_0} \ .$$

Das Kollektiv ist anzunehmen, falls

$$\frac{W_N(m_1)}{W_N(m_0)} \leqslant B \ , \tag{5.44}$$

und abzulehnen, falls

$$\frac{W_N(m_1)}{W_N(m_0)} \geqslant A \ . \tag{5.45}$$

Liegt $W_N(m_1)/W_N(m_0)$ zwischen A und B, dann ist der Test solange fortzusetzen, bis eine der Grenzen A, B erreicht wird.

Die Durchführung dieses Verfahrens wird wesentlich erleichtert, wenn wir auf graphischem Wege vorgehen. Durch Logarithmieren von Gl. (5.44) und unter Berücksichtigung von Gl. (5.43) folgt nämlich

$$N \ln \frac{m_0}{m_1} - \left(\frac{1}{m_1} - \frac{1}{m_0} \right) t_{akk} \leqslant \ln B \ ,$$

$$N \leqslant \frac{\frac{1}{m_1} - \frac{1}{m_0}}{\ln \frac{m_0}{m_1}} t_{akk} + \frac{\ln B}{\ln \frac{m_0}{m_1}} \ .$$

Die Gleichung

$$N = \frac{\frac{1}{m_1} - \frac{1}{m_0}}{\ln \frac{m_0}{m_1}} t_{akk} + \frac{\ln B}{\ln \frac{m_0}{m_1}} \tag{5.46}$$

ist die Gleichung einer Geraden mit der Steigung $[(1/m_1) - (1/m_0)]/\ln(m_0/m_1)$. In einem Koordinatensystem mit den Achsen t_{akk} (Abszise), N (Ordinate) schneidet diese Gerade die N-Achse in Punkte $(0, \ln B / \ln[m_0/m_1])$. Sobald sich also im Laufe der Prüfung ein Wertepaar (t_{akk}, N) so ergibt, daß der diesem Wertepaar entsprechende Punkt rechts von der Geraden liegt, erfolgt die Annahme des Kollektives.

Analog ergibt sich durch Logarithmieren von Gl. (5.45):

$$N \geqslant \frac{\frac{1}{m_1} - \frac{1}{m_0}}{\ln \frac{m_0}{m_1}} t_{akk} + \frac{\ln A}{\ln \frac{m_0}{m_1}} \; .$$

Sobald sich aufgrund der aufgetretenen Ausfälle und der akkumulierten Betriebszeit ein Punkt (t_{akk}, N) bestimmen läßt, der links von der Geraden

$$N = \frac{\frac{1}{m_1} - \frac{1}{m_0}}{\ln \frac{m_0}{m_1}} t_{akk} + \frac{\ln A}{\ln \frac{m_0}{m_1}} \tag{5.47}$$

liegt, ist das Kollektiv abzulehnen. In Abb. 5.19 ist dieser Sachverhalt anschaulich dargestellt.

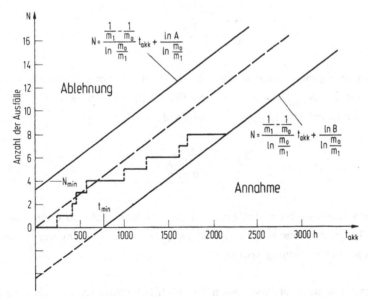

Abb. 5.19. Prüfplan für eine Sequentialprüfung unter Zugrundelegung einer konstanten Ausfallrate.

Wie die Grenzgeraden selbst, so ist auch der Abstand D zwischen ihnen durch die vorgegebenen Werte m_0, m_1, α, β eindeutig bestimmt, und zwar kann gezeigt werden, daß D um so kleiner ist, je kleiner m_1 gegenüber m_0 gewählt wird und um so größer α und β sind (Abb. 5.25, Anhang 5). Je kleiner D, um so kürzer ist aber, wie aus Abb. 5.19 ersichtlich, die akkumulierte Prüfzeit t_{akk}, die im Mittel erforderlich ist, um aufgrund der Prüfung eine Entscheidung - d.h. entweder Annahme oder Ablehnung des betrachteten Kollektivs - herbeizuführen.

Aus Gl. (5.46) folgt für N = 0:

$$t_{akk} = \frac{\ln B}{\frac{1}{m_0} - \frac{1}{m_1}}$$

Die Annahme eines Kollektives von Einheiten kann also frühestens nach einer akkumulierten Betriebszeit

$$t_{min} = \frac{\ln B}{\frac{1}{m_0} - \frac{1}{m_1}} \cdot$$

erfolgen.

Setzt man in Gl. (5.47) $t_{akk} = 0$, dann ergibt sich:

$$N = \frac{\ln A}{\ln \frac{m_0}{m_1}} \cdot$$

N kann aber nur ganzzahlige Werte (0, 1, 2 usw.) annehmen. Die minimale Zahl der Ausfälle N_{min}, die zu einer Ablehnung des Kollektives führt, ist daher gegeben durch die kleinste ganze Zahl, so daß gilt:

$$N_{min} \geqslant \frac{\ln A}{\ln \frac{m_0}{m_1}} \cdot$$

Läßt sich aus Kosten- oder Zeitgründen die Prüfung nicht so lange fortsetzen, bis ein Punkt im Annahme- bzw. Ablehnungsbereich erreicht wird, dann kann man folgende Vereinbarung treffen:

Das Kollektiv ist anzunehmen, wenn der sich bei Prüfungsabbruch ergebende Punkt (t_{akk}/N) rechts von der Geraden

$$N = \frac{\dfrac{1}{m_1} - \dfrac{1}{m_0}}{\ln \dfrac{m_0}{m_1}}$$

(gestrichelte Linie in Abb. 5.19), liegt; andernfalls ist das Kollektiv abzulehnen. Bei Anwendung dieses Verfahrens muß man sich jedoch darüber klar
sein, daß dann die Risiken α, β nicht mehr dieselben sind wie ursprünglich
vereinbart, d.h. die tatsächlichen Werte α, β können unter Umständen er-
heblich größer sein als die vorgegebenen Werte.

Die Zeit, nach der der Test eine Entscheidung liefert, ist ebenfalls eine
Zufallsgröße. Ihr Erwartungswert hängt ab von der wahren MTBF des getesteten Geräts. Ist diese sehr klein, liefert der Test meist schnell die
Entscheidung Ablehnung. Ist sie sehr groß, folgt meist schnell, jedoch erst
nach einer bestimmten minimalen Testzeit, die Entscheidung Annahme. Gerade dann, wenn das Gerät von der Forderung nach keiner Seite wesentlich
abweicht, liegt der Erwartungswert der Testzeit nahe bei seinem Maximum.

Wegen eines exakten Beweises für das beschriebene Verfahren sei auf die
Originalliteratur [5.2, 5.3] verwiesen. In Anhang 5 wird eine anschauliche
Herleitung gebracht.

Beispiel: Mit einer bestimmten Art von Einheiten sei eine Sequentialprüfung
geplant unter Zugrundelegung der Daten $\alpha = \beta = 0,10$, $m_0 = 1000\,h$, $m_1 = 500\,h$,
$m_0/m_1 = 2$. Gesucht sind die den Gln.(5.46) bzw. (5.47) entsprechenden
Grenzgeraden für die Annahme bzw. Ablehnung des Kollektives von Einheiten.
Es ist

$$A = \frac{1-\beta}{\alpha} = \frac{1-0,1}{0,1} = 9 \,,$$

$$B = \frac{\beta}{1-\alpha} = \frac{0,1}{0,9} = \frac{1}{9} \,.$$

Nach Gl.(5.46) ist die Grenzgerade für die Annahme gegeben durch:

$$N = \frac{\dfrac{1}{m_1} - \dfrac{1}{m_0}}{\ln \dfrac{m_0}{m_1}} t_{akk} + \frac{\ln B}{\ln \dfrac{m_0}{m_1}} \,.$$

Für den behandelten Fall gilt also:

$$N = \frac{\dfrac{1}{500} - \dfrac{1}{1000}}{\ln 2} t_{akk} + \frac{\ln \dfrac{1}{9}}{\ln 2} = \frac{\dfrac{1}{1000}}{\ln 2} t_{akk} - \frac{\ln 9}{\ln 2} \,,$$

$$N = \frac{1}{1000 \cdot 0,693} t_{akk} - \frac{2,197}{0,693} = \frac{1}{693} t_{akk} - 3,18 \,.$$

Die Grenzgerade für die Ablehnung ergibt sich nach Gl.(5.47) zu:

$$N = \frac{\frac{1}{m_1} - \frac{1}{m_0}}{\ln \frac{m_0}{m_1}} t_{akk} + \frac{\ln A}{\ln \frac{m_0}{m_1}} = \frac{\frac{1}{1000}}{\ln 2} t_{akk} + \frac{\ln 9}{\ln 2} = \frac{1}{693} t_{akk} + 3,18 \; .$$

Für die minimal erforderliche akkumulierte Betriebszeit, nach der auf Grund der Prüfung eine Annahme des Kollektives möglich ist, gilt:

$$t_{min} = \frac{\ln B}{\frac{1}{m_0} - \frac{1}{m_1}} = \frac{-\ln 9}{-\frac{1}{2m_1}} = 2,197 \cdot 2m_1 \approx 2200 \, h \; .$$

In Abb.5.20 sind die Grenzgeraden dargestellt. Weitere Beispiele für Sequentialprüfungen sind in der Militär-Spezifikation MIL-STD-781C "Reliability Design Qualification and Production Acceptance Tests, Exponential Distribution" - zu finden [5.4].

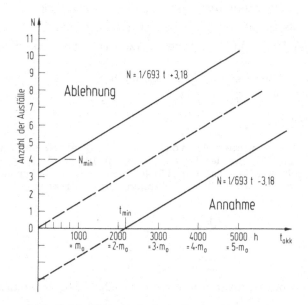

Abb.5.20. Beispiel einer Sequentialprüfung.

Prüfungen mit nur einer Grenzgeraden (für Ablehnung)

PRA-Test (Production Reliability Assurance Tests)

Soll ein Testverfahren als ständige Einrichtung während eines Produktionsprozesses eingeführt werden (vgl. Kap.8), so gibt es neben der Ablehnung der gefertigten Geräte nur eine Fortsetzung der Produktion, d.h. eine "An-

nahme", die mit einer Beendigung des Tests verbunden ist, fehlt per defi-
nitionem. Was von den oben beschriebenen Sequentialprüflinien dann übrig-
bleibt, ist nur die Ablehnungsgrenzgerade.

Bei der mathematischen Behandlung dieser Testart geht man am besten von
einer bestimmten vorgegebenen Ablehnungsgrenzgeraden aus, die durchaus
einer Ablehnungsgeraden nach MIL-STD-781C entsprechen kann, aber nicht
muß. Voraussetzung soll wiederum sein, daß eine Exponentialverteilung
der Zeit bis zum Ausfall vorliegt. Es soll bestimmt werden, wie hoch bei
dieser vorgegebenen Geraden die Hersteller- und Kundenrisiken sind.

Gegeben sei die in Abb. 5.21 dargestellte Gerade. Die Schnittpunkte der Geraden mit ganzen Ausfallzahlen ergeben die Abszissenabschnitte τ_1 und τ.
Würde die gesamte Testzeit während der Produktion weniger als τ_1 betragen, so wären 0 oder 1 Ausfall erlaubt. Die entsprechenden Wahrscheinlichkeiten lassen sich mithilfe der Poisson-Verteilung (vgl. Anhang 5) berechnen. Sie betragen

$$P(0) = e^{-\lambda\tau_1},$$
$$P(1) = \lambda\tau_1 e^{-\lambda\tau_1}.$$

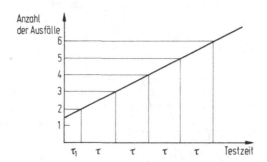

Abb. 5.21. Beispiel einer Ablehnungsgeraden. (Reject Line von Testplan
III Mil-Std-781B).

Wäre nun die Testzeit größer als τ_1, aber kleiner als $\tau_1 + \tau$, so lassen
sich diese Ausdrücke gut bei der Formulierung der jetzt geltenden Wahrscheinlichkeit für die erlaubten Ausfallzahlen von 0, 1 oder 2 verwenden.
Denn die Wahrscheinlichkeit, 0 Ausfälle zu erhalten, ist

$$P(0) = e^{-\lambda\tau_1} e^{-\lambda\tau} = e^{-\lambda(\tau+\tau_1)}.$$

Entsprechend gilt für einen Ausfall

$$P(1) = e^{-\lambda\tau_1}\lambda\tau e^{-\lambda\tau} + \lambda\tau_1 e^{-\lambda\tau_1} \cdot \lambda\tau e^{-\lambda\tau} = e^{-\lambda(\tau_1+\tau_2)}\lambda(\tau_1 + \tau_2)$$

(1 Ausfall in τ, 0 Ausfälle in τ_1; oder 0 Ausfälle in τ, 1 Ausfall in τ_1)
und für 2 Ausfälle

$$P(2) = e^{-\lambda\tau_1}\frac{1}{2}(\lambda\tau)^2 e^{-\lambda\tau} + \lambda\tau_1 e^{-\lambda\tau_1}\lambda\tau_2 e^{-\lambda\tau_2} = e^{-\lambda(\tau_1+\tau)}(\lambda^2\tau_1\tau + \frac{1}{2}\lambda^2\tau^2)$$

(0 Ausfälle in τ_1, 2 Ausfälle in τ; oder 1 Ausfall in τ_1, 1 Ausfall in τ).
Die Kombination 2 Ausfälle in τ_1 und 0 Ausfälle in τ wird nicht berücksichtigt, da 2 Ausfälle in τ_1 schon vorher zu einer Ablehnung führen.

Dieses schrittweise Weiterrechnen von einer Testzeit zur nächsten bereitet
grundsätzlich zwar kaum Schwierigkeiten, es führt jedoch nach einigen
Schritten zu recht langen Ausdrücken, so daß es günstiger ist, einen Rechner hierfür einzusetzen.

Die Ergebnisse sind in Abb. 5.22 und Abb. 5.23 in zwei Darstellungen mit
unterschiedlicher Parameterwahl gezeigt. Die zugeordnete Gerade ist
Mil-Std. 781 entnommen (Testplan III).

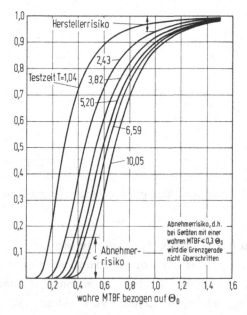

Abb. 5.22. Wahrscheinlichkeit, die Grenzgerade nicht zu erreichen oder
nicht zu überschreiten in Abhängigkeit von der wahren MTBF.
Grenzgerade: "Reject Line" von Mil-Std-781B (Testplan III).

Folgende wesentliche Aussage läßt sich daraus ableiten: Die Risiken, verglichen mit denen von Mil-Std-781B, sind unterschiedlich, selbst wenn eine bestimmte Ablehnungsgrenzgerade daraus gewählt wurde. (Ausnahme: nur

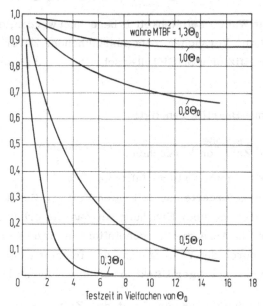

Abb.5.23. Wahrscheinlichkeit, die Grenzgerade nicht zu erreichen oder nicht zu überschreiten, in Abhängigkeit von der Testzeit.
Grenzgerade: "Reject Line" von Mil-Std-781B (Testplan III).

bei gewählten Testzeiten, die den maximalen Testzeiten von Mil-Std-781B entsprechen, sind die Risiken etwa gleich.) Aus diesem Grunde ist man zwecks Gleichhaltung der Risiken während der Entwicklung und Produktion eines Gerätes nicht daran gebunden, eine bestimmte Ablehnungsgrenzgerade, die man für einen Sequentialtest nach Mil-Std-781B während der Entwicklung gewählt hatte, auch bei der Produktion bei Verwendung des in diesem beschriebenen Testverfahrens beizubehalten.

Prüfungen mit ausfallfreien Zeiten

Auch dieses Prüfverfahren hat wie das zuletzt besprochene den Zweck, während eines Produktionsprozesses eine gleichbleibende Zuverlässigkeit des Produktes zu gewährleisten (siehe auch Abschnitt Prüfungen mit nur einer Grenzgeraden). Jede gefertigte Einheit wird im Anschluß an den Einbrenntest eine weitere Testzeit t getestet. Tritt zu dieser Zeit kein Ausfall auf, so wird das Gerät ausgeliefert. Tritt jedoch ein Ausfall auf, so muß ein erneuter Versuch gestartet werden, um eine ausfallfreie Testzeit t zu erzie-

213

len. Die Zahl der Versuche N darf für ein bestimmtes Los n eine obere
Grenze nicht überschreiten. Anderenfalls muß das Gerät verbessert werden.

Im folgenden soll die Wahrscheinlichkeit P berechnet werden, daß die maximal zulässige Zahl von Versuchen trotz ausreichender Zuverlässigkeit
(wahre MTBF = spezifizierte MTBF) überschritten wird (Risiko des Herstellers).

Dazu werden folgende Begriffe benötigt:

1. $K = \dfrac{S}{N} : \dfrac{\text{Losgröße}}{\text{erlaubte Zahl von Versuchen}} = $ Testkonstante;

2. $t = k \cdot \Theta \cdot (1 - K)$: geforderte ausfallfreie Zeit
    (Festsetzung der geforderten ausfallfreien Zeit pro Gerät aus dem Ge-
    danken heraus, daß bei einer Erhöhung der Zahl der erlaubten Versuche
    (K wird kleiner) die Annahmewahrscheinlichkeit für die Geräte zunächst
    erhöht wird und durch die Verlängerung der Testzeit aufgrund obiger
    Festsetzung ein gegenläufiger Effekt erreicht werden soll);

3. R : Wahrscheinlichkeit, daß ein Gerät der Zeit t keinen Ausfall
    hat;

4. Q : Wahrscheinlichkeit, daß ein Gerät in der Zeit t genau einen Aus-
    fall hat;

5. Θ : spezifizierte MTBF $= 1/\lambda$;

6. k : freier Parameter, um günstige Werte für Hersteller- und Kunden-
    risiken zu gewinnen.

Die Wahrscheinlichkeit, in N oder weniger Versuchen bei jedem Gerät eine
ausfallfreie Testzeit nicht zu erzielen, ist (bei Benutzung der Binomialverteilung)

$$
\begin{aligned}
P = 1 - [\quad & R^n & &(n \ \text{Versuche}) \\
+ \ & n \ R^n Q & &(n{+}1 \ \text{Versuche}) \\
+ \ & \binom{n+1}{2} R^n Q^2 & &(n{+}2 \ \text{Versuche}) \\
+ \ & \ldots \\
+ \ & \binom{N-1}{N-n} R^n Q^{N-n}] & &(N \ \text{Versuche})
\end{aligned}
$$

Mit

$$R = e^{-\lambda t} = e^{-k(1-K)},$$

$$Q = \lambda t\, e^{-\lambda t} = k(1-K)e^{-k(1-K)}$$

wird

$$P = 1 - [e^{-nk(1-K)} \tag{5.48}$$

$$+ nk(1-K)e^{-(n+1)(1-K)\cdot k}$$

$$+ \binom{n+1}{2} k^2 (1-K)^2 e^{-(n+2)(1-K)\cdot k}$$

$$+ \dots$$

$$+ \binom{N-1}{N-n} k^{(N-n)} (1-K)^{(N-n)} e^{-N(1-K)k}].$$

Daß (im Gegensatz zur normalen Binomialverteilung) der obere Wert im Binomialkoeffizienten i - 1 beträgt (bei i Versuchen), liegt daran, daß alle Kombinationen mit Ausfällen im letzten Versuch nicht auftreten, da n erfolgreiche Versuche bereits vorliegen und somit in solchen Fällen nicht i-Versuche, sondern höchstens i - 1 Versuche durchgeführt werden.

Beispiel: Ein Test ist durch 4 Parameter festgelegt:

1. Spezifizierte MTBF Θ,
2. Testkonstante K = 0,8
3. Losgröße n = 8 $\Bigg\}$ → N = 10,
4. Testzeit t = 0,75 (1 - K)Θ (mit k = 0,75).

Dann gilt

$$P = 1 - [e^{-8 \cdot 0,15}$$

$$+ 8 \cdot 0,15 \cdot e^{-9 \cdot 0,15}$$

$$+ 36 \cdot 0,15^2 \cdot e^{-10 \cdot 0,15}]$$

$$P \approx 0,2$$

Ergänzend soll für dieses Beispiel noch das Risiko des Kunden G (Annahmewahrscheinlichkeit bei geringer tatsächlicher MTBF) berechnet werden. Es gilt z.B. bei einer wahren MTBF = (1/3)Θ

$$G = e^{-8 \cdot 0,45}$$

$$+ 8 \cdot 0,45\, e^{-9 \cdot 0,45}$$

$$+ 36 \cdot 0,45^2 \cdot e^{-10 \cdot 0,45},$$

$$G \approx 0,17 .$$

Werden andere Werte für die Risiken gewünscht, so können diese entweder durch eine Änderung der Testzeit oder der Testkonstanten k erreicht werden.

Anhang 5. Mathematische Ergänzungen

<u>Zu Abschnitt 5.1</u>

1. Tabelle zur standardisierten Normalverteilung

u	$\int_{-\infty}^{u} f(u')\,du'$	$\int_{-\infty}^{u} f(u')\,du'$	u
$-\infty$	0,000	0,00	$-\infty$
$-3,0$	0,001	0,001	$-3,090$
$-2,5$	0,006	0,005	$-2,576$
$-2,0$	0,023	0,01	$-2,326$
$-1,5$	0,067	0,05	$-1,645$
$-1,0$	0,159	0,10	$-1,282$
$-0,5$	0,309	0,20	$-0,842$
$-0,4$	0,345	0,30	$-0,524$
$-0,3$	0,382	0,40	$-0,253$
$-0,2$	0,421	0,50	0,000
$-0,1$	0,460	0,60	$+0,253$
0,0	0,500	0,70	$+0,524$
$+0,1$	0,540	0,80	$+0,842$
$+0,2$	0,579	0,85	$+1,036$
$+0,3$	0,618	0,90	$+1,282$
$+0,4$	0,655	0,95	$+1,645$
$+0,5$	0,692	0,99	$+2,326$
$+1,0$	0,841	0,995	$+2,576$
$+1,5$	0,933	0,999	$+3,090$
$+2,0$	0,977	1,000	$+\infty$
$+2,5$	0,994		
$+3,0$	0,999		
$+\infty$	1,000		

u	$\int_{-u}^{+u} f(u')\,du'$	$\int_{-u}^{+u} f(u')\,du'$	u
0,00	0,000	0,00	0,000
0,05	0,040	0,10	0,126
0,10	0,080	0,20	0,253
0,20	0,159	0,30	0,385
0,30	0,236	0,40	0,524
0,40	0,311	0,50	0,675
0,50	0,383	0,60	0,842
0,60	0,452	0,70	1,036
0,70	0,516	0,80	1,282
0,80	0,576	0,85	1,440
0,90	0,632	0,90	1,645
1,0	0,683	0,95	1,960
1,5	0,866	0,99	2,576
2,0	0,955	0,995	2,807
2,5	0,988	0,999	3,291
3,0	0,997	1,000	∞
∞	1,000		

2. Das Maximum-Likelihood-Verfahren.

Bei der Ableitung dieses Verfahrens wollen wir uns auf zweiparametrige Verteilungsfunktionen beschränken. Eine Erweiterung auf mehr als zwei Parameter ergibt sich sofort aus den folgenden Erläuterungen.

Aus einem Kollektiv wurde eine Stichprobe vom Umfang N einer Prüfung unterzogen. Es sollen bedeuten: γ_1, γ_2 die Parameter der Verteilungsfunktion, t_1, t_2, ... t_N die Zeitpunkte, zu denen bei der Prüfung der Stichprobe Ausfälle auftraten, $f(\gamma_1, \gamma_2, t)$ die Dichte der Verteilungsfunktion, durch die ein Kollektiv beschrieben wird. Die Funktion

$$L(\gamma_1, \gamma_2, t_1, t_2, \cdots t_N) = f(\gamma_1, \gamma_2, t_1) \, f(\gamma_1, \gamma_2, t_2) \cdots f(\gamma_1, \gamma_2, t_N)$$

wird Maximum-Likelihood-Funktion genant. Bei bekannten γ_1 und γ_2 ist sie proportional der Wahrscheinlichkeit, bei einer Prüfung von N Einheiten die Werte $t_1, t_2, \ldots, t_N$ (innerhalb von Intervallbreiten $\Delta t_1, \Delta t_2, \ldots, \Delta t_n$) zu erhalten. Man bestimmt nun umgekehrt Schätzwerte für γ_1 und γ_2 so, daß die Wahrscheinlichkeit für das erhaltene Ergebnis maximal wird. Man nimmt dann an, daß diese Schätzwerte den beobachteten Werten $t_1, t_2, \ldots, t_N$ sehr gut angepaßt sind.

Nach den Regeln der Differentialrechnung erhalten wir die Schätzwerte für γ_1 und γ_2 aus den Gleichungen

$$\frac{\partial L}{\partial \gamma_1} = 0 \; ; \; \frac{\partial L}{\partial \gamma_2} = 0$$

Beispiele

a) Exponentialverteilung. Parameter: γ_1 = MTBF = m, γ_2 = 0 . Für die Dichte der Exponentialverteilung gilt:

$$f(m,t) = \frac{1}{m} e^{-t/m}$$

Also wird

$$f(m,t_1) = \frac{1}{m} \exp(-t_1/m) \; ;$$

$$f(m,t_2) = \frac{1}{m} \exp(-t_2/m) \; ; \text{ usw.}$$

$$L(m,t_1,t_2, \cdots t_N) = \frac{1}{m} \exp(-t_1/m) \frac{1}{m} \exp(-t_2/m) \cdots \frac{1}{m} \exp(-t_N/m)$$

$$= \frac{1}{m^N} \exp\left((-1/m)\sum_{i=1}^{N} t_i\right)$$

Wegen der strengen Monotonie des Logarithmus haben die Funktionen L und ln L ihr Maximum an derselben Stelle. Zweckmäßigerweise bildet man also nicht $\partial L/\partial m = 0$, sondern $\partial \ln L/\partial m = 0$. (Diese Bemerkung gilt ganz allgemein, d.h. der Einfachheit halber bestimmt man immer γ_1, γ_2 aus $\partial \ln L/\partial \gamma_1 = 0$ und $\partial \ln L/\partial \gamma_2 = 0$.)

Durch Logarithmieren von L erhält man:

$$\ln L = -N \ln m - \frac{1}{m} \sum_{i=1}^{N} t_i ,$$

$$\frac{\partial \ln L}{\partial m} = -\frac{N}{m} + \frac{1}{m^2} \sum_{i=1}^{N} t_i = 0 .$$

Hieraus ergibt sich für den Maximum-Likelihood-Schätzwert

$$\hat{m} = \frac{\sum_{i=1}^{N} t_i}{N} .$$

Die Weibullverteilung wollen wir nicht betrachten, da hier die Überlegungen ähnlich wie bei der Exponentialverteilung sind.

b) Normalverteilung. Parameter: $\gamma_1 = \tau$, $\gamma_2 = \sigma^2$,

$$f(\tau, \sigma^2, t) = \frac{1}{(2\pi\sigma^2)^{1/2}} e^{-(t-\tau)^2/2\sigma^2}$$

$$L(\tau, \sigma^2, t_1, t_2, \ldots, t_N) = \frac{1}{(2\pi\sigma^2)^{N/2}} \exp\left[-\sum_{i=1}^{N} (t_i - \tau)^2/2\sigma^2 \right]$$

$$\ln L = -\frac{N}{2} \ln\sigma^2 - \frac{N}{2} \ln 2\pi - \frac{1}{2\sigma^2} \sum_{i=1}^{N} (t_i - \tau)^2 ,$$

$$\frac{\partial \ln L}{\partial M} \equiv \frac{1}{\sigma^2} \sum_{i=1}^{N} (t_i - \tau) = 0 ,$$

$$\hat{\tau} = \frac{\sum_{i=1}^{N} t_i}{N} ,$$

$$\frac{\partial \ln L}{\partial \sigma^2} \equiv -\frac{N}{2\sigma^2} + \frac{1}{2(\sigma^2)^2} \sum_{i=1}^{N} (t_i - \tau)^2 = 0 ,$$

$$\widehat{\sigma^2} = \frac{1}{N} \sum_{i=1}^{N} (t_i - \tau)^2 .$$

1. Vertrauensbereiche bei der Normalverteilung für τ bei bekanntem σ.

Wir wollen ein Gedankenexperiment durchführen. Dazu machen wir folgende Annahme: Es liege ein Kollektiv von Einheiten vor, dessen Ausfallverhalten angenähert durch eine Normalverteilung beschrieben werden kann. Der Wert der Standardabweichung σ sei bekannt. Dem Kollektiv werden m Stichproben (im Grenzfall unendlich viele), bestehend aus je N Einheiten, entnommen; jede Einheit einer Stichprobe wird mit einer der Nummern 1, 2, ... N markiert und alle Stichproben bis zum Ausfall aller N Einheiten geprüft.

Der Zeitraum bis zum Ausfall der Einheit mit der Nummer i in den einzelnen Stichproben ist eine Zufallsvariable. Sie soll mit T_i bezeichnet werden und alle möglichen positiven Werte annehmen können. Den aus einer einzelnen Stichprobe gewonnenen Wert kennzeichnen wir mit dem Symbol t_i. In unserem Gedankenexperiment nimmt also die Zufallsvariable T_i m verschiedene Werte t_i an. (Es wäre also eine Indizierung der Art t_{i1}, t_{i2}, ... t_{im} angebracht; t_{i1} = Wert des Ausfallzeitraumes der i-ten Einheit in der 1. Stichprobe, t_{i2} = Wert des Ausfallzeitraumes der i-ten Einheit in der 2. Stichprobe usw.; um die Überlegungen nicht zu komplizieren, wollen wir auf diese Indizierung verzichten.) Die einzelnen Zufallsvariablen T_i (i = 1, 2, ... N) besitzen dieselbe Normalverteilung wie das betrachtete Kollektiv.

Für jede der m Stichproben kann mit Hilfe der Formel

$$\hat{\tau} = \frac{1}{N} \sum_{i=1}^{N} t_i$$

ein Schätzwert für den unbekannten Parameter τ des Kollektives berechnet werden. Man erhält also m Werte $\hat{\tau}_1$, $\hat{\tau}_2$, ..., $\hat{\tau}_m$. Diese sind Realisationen einer Zufallsvariablen $\hat{\tau}^*$, die gegeben ist durch

$$\hat{\tau}^* = \frac{1}{N} \sum_{i=1}^{N} T_i \qquad (5.49)$$

$\hat{\tau}^*$ wird Schätzfunktion von τ genannt. Sie besitzt die Normalverteilung

$$F(\hat{\tau}) = \frac{1}{\frac{\sigma}{\sqrt{N}} \cdot \sqrt{2\pi}} \int_{-\infty}^{\hat{\tau}} e^{-(\hat{\tau}' - \tau)^2 / 2(\sigma/\sqrt{N})^2} \, d\tau' \ . \qquad (5.50)$$

Die Zufallsgröße

$$U = \frac{\hat{\tau}^* - \tau}{\sigma/\sqrt{N}}$$

ist dann $(0,1)$-normalverteilt, d.h. es gilt

$$F(u) = \frac{1}{\sqrt{2\pi}} \int_{-\infty}^{u} e^{-u'^2/2} du' \ . \tag{5.51}$$

Wir wollen nun einen festen Wert $\beta \, (0 < \beta < 1)$ für $F(\hat{\tau})$ und damit für $F(u)$ vorgeben. Da die untere Integrationsgrenze in Gl.(5.51) festliegt, gibt es für ein vorgegebenes β genau einen Wert $u = \tilde{u}_\beta$, der Gl.(5.51) erfüllt:

$$\frac{1}{\sqrt{2\pi}} \int_{-\infty}^{\tilde{u}_\beta} e^{-u^2/2} du = \beta \ . \tag{5.52}$$

Die linke Seite von Gl.(5.52) gibt die Wahrscheinlichkeit an, daß U zwischen $-\infty$ und $\tilde{u}_\beta$ liegt. Abgekürzt schreiben wir dafür:

$$W(U \leqslant \tilde{u}_\beta) \ .$$

Es gilt also

$$W(U \leqslant \tilde{u}_\beta) = W\left(\frac{\hat{\tau}^* - \tau}{\sigma/\sqrt{N}} \leqslant \tilde{u}_\beta\right) = \beta \ .$$

Daraus erhalten wir:

$$W\left(\tau \geqslant \hat{\tau}^* - \frac{\sigma}{\sqrt{N}} \tilde{u}_\beta\right) = \beta \ . \tag{5.53}$$

Der in den Klammern von Gl.(5.53) stehende Bereich heißt einseitiger $(\beta \ 100\%-)$ Vertrauensbereich von τ. Seine untere Grenze $\hat{\tau}^* - (\sigma/\sqrt{N})\tilde{u}_\beta$ - untere $(\beta \ 100\%-)$ Vertrauensgrenze genannt - ist eine Zufallsgröße.

Liegt nun aus einer Stichprobe ein Schätzwert $\hat{\tau}$ (Realisation von $\hat{\tau}^*$) vor, dann ist das Intervall

$$\tau \geqslant \hat{\tau} - \frac{\sigma}{\sqrt{N}} \tilde{u}_\beta$$

eine Realisierung des obigen Vertrauensbereiches (dabei ist $\tilde{u}_\beta$ aus Gl.(5.51) zu bestimmen). In der Literatur ist es üblich, auch Realisierungen von Vertrauensbereichen als Vertrauensbereiche zu bezeichnen.

Die untere Vertrauensgrenze $\hat{\tau} - (\sigma/\sqrt{N})\tilde{u}_\beta$ hängt von den in der Stichprobe beobachteten t_i-Werten ab, ändert sich also von Stichprobe zu Stichprobe gleichen Umfanges. Würde man jedoch dem Kollektiv eine große Zahl von Stichproben entnehmen und für jede Stichprobe $\hat{\tau}$ und den zugehörigen Vertrauensbereich berechnen, dann überdecken β 100% dieser Intervalle den unbekannten Wert τ. Bezogen auf eine Stichprobe, die ja in der Praxis meist nur zur Verfügung steht, bedeutet dies, daß der berechnete Vertrauensbereich den Wert τ mit der Wahrscheinlichkeit β enthält.

Zur Ermittlung des einseitigen Vertrauensbereiches mit oberer Vertrauensgrenze bzw. des zweiseitigen, symmetrischen Vertrauensbereiches geht man anstelle von Gl. (5.52) von den Integralen

$$\frac{1}{\sqrt{2\pi}} \int_u^\infty e^{-u'^2/2}\, du' \quad \text{bzw.} \quad \frac{1}{\sqrt{2\pi}} \int_{-u}^{+u} e^{-u'^2/2}\, du'$$

aus. Setzt man diese gleich β (vorgegebene Vertrauenswahrscheinlichkeit), dann sind die Integrationsgrenzen beider Integrale eindeutig bestimmt, und die Vertrauensbereiche bzw. -grenzen ergeben sich bei entsprechender Wahrscheinlichkeitsinterpretation der Integrale auf ähnliche Art wie vorher.

2. Die χ^2-Verteilung.

Die Dichtefunktion $f_N(\chi^2)$ der χ^2-Verteilung vom Freiheitsgrad N ist gegeben durch

$$f_N(\chi^2) = \frac{1}{2^{N/2}\,\Gamma(N/2)}\; e^{-\chi^2/2}\,(\chi^2)^{(N/2)-1}\;,$$

wobei

$$\chi^2 = X_1^2 + X_2^2 + \ldots + X_N^2$$

die Summe der Quadrate von N $(0,1)$-normalverteilten Zufallsgrößen X_1, X_2, ..., X_N und $\Gamma(N/2)$ der Wert der Gammafunktion für $N/2$ ist. (Definition der Gammafunktion s. Anhang 3). Die χ^2-Verteilung selbst ist gegeben durch das Integral über die Dichtefunktion.

3. Biasfreie Schätzwerte.

Es liege ein Kollektiv von Einheiten vor. Aufgrund der Prüfung einer Stichprobe vom Umfang N werde ein Schätzwert für einen Parameter der Verteilungsfunktion, durch die das Kollektiv beschrieben werden kann, bestimmt.

4. Tabelle zur χ^2-Verteilung: Integrationsgrenzen χ^2 von $\int_0^{\chi^2} f_N(\chi^{2'})\,d\chi^{2'} = \beta$.

N \ β	0,005	0,025	0,05	0,10	0,900	0,950	0,975	0,995
1	0,00004	0,00098	0,0039	0,016	2,706	3,841	5,024	7,879
2	0,010	0,051	0,103	0,211	4,605	5,991	7,378	10,597
3	0,072	0,216	0,352	0,584	6,251	7,815	9,348	12,838
4	0,207	0,484	0,711	1,064	7,779	9,488	11,143	14,860
5	0,412	0,831	1,145	1,610	9,236	11,070	12,832	16,750
6	0,676	1,237	1,635	2,204	10,645	12,592	14,449	18,548
7	0,989	1,690	2,167	2,833	12,017	14,067	16,013	20,278
8	1,344	2,180	2,733	3,490	13,362	15,507	17,535	21,955
9	1,735	2,700	3,325	4,168	14,684	16,919	19,023	23,589
10	2,156	3,247	3,940	4,865	15,987	18,307	20,483	25,188
11	2,603	3,816	4,575	5,578	17,275	19,675	21,920	26,757
12	3,074	4,404	5,226	6,304	18,549	21,026	23,336	28,300
13	3,565	5,009	5,892	7,042	19,812	22,362	24,736	29,819
14	4,075	5,629	6,571	7,790	21,064	23,685	26,119	31,319
15	4,601	6,262	7,261	8,547	22,307	24,996	27,488	32,801
16	5,142	6,908	7,962	9,312	23,542	26,296	28,845	34,267
17	5,697	7,564	8,672	10,085	24,769	27,587	30,191	35,718
18	6,265	8,231	9,390	10,865	25,989	28,869	31,526	37,156
19	6,844	8,907	10,117	11,651	27,204	30,144	32,852	38,582
20	7,434	9,591	10,851	12,443	28,412	31,410	34,170	39,997
21	8,034	10,283	11,591	13,240	29,615	32,671	35,479	41,401
22	8,643	10,982	12,338	14,041	30,813	33,924	36,781	42,796
23	9,260	11,688	13,091	14,848	32,007	35,172	38,076	44,181
24	9,886	12,401	13,848	15,659	33,196	36,415	39,364	45,558
25	10,520	13,120	14,611	16,473	34,382	37,652	40,646	46,928
26	11,160	13,844	15,379	17,292	35,563	38,885	41,923	48,290
27	11,808	14,573	16,151	18,114	36,741	40,113	43,194	49,645
28	12,461	15,308	16,928	18,939	37,916	41,337	44,461	50,993
29	13,121	16,047	17,708	19,768	39,087	42,557	45,722	52,336
30	13,787	16,791	18,493	20,599	40,256	43,773	46,979	53,672
31	14,458	17,539	19,281	21,434	41,422	44,985	48,232	55,003
32	15,134	18,291	20,072	22,271	42,585	46,194	49,480	56,328
33	15,815	19,047	20,867	23,110	43,745	47,400	50,725	57,648
34	16,501	19,806	21,664	23,952	44,903	48,602	51,966	58,964
35	17,192	20,569	22,465	24,797	46,059	49,802	53,203	60,275
36	17,887	21,336	23,269	25,643	47,212	50,998	54,437	61,581
37	18,586	22,106	24,075	26,492	48,363	52,192	55,668	62,883
38	19,289	22,878	24,884	27,343	49,513	53,384	56,895	64,181
39	19,996	23,654	25,695	28,196	50,660	54,572	58,120	65,476
40	20,707	24,433	26,509	29,051	51,805	55,758	59,342	66,766
41	21,421	25,215	27,326	29,907	52,949	56,942	60,561	68,053
42	22,138	25,999	28,144	30,765	54,090	58,124	61,777	69,336
43	22,859	26,785	28,965	31,625	55,230	59,304	62,990	70,616
44	23,584	27,575	29,787	32,487	56,369	60,481	64,201	71,893
45	24,311	28,366	30,612	33,350	57,505	61,656	65,410	73,166
46	25,041	29,160	31,439	34,215	58,641	62,830	66,617	74,437
47	25,774	29,956	32,268	35,081	59,774	64,821	67,821	75,704
48	26,511	30,755	33,098	35,949	60,907	65,171	69,023	76,969
49	27,249	31,555	33,930	36,818	62,038	66,339	70,222	78,231
50	27,991	32,357	34,764	37,689	63,167	67,505	71,420	79,490

Würde man dem Kollektiv weitere - im Grenzfall unendlich viele - Stichproben entnehmen, dann ließen sich für alle Stichproben Schätzwerte des betrachteten Parameters ermitteln, die im allgemeinen voneinander verschieden sind. Der (aus einer Stichprobe gewonnene) Schätzwert des Parameters heißt "unverzerrt" oder "biasfrei", wenn das aus allen Schätzwerten der einzelnen Stichproben gebildete Mittel mit wachsender Zahl der Stichproben gegen den (wahren) Parameterwert des Kollektives strebt.

Man kann zeigen, daß der Schätzwert

$$\hat{\sigma}^2 = \frac{1}{N} \sum_{i=1}^{N} (t_i - \hat{\tau})^2$$

einen Bias hat. Dagegen ist der Schätzwert

$$\hat{\sigma}^2 = \frac{1}{N-1} \sum_{i=1}^{N} (t_i - \hat{\tau})^2$$

biasfrei. Beweise hierfür findet man in der einschlägigen Literatur.

5. Vertrauensgrenzen für σ^2 bei unbekanntem τ .

Wir betrachten ein Kollektiv, dessen Ausfallverteilungsfunktion eine Normalverteilung ist und führen wieder das schon unter Punkt 1 skizzierte Gedankenexperiment durch. Für jede Stichprobe des Kollektivs läßt sich ein Schätzwert $\hat{\tau}$ bzw. $\hat{\sigma}^2$ für τ bzw. σ^2 berechnen. Diese Schätzwerte sind Realisationen von Zufallsgrößen, die wir mit $\hat{\tau}^*$ bzw. $\hat{\sigma}^{2*}$ bezeichnen wollen. Der Zusammenhang zwischen $\hat{\tau}^*$ und T_i bzw. zwischen $\hat{\sigma}^{2*}$, $\hat{\tau}^*$ und T_i ist gegeben durch die Schätzfunktionen

$$\hat{\tau}^* = \frac{1}{N} \sum_{i=1}^{N} T_i \, , \tag{5.54}$$

$$\hat{\sigma}^{2*} = \frac{1}{N-1} \sum_{i=1}^{N} (T_i - \hat{\tau}^*)^2 \, . \tag{5.55}$$

Man kann zeigen, daß der Ausdruck

$$\sum_{i=1}^{N} \left(\frac{T_i - \hat{\tau}^*}{\sigma} \right)^2 = \frac{(N-1)\hat{\sigma}^{2*}}{\sigma^2}$$

der durch Umformen von Gl. (5.55) entsteht, eine χ^2-Verteilung vom Freiheitsgrad $N-1$ besitzt, also:

$$\frac{(N-1)\widehat{\sigma^{2*}}}{\sigma^2} = \chi^2 . \tag{5.56}$$

Wir betrachten nochmals die Integrale

$$\int_0^{\widehat{\chi^2}} f_{N-1}(\chi^{2'})\,d\chi^{2'} = \beta + \gamma , \tag{5.57}$$

$$\int_0^{\widehat{\chi^2}} f_{N-1}(\chi^{2'})\,d\chi^{2'} = \gamma . \tag{5.58}$$

(β, γ sind feste Werte zwischen 0 und 1 mit $\beta + \gamma < 1$) . Die oberen Integrationsgrenzen in Gl. (5.57) bzw. Gl. (5.58), die wir mit $\chi^2_{N-1;\gamma+\beta}$ bzw. $\chi^2_{N-1;\gamma}$ bezeichnet haben, liegen eindeutig fest. Aus Gl. (5.57) und Gl. (5.58) folgt:

$$\int_{\chi^2_{N-1;\gamma}}^{\chi^2_{N-1;\gamma+\beta}} f_{N-1}(\chi^2)\,d\chi^2 = \int_0^{\chi^2_{N-1;\gamma+\beta}} f_{N-1}(\chi^2)\,d\chi^2 - \int_0^{\chi^2_{N-1;\gamma}} f_{N-1}(\chi^2)\,d\chi^2 =$$

$$= (\gamma+\beta) - \gamma = \beta .$$

Das erste Integral gibt die Wahrscheinlichkeit an, daß χ^2 zwischen $\chi^2_{N-1;\gamma}$ und $\chi^2_{N-1;\gamma+\beta}$ liegt. Abgekürzt schreiben wir dafür:

$$W\left(\chi^2_{N-1;\gamma} \leqslant \chi^2 \leqslant \chi^2_{N-1;\gamma+\beta}\right) .$$

Es gilt also:

$$W\left(\chi^2_{N-1;\gamma} \leqslant \chi^2 \leqslant \chi^2_{N-1;\gamma+\beta}\right) = \beta . \tag{5.59}$$

Einsetzen von Gl. (5.56) in Gl. (5.59) ergibt:

$$W\left(\chi^2_{N-1;\gamma} \leqslant \frac{(N-1)\widehat{\sigma^{2*}}}{\sigma^2} \leqslant \chi^2_{N-1;\gamma+\beta}\right) = \beta \tag{5.60}$$

und Umformen von Gl. (5.60):

$$W\left(\frac{(N-1)\widehat{\sigma^{2*}}}{\chi^2_{N-1;\gamma+\beta}} \leqslant \sigma^2 \leqslant \frac{(N-1)\widehat{\sigma^{2*}}}{\chi^2_{N-1;\gamma}}\right) = \beta$$

Wir haben damit den $\beta\,100\%$-Vertrauensbereich für σ^2 ermittelt.

Berechnet man also aufgrund der Prüfung einer Stichprobe Schätzwerte für τ und σ^2, dann ist

$$\frac{(N-1)\hat{\sigma}^2}{\chi^2_{N-1;\,\gamma+\beta}} \leqslant \sigma^2 \leqslant \frac{(N-1)\hat{\sigma}^2}{\chi^2_{N-1;\,\gamma}}$$

($\chi^2_{N-1;\,\gamma+\beta}$ bzw. $\chi^2_{N-1;\,\gamma}$ zu bestimmen nach Gl. (5.57) bzw. (5.58)) eine Realisierung des obigen Vertrauensbereiches, die, wie schon unter Punkt 1 erwähnt, selbst wieder als Vertrauensbereich bezeichnet wird. σ^2 liegt also mit der Wahrscheinlichkeit β innerhalb dieses Bereiches.

6. Studentverteilung.

Wir betrachten den Quotienten

$$z = \frac{X}{\sqrt{\dfrac{\chi^2}{N}}} \quad ,$$

wobei X eine $(0,1)$-normalverteilte und χ^2 die bereits definierte Zufallsgröße vom Freiheitsgrad N ist. Die Verteilungsfunktion der Zufallsgröße Z heißt Studentverteilung vom Freiheitsgrad N. Ihre Dichtefunktion $f_N(z)$ ist gegeben durch

$$f_N(z) = \frac{1}{\sqrt{N\pi}} \; \frac{\Gamma[(N+1)/2]}{\Gamma(N/2)} \; \frac{1}{[1-(z^2/N)]^{(N+1)/2}} \quad \text{für } -\infty < z < \infty \quad .$$

Die Verteilungsfunktion $f_N(z)$ selbst erhält man aus $\int\limits_{-\infty}^{z} f_N(z')\,dz'$.

7. Vertrauensgrenzen für τ bei unbekanntem σ .

Wir führen wieder das unter Punkt 1 behandelte Gedankenexperiment durch und benutzen die dort eingeführten Bezeichnungen. Für τ bzw. σ^2 benutzen wir wieder die Schätzfunktionen (5.54) bzw. (5.55). Die Größe $(\hat{\tau}^* - \tau)/(\sigma/\sqrt{N})$ ist $(0;1)$-normalverteilt. Außerdem ist die Größe

$$\frac{\hat{\sigma}^{2*}(N-1)}{\sigma^2} = \sum_{i=1}^{N} \left(\frac{T_i - \hat{\tau}^*}{\sigma} \right)^2$$

χ^2-verteilt vom Freiheitsgrad N-1. Die Zufallsgröße

$$z = \frac{(\hat{\tau}^* - \tau)/(\sigma/\sqrt{N})}{\sqrt{\dfrac{1}{N-1} \dfrac{\hat{\sigma}^{2*}(N-1)}{\sigma^2}}}$$

besitzt also eine Studentverteilung vom Freiheitsgrad N-1.

Vertrauensbereiche für τ erhält man durch Übertragung der unter Punkt 5 entwickelten Gedankengänge auf die Zufallsgröße z .

8. Tabellen zur Studentverteilung

a) Integrationsgrenzen z von $\int_{-z}^{+z} f_N(z')\,dz' = \beta$.

N\β	0,800	0,900	0,950	0,990	0,995
1	3,078	6,314	12,706	63,657	127,320
2	1,886	2,920	4,303	9,925	14,089
3	1,638	2,353	3,183	5,841	7,453
4	1,533	2,132	2,776	4,604	5,598
5	1,476	2,015	2,571	4,032	4,773
6	1,440	1,943	2,447	3,707	4,317
7	1,415	1,895	2,365	3,500	4,029
8	1,397	1,860	2,306	3,355	3,833
9	1,383	1,833	2,262	3,250	3,690
10	1,372	1,813	2,228	3,170	3,581
11	1,363	1,796	2,201	3,106	3,497
12	1,356	1,782	2,179	3,054	3,429
13	1,350	1,771	2,160	3,012	3,373
14	1,345	1,761	2,145	2,977	3,326
15	1,341	1,753	2,132	2,947	3,286
16	1,337	1,746	2,120	2,921	3,252
17	1,333	1,740	2,110	2,898	3,223
18	1,330	1,734	2,101	2,878	3,197
19	1,328	1,729	2,093	2,861	3,174
20	1,325	1,725	2,086	2,845	3,153
21	1,323	1,721	2,080	2,831	3,135
22	1,321	1,717	2,074	2,819	3,119
23	1,319	1,714	2,069	2,807	3,104
24	1,318	1,711	2,064	2,797	3,091
25	1,316	1,708	2,060	2,787	3,078

b) Integrationsgrenzen von $\int_{-\infty}^{z} f_N(z')\,dz' = \beta$.

N\β	0,800	0,900	0,950	0,990	0,995
1	1,376	3,078	6,314	31,821	63,657
2	1,061	1,886	2,920	6,965	9,925
3	0,978	1,638	2,353	4,541	5,841
4	0,941	1,533	2,132	3,747	4,604
5	0,920	1,476	2,015	3,365	4,032
6	0,906	1,440	1,943	3,143	3,707
7	0,896	1,415	1,895	2,998	3,500
8	0,889	1,397	1,860	2,896	3,355
9	0,883	1,383	1,833	2,821	3,250
10	0,879	1,372	1,813	2,764	3,170
11	0,876	1,363	1,796	2,718	3,106
12	0,873	1,356	1,782	2,681	3,055
13	0,870	1,350	1,771	2,650	3,012
14	0,868	1,345	1,761	2,624	2,977
15	0,866	1,341	1,753	2,602	2,947
16	0,865	1,337	1,746	2,583	2,921
17	0,863	1,333	1,740	2,567	2,898
18	0,862	1,330	1,734	2,552	2,878
19	0,861	1,328	1,729	2,539	2,861
20	0,860	1,325	1,725	2,528	2,845
21	0,859	1,323	1,721	2,518	2,831
22	0,858	1,321	1,717	2,508	2,819
23	0,858	1,319	1,714	2,500	2,807
24	0,857	1,318	1,711	2,492	2,797
25	0,856	1,316	1,708	2,485	2,787

9. Vertrauensgrenzen für die MTBF.

Nachfolgend soll hergeleitet werden, daß die obere Vertrauensgrenze für die Ausfallrate bzw. untere Vertrauensgrenze für die MTBF mit N als Zahl der Ausfälle nach

$$MTBF = \frac{1}{\lambda} \geqslant \frac{2t}{\chi^2_{2(N+1);\beta}}$$

bestimmt werden können (für den Fall, daß der Zeitpunkt des Prüfungsabbruchs nicht identisch ist mit dem Zeitpunkt eines Ausfalls). Die untere Vertrauensgrenze für die Ausfallrate bzw. obere Vertrauensgrenze für die MTBF sowie zweiseitige Vertrauensgrenzen können analog bestimmt werden.

Zur Herleitung soll zuerst eine Verwandtschaft zwischen der Exponential und Poissonverteilung zitiert werden: Ist die Zeit bis zum Ausfall exponentiell verteilt mit der Verteilungsfunktion $1 - e^{-\lambda t}$ ($t \geqslant 0$), so ist die Anzahl der Ereignisse in einem festen Intervall $(0,t)$ poissonverteilt mit dem Parameter λt [5.5].

Mit dieser Kenntnis läßt sich nun die Wahrscheinlichkeit angeben, daß bei einem vorgegebenen λ in der Zeit t höchstens eine bestimmte Zahl N von Ausfällen auftritt:

Die Wahrscheinlichkeit für 0 bis N Ausfälle ist gegeben durch

$$W_N = \sum_{k=0}^{N} \frac{(\lambda t)^k}{k!} e^{-\lambda t} \ .$$

Nun gilt die Behauptung: Die gesuchte obere Vertrauensgrenze für die Ausfallrate, die mit der Irrtumswahrscheinlichkeit $1 - \beta$ behaftet ist, ist identisch mit einem Wert λ_N der Ausfallrate, der sich aus der Bestimmungsgleichung

$$W_N = \sum_{k=0}^{N} \frac{(\lambda_N t)^k}{k!} e^{-\lambda_N t} = 1 - \beta$$

ergibt. Beweis:

1. Es soll zuerst gezeigt werden, daß bei zunehmenden Werten von λ und bei festgehaltenem t die Wahrscheinlichkeit W_N abnimmt:

Durch Ableitung von W_N nach λt gewinnt man

$$\frac{dW_N}{d(\lambda t)} = - \sum_{k=0}^{N} \frac{(\lambda t)^k}{k!} e^{-\lambda t} + \sum_{k=1}^{N} \frac{(\lambda t)^{k-1}}{(k-1)!} e^{-\lambda t} = - \frac{(\lambda t)^N}{N!} e^{-\lambda t} < 0$$

d.h. die Steigung der Wahrscheinlichkeit $W(\lambda)$ aufgefaßt als Funktion von λ ist negativ; die Funktion ist monoton fallend. Da $W_N(0) = 1$ und $W_N(\infty) = 0$, gibt es nun genau einen Wert λ_N, der die Bestimmungs-gleichung

$$W_N = \sum_{k=0}^{N} \frac{(\lambda_N \cdot t)^k}{k!} e^{-\lambda_k t} = 1 - \beta$$

erfüllt.

2. Wenn $W_N(\lambda) < 1 - \beta$ ist, so folgt aus 1, daß $\lambda > \lambda_N$ ist (bei festem N und t) und umgekehrt.

3. Nun kann man ein größtes N_1 bestimmen, so daß

$$W_{N_1}(\lambda) = \sum_{k=0}^{N_1} \frac{(\lambda \cdot t)^k}{k!} e^{-\lambda_k \cdot t} .$$

gerade noch $< 1 - \beta$ ist.

Dann gilt

$$N \leqslant N_1$$

für alle verschiedenen Werte von $\lambda > \lambda_N$, wobei N_1 von der Größe von λ abhängt.

4. Wegen der speziellen Wahl von N_1 ist also das Ereignis $N \leqslant N_1$ äquivalent mit dem Ereignis $\lambda > \lambda_N$.

5. Die Wahrscheinlichkeit, daß $N \leqslant N_1$ ist, ist aber wegen 3.

$$W_{N_1}(0 \leqslant N \leqslant N_1) < 1 - \beta,$$

so daß wegen 4. auch gilt

$$W(\lambda_N \leqslant \lambda < \infty) < 1 - \beta.$$

Damit ist der Beweis abgeschlossen, daß der Bereich von 0 bis λ_N den wahren Wert der Ausfallrate λ mit einer Wahrscheinlichkeit $> \beta$ überdeckt.

Zur Vereinfachung der Berechnung von λ_N aus

$$W_N = \sum_{k=0}^{N} \frac{(\lambda_N t)^k}{k!} e^{-kt} = 1 - \beta$$

bedient man sich der Verwandtschaft der Poisson- und der χ^2-Verteilung: Wenn man den oben differenzierten Ausdruck

$$\frac{dW_N}{d(\lambda t)} = \frac{d}{d(\lambda t)} \left(\sum_{k=0}^{N} \frac{(\lambda t)^k}{k!} e^{-\lambda t} \right) = - \frac{(\lambda t)^N}{N!} e^{-\lambda t}$$

wieder integriert, erhält man bei einer geeigneten Wahl der Integrationsgrenzen

$$W_N = \sum_{k=0}^{N} \frac{(\lambda t)^k}{k!} e^{-\lambda t} = - \int_{\infty}^{\lambda_N t} \frac{\tau^N}{N!} e^{-\tau} d\tau = \int_{\lambda_N t}^{\infty} \frac{\tau^N}{N!} e^{-\tau} = 1 - \beta.$$

Diese Funktion kann in die Summenfunktion der χ^2-Verteilung

$$\varphi(\chi^2) = \int_{\chi^2/2}^{\infty} \frac{1}{2^{f/2} \Gamma(f/2)} (\chi^2)^{(f/2)-1} e^{-\chi^2/2} d\chi^2$$

überführt werden mit [beachte $N! = \Gamma(N+1)$]

$$\frac{\chi^2}{2} = \lambda t$$

und

$$N = \frac{f}{2} - 1; \quad f = 2(N+1).$$

Kehrt man nun zu der Bestimmungsgleichung der oberen Vertrauensgrenze zurück, so läßt sich schreiben

$$W_{1\lambda_N} = 1 - \beta = \int\limits_{\chi^2_{2(N+1);\beta}}^{\infty} \frac{1}{2^{N+1}\Gamma(N+1)} (\chi^2)^N e^{-\chi^2/2} d\chi^2.$$

Die Gleichung ist nach $\chi^2_{2(N+1);1-\beta}$ aufzulösen. Um die übliche Schreibweise für die Summenfunktion zu verwenden und für die Bestimmung der gesuchten Größe Tabellenwerke heranziehen zu können, wird die obige Bestimmungsgleichung wie folgt umgeschrieben:

$$\beta = \int\limits_{0}^{\chi^2_{2(N+1);\beta}} \frac{1}{2^{N+1}\Gamma(N+1)} (\chi^2)^N \cdot e^{-\chi^2/2} d\chi^2.$$

Aus dem aus Tabellenwerken bestimmten Wert für $\chi^2_{2(N+1);\beta}$ (vgl. z.B. die Tabelle zur χ^2-Verteilung in diesem Anhang) folgt dann

$$\hat{\lambda}_N t = \frac{t}{\widehat{MTBF}} = \frac{\chi^2_{2(N+1);\beta}}{2}$$

oder

$$\widehat{MTBF} = \frac{2t}{\chi^2_{2(N+1);\beta}}$$

als obere Vertrauensgrenze für λ bzw. untere Vertrauensgrenze für die MTBF.

Zum Schluß soll noch der Fall betrachtet werden, daß die Prüfung unmittelbar nach dem Ausfall der N-ten Einheit abgebrochen wird, also $t = t_N$ ist. Nach [5.5] ist die Summenfunktion der bis zum Auftreten des N-ten Fehlers verstrichenen Zeit gegeben durch die unvollständige Gammafunktion (wieder unter der Voraussetzung, daß die Zeit zwischen zwei aufeinanderfolgenden Ausfällen exponentiell verteilt ist)

$$\Gamma(t_N) = \int\limits_{0}^{t_N} \frac{\lambda^N \tau^{N-1}}{(N-1)!} e^{-\lambda\tau} d\tau$$

und mit $\lambda\tau = u$

$$\Gamma(\lambda t_N) = \int_0^{\lambda t_N} \frac{u^{N-1}}{(N-1)!} e^{-u} du.$$

Da dieses letzte Integral die Summenfunktion für λt angibt, kann es unmittelbar als Bestimmungsgleichung für die Vertauensgrenzen für λ_N benutzt werden. Für die obere Vertrauensgrenze gilt:

$$W_N(\lambda t \leqslant x) = \int_0^x \frac{u^{N-1}}{(N-1)!} e^{-u} du = \beta.$$

Daraus folgt, da t_N die gemessene Zeit bis zum N-ten Ausfall darstellt,

$$W_N\left(\lambda_N \leqslant \frac{x}{t_N}\right) = \int_0^x \frac{u^{N-1}}{(N-1)!} e^{-u} du = \beta.$$

Dieses Integral ist mit dem auf S. 228 für W_N angegebenen Integral bis auf die Ordnung (N bzw. N - 1) identisch. Deswegen kann der Übergang zur χ^2-Verteilung analog den obigen Schritten vorgenommen werden, mit dem einzigen Unterschied, daß anstelle des Freiheitsgrads N nun N - 1 verwendet werden muß. Daraus resultieren

$$\lambda_N = \frac{\chi^2_{2N;\beta}}{2t_N}$$

als obere Vertrauensgrenze für λ und

$$\text{MTBF} = \frac{2t_N}{\chi^2_{2N;\beta}}$$

als untere Vertrauensgrenze für die MTBF.

Zu Abschn. 5.4

1. Herleitung der Poissonverteilung aus der Binomialverteilung.

Es wird folgender Grenzübergang betrachtet: $Q = 1 - R$ gehe gegen 0 und zugleich n gegen ∞ und zwar derart, daß das Produkt nQ einen festen

Wert a zustrebt. Es ist zu beweisen, daß dieser Grenzübergang die Binomialverteilung $\sum\limits_{i=0}^{N} \binom{n}{i} Q^i (1-Q)^{n-i}$ in eine Poissonverteilung der Form $e^{-nQ} (nQ)^i / i!$ überführt. Dazu betrachten wir die einzelnen Summanden der Binomialverteilung

$$W_i = \binom{n}{i} Q^i (1-Q)^{n-i} .$$

Den Ausdruck für W_i formen wir um, indem wir $(1-Q)^{n-i}$ entwickeln:

$$W_i = \binom{n}{i} Q^i (1-Q)^{n-i} = \binom{n}{i} Q^i \frac{(1-Q)^n}{(1-Q)^i}$$

$$= \frac{n!}{(n-i)!\, i!} \; \frac{n^i Q^i}{n^i} \; \frac{\sum\limits_{k=0}^{n} (-1)^k \binom{n}{k} Q^k}{(1-Q)^i}$$

$$= \frac{n!}{(n-i)!\, n^i} \; \frac{(nQ)^i}{i!} \; \frac{\sum\limits_{k=0}^{n} (-1)^k \frac{1}{k!} (nQ)^k \frac{n!}{(n-k)!\, n^k}}{(1-Q)^i} \; .$$

Im Grenzübergang $Q \to 0$ und $n \to \infty$ geht $(1-Q)^i \to 1$ und

$$\frac{n!}{(n-i)!\, n^i} = \frac{1 \cdot 2 \cdot 3 \cdots (n-i)(n-i+1)(n-i+2) \cdots n}{1 \cdot 2 \cdot 3 \cdots (n-i) \cdot n^i}$$

$$= \frac{n-i+1}{n} \; \frac{n-i+2}{n} \; \cdots \; \frac{n}{n} \to 1 \; .$$

Ferner strebt nach Voraussetzung das Produkt nQ gegen den festen Wert a. Also geht W_i über in

$$\frac{(nQ)^i}{i!} \sum\limits_{k=0}^{\infty} (-1)^k \frac{1}{k!} (nQ)^k \; .$$

Die Summe stellt aber gerade die Reihenentwicklung der Exponentialverteilung e^{-nQ} dar, so daß gilt

$$\lim_{\substack{n \to \infty \\ Q \to 0 \\ nQ \to a}} \binom{n}{i} Q^i (1-Q)^{n-i} = \frac{(nQ)^i}{i!} e^{-nQ} \; .$$

Die Poissonverteilung ist also eine Grenzverteilung der Binomialverteilung. Wendet man diese Erkenntnis auf Gl. (5.39) an, so kann man schreiben:

$$\lim_{\substack{n \to \infty \\ Q \to 0 \\ nQ \to a}} \sum_{i=0}^{N} \binom{n}{i} e^{-(n-i)\,t/m} \left(1 - e^{-t/m}\right)^i \quad,$$

$$= \sum_{i=0}^{N} \frac{[n(1 - e^{-t/m})]^i}{i!} \, e^{-n(1 - e^{-t/m})} \quad,$$

wobei jetzt $Q = 1 - e^{-t/m}$ ist. Für hinreichend kleine t/m können wir $e^{-t/m}$ durch $1 - t/m$ approximieren, so daß die Gl. (5.40) hergeleitet ist.

$$L_{n,N,T}(m) = e^{-nt/m} \sum_{i=0}^{N} \frac{1}{i!} \left(\frac{nt}{m}\right)^i$$

für $t/m \ll 1$ und n hinreichend groß.

2. Beispiele für O.C.-Kurven

In der Abb.5.24 sind O.C.-Kurven für Binomialprüfpläne für verschiedene Kombinationen der maximal zulässigen Zahl von Ausfällen N und des Stichprobenumfangs n aufgetragen.

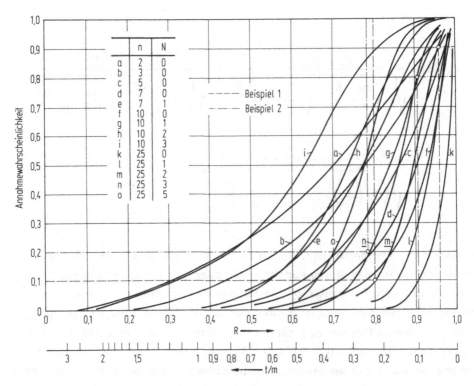

Abb.5.24. Verschiedene O.C.-Kurven.

3. Abstand der durch Gl. (5.46) und Gl. (5.47) gegebenen Geraden.

Der Abstand einer Geraden vom Ursprung ist gegeben durch

$$d = \frac{q}{\pm \sqrt{1 + \tan^2 \alpha}}$$

In unserem Fall ist

$$\tan^2 \alpha = \left(\frac{\frac{1}{m_1} - \frac{1}{m_0}}{\ln \frac{m_0}{m_1}} \right)^{2^2} ,$$

$$q_1 = \frac{\ln A}{\ln \frac{m_0}{m_1}} , \quad -q_2 = \frac{\ln B}{\ln \frac{m_0}{m_1}} ,$$

und wir erhalten

$$D = d_1 + d_2 = \frac{\ln A - \ln B}{\sqrt{\left(\ln \frac{m_0}{m_1} \right)^2 + \left(\frac{1}{m_1} - \frac{1}{m_0} \right)^2}} = \frac{\ln \frac{1-\beta}{\alpha} - \ln \frac{\beta}{1-\alpha}}{\sqrt{\left(\ln \frac{m_0}{m_1} \right)^2 + \left(\frac{1}{m_1} - \frac{1}{m_0} \right)^2}}$$

$$= \frac{\ln(1-\beta) - \ln \alpha - \ln \beta + \ln(1-\alpha)}{\sqrt{\left(\ln \frac{m_0}{m_1} \right)^2 + \left(\frac{1}{m_1} - \frac{1}{m_0} \right)^2}} .$$

Je kleiner m_1 gegenüber m_0, um so größer wird der Ausdruck unter der Wurzel im Nenner und um so kleiner wird daher D. Die im Mittel erforderliche akkumulierte Prüfzeit t_{akk} nimmt also ab. Je größer α und β, um so kleiner ist der Ausdruck im Zähler und um so kleiner wird D; d.h. mit größer werdenden Werten α, β nimmt die "mittlere" akkumulierte Prüfzeit ebenfalls ab. Für $\alpha = \beta = 0,5$ wird D = 0, d.h. beide Geraden fallen zusammen und die Durchführung einer Sequentialprüfung ist nicht möglich. Im Grenzübergang $m \rightarrow m_0$ strebt der Ausdruck unter der Wurzel gegen 0, also $D \rightarrow \infty$, d.h. die Zeit t_{akk} bis zur Erreichung einer Entscheidung (Annahme oder Ablehnung) wird unendlich lang.

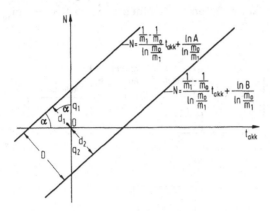

Abb. 5.25. Zur Ermittlung der Randbedingungen für Sequentialprüfungen.

4. Ableitung der Prüfvorschrift für Sequentialprüfungen.

Im Folgenden wird keine strenge quantitative Ableitung gebracht, sondern nur eine anschauliche Plausibilitätsüberlegung.

a) Gegeben sei eine Prüfung mit fester Dauer (vgl. Abb. 5.26a).

Operationscharakteristik = Annahmewahrscheinlichkeit als Funktion der wahren MTBF $m_{wahr} = L(m_{wahr}) = \sum p_i(m_{wahr})$.

Die Summation ist über alle Ereignisse zu erstrecken, die zur Entscheidung "Annahme" führen. p_i seien die Wahrscheinlichkeiten dieser Ereignisse.

b) Man erhöht L, wenn man durch Abschrägen des Ecks rechts unten die Annahme bei kleinen N erleichtert, indem man sie bei kürzerem t ermöglicht (vgl. Abb. 5.26b). Die Wahrscheinlichkeit für 0 Ausfälle bis t_2 ist größer als die Wahrscheinlichkeit für 0 Ausfälle bis t_1 mit $t_2 < t_1$ usw. Die Auswirkung dieser Maßnahme ist am größten bei großem m_{wahr}.

c) Dieser Effekt der Erhöhung der Annahmewahrscheinlichkeit muß kompensiert werden. Dies kann dadurch geschehen, daß man die Annahme bei größerem N erschwert, d.h. erst bei längerem t zuläßt (vgl. Abb. 5.26c). Die Auswirkung dieser Maßnahme ist am größten für mittleres m_{wahr}.

d) Analog verfährt man bei der Entscheidung "Ablehnung", die teilweise
erleichtert und teilweise erschwert wird (vgl. Abb. 5.26d). Die Auswirkungen sind am größten für kleines bzw. mittleres m_{wahr}.

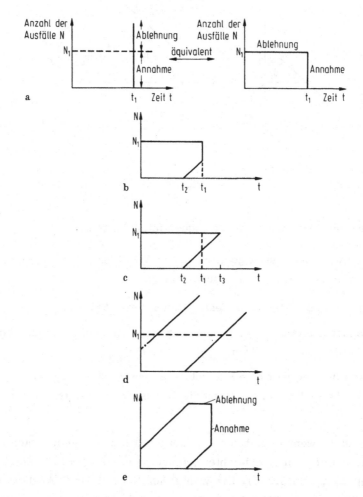

Abb. 5.26. Herleitung der Prüfvorschrift für Sequentialprüfungen.

e) Eine genaue Rechnung zeigt, daß man zwei parallele Geraden erhält.
Da diese keinen Schnittpunkt haben, kann die Prüfung im Einzelfall,
wenn auch mit geringer Wahrscheinlichkeit, sehr lang werden. Dem be-
gegnet man durch eine Vorschrift zur "Abschneidung" der Prüfung (vgl.
Abb. 5.26e). Hierdurch wird die Operationscharakteristik etwas beeinflußt.

Auf diese Weise erhält man die Prüfvorschrift für Sequentialprüfungen. Besonders für sehr schlechte (niedriges m_{wahr}) und - weniger ausgeprägt - für sehr gute (hohes m_{wahr}) Geräte ergibt sich eine wesentliche Verkürzung der Prüfung gegenüber einer solchen mit fester Dauer. In diesen Fällen erfolgt nämlich die Überschreitung der Entscheidungsgeraden meist links oben bzw. rechts unten. Sie ist somit schneller möglich, da die Geraden hier näher an den Ursprung herangezogen worden sind. Aber auch in anderen Fällen ist dieser Effekt gegeben, wie Tab. 5.10 (Auszug aus MIL-STD-781B) zeigt:

Tabelle 5.10. Vergleich der Dauer von Prüfungen.

Risiken α, β	$\dfrac{m_0}{m_1}$	Sequentialprüfung			Prüfung mit fester Dauer	
		Test-plan	Maximalwert des Erwartungswertes der Testdauer (normiert)	Zeit bis zur Ab-schneidung (norm.)	Test plan	Testdauer (normiert)
0,10	1,5	I	20,0	33	XIV	30,0
0,20	1,5	II	7,7	14,6	XVI	14,1
0,10	2,0	III	5,5	10,3	XVIII	9,4
0,20	2,0	IV	2,42	4,87	XX	3,9
0,20	3,0	IVa	1,14	1,50	XXIV	1,46
0,10	3,0	V	2,13	3,45	XXII	3,1
0,30	1,5	VII	3,4	4,53	XVII	5,3
0,30	2,0	VIII	1,27	2,25	XXI	1,84

Aus praktischen Gründen der Zeitplanung im Lauf eines Programms kann allerdings auch manchmal der Fall auftreten, daß eine Prüfung mit fester Dauer günstiger ist.

6. Instandhaltung

6.1. Grundlagen

Zuverlässigkeitsarbeit dient dem Ziel, die Wahrscheinlichkeit von Ausfällen zu einer kalkulierbaren und beeinflußbaren Kenngröße technischer Systeme zu machen. Da jedoch eine absolute Zuverlässigkeit nicht erreichbar ist - ja ihre Erreichung im allgemeinen nicht einmal angestrebt ist, ist die Instandhaltung, sei sie vorbeugend - vor Auftreten eines Fehlers - oder korrigierend - einen Fehler beseitigend - eine Notwendigkeit, deren Kostenträchtigkeit allen Systembetreibern wohl bekannt ist. Dies gilt für so relativ einfache Wirtschaftsgüter wie ein Haushaltsgerät bis hin zu den komplizierten Geräten und Anlagen, die z.B. bei der Energieerzeugung oder in der Verkehrstechnik benutzt werden.

Einige Zahlen sollen dies illustrieren. Im Bereich der kommerziellen Zivilluftfahrt entfielen im Jahr 1973 ca. 15 bis 20 ⁒ der Gesamtbetriebskosten auf Instandhaltungskosten. Entsprechend amerikanischen Quellen sind die Instandhaltungskosten im Zeitraum von 1971 bis 1974 um ca. 24 % gestiegen. Im militärischen Bereich rechnet man mit einem Verhältnis von Entwicklungskosten zu Produktionskosten zu Unterhaltungskosten über die Lebenszeit des Systems von 1:4:6.

Diese Steigerung des finanziellen Einsatzes für die Instandhaltung kann praktisch bei allen technischen Großgeräten beobachtet werden.

Die Ursachen hierfür sind:

1. Die zunehmende Komplexität technischer Anlagen macht Störungssuche, -lokalisation und Instandsetzung immer aufwendiger, auch ohne Steigerung der Störhäufigkeit.

2. Instandhaltungsarbeiten sind normalerweise personalintensive Arbeiten, deren Kosten zumindest in den westlichen Industriestaaten überproportional steigen.

238

Nicht nur von der Aufwandseite, auch aus der Sicht der Verfügbarkeit sind Instandhaltungsaufgaben kritisch zu betrachten. Neben der Zuverlässigkeit ist - wie der Anhang 1 zeigt - die Instandhaltbarkeit die wesentliche die Verfügbarkeit eines Systems beeinflussende Kenngröße. Auch auf diesem Gebiet werden in der modernen Technik eine Reihe von Problemen beobachtet. So hat mit zunehmender Blockleistung die Verfügbarkeit kerntechnischer Anlagen die Tendenz, merkbar abzusinken.

Folglich ist neben der Zuverlässigkeit auch die Instandhaltbarkeit eine wichtige, kostenbeeinflussende Systemeigenschaft, von der die Verfügbarkeit abhängt. Noch stärker als bei der Zuverlässigkeit sind bei der Bearbeitung von Instandhaltungsproblemen Impulse von den verschiedensten technischen Fachrichtungen fast zur gleichen Zeit ausgegangen. Neben der Luft- und Raumfahrt waren dies insbesondere die Energieerzeugung und die Verfahrenstechnik. Dies hat einerseits zwar den Fortschritt des Wissens forciert, andererseits aber zu einer gewissen Begriffsverwirrung beigetragen, da für den gleichen Begriffsinhalt in den einzelnen Fachrichtungen unterschiedliche Begriffe eingeführt wurden. Mit der Veröffentlichung der DIN 31051 wurde im deutschen Sprachraum im März 1982 eine einheitliche Sprachregelung gefunden. Danach werden im folgenden grundsätzlich als Oberbegriff der Term Instandhaltung und zur Charakterisierung derjenigen Geräteeigenschaft, die ein Maß ist für die Leichtigkeit, mit der solche Arbeiten am Gerät durchgeführt werden, der Begriff Instandhaltbarkeit benutzt.

Bei dem Versuch, die Instandhaltbarkeit quantitativ zu erfassen, sind planmäßige und außerplanmäßige Arbeiten zu unterscheiden. Planmäßige Instandhaltung umfaßt alle Arbeiten, die an den zu wartenden Systemen nach bestimmten festgelegten Regeln, z.B. nach Ablauf einer bestimmten Betriebszeit oder nach Ablauf einer bestimmten "Kalenderzeit", immer wieder durchgeführt werden, um die Funktionsfähigkeit über längere Zeit zu gewährleisten. Solche Arbeiten sind z.B. regelmäßige Inspektionen und Funktionsprüfungen bestimmter Bauteile, Überholung oder Austausch von Bauteilen, die dem Verschleiß unterliegen, Justagen, u.ä. Unter außerplanmäßige Instandhaltung fallen alle Maßnahmen, die zwischen den planmäßigen Aktionen zur Behebung von Ausfällen bzw. Störungen notwendig werden.

Zur quantitativen Beschreibung der Instandhaltbarkeit dient folgende Definition: Instandhaltbarkeit ist die Wahrscheinlichkeit, daß eine bestimmte Instandhaltungsarbeit unter spezifizierten Bedingungen innerhalb einer bestimmten Zeit erfolgreich abgeschlossen wird.

Analog zur Zuverlässigkeit ist nach dieser Definition der Begriff der Instandhaltbarkeit ebenfalls als Wahrscheinlichkeit aufzufassen. So gesehen bedeutet ein Zahlenwert von 0,9 für einen vorgegebenen Zeitraum, daß die Arbeiten in 90 % der Fälle während dieser Zeit abgeschlossen werden. Eine Erhöhung der Instandhaltbarkeit entspricht dann entweder einer Erhöhung der Wahrscheinlichkeit, eine bestimmte Arbeit in einem vorgegebenen Zeitraum zu beenden, oder einer Verkürzung des erforderlichen Zeitraumes bei gleichbleibender Wahrscheinlichkeit.

Man kann die Instandhaltbarkeit direkt als Funktion der "Kalenderzeit" messen, wobei diese nicht nur die eigentlichen aktiven Reparaturzeiten umfaßt, sondern den Gesamtzeitraum zwischen Stillegung (Ausfall) der betrachteten Einheit und ihrer Wiederindienststellung (also einschließlich solcher Zeiten wie Warten auf Ersatzteile, logistische Zeit, Mittagspausen, Nachtstunden, Urlaub des Personals, administrative Zeiten). Diese Zeit (auch "Down-Time" genannt) wird wesentlich beeinflußt durch die Organisation des Arbeitsablaufs beim Benutzer. Um eine von der Anzahl des für die Instandhaltungsarbeiten eingesetzten Personals unabhängige Maßgröße zu erhalten, wird die für die Instandhaltung benötigte Zeit meist in "Mannstunden" angegeben; darunter versteht man die Summe der Arbeitszeiten aller an der Maßnahme beteiligten Arbeitskräfte.

Die Instandhaltbarkeitsfunktion

Wir wollen zunächst annahmen, daß eine bestimmte Instandhaltungsarbeit genau der Zeit t_0 zu ihrer Erledigung bedarf. Wenn wir die Wahrscheinlichkeit, die Arbeit bis zur Zeit t erledigt zu haben, mit M(t) bezeichnen, so ist in diesem Falle M(t) für alle Zeiten $t < t_0$ gleich 0; zum Zeitpunkt $t = t_0$ steigt die Instandhaltbarkeit sprunghaft auf 1 (Abb.6.1). Es gilt also

$$M(t) = \begin{cases} 0 \text{ für } t < t_0 \,, \\ 1 \text{ für } t \geq t_0 \,. \end{cases} \qquad (6.1)$$

In der Praxis wird man eine solche Funktion nicht beobachten; vielmehr unterliegt der Zeitbedarf zur Erledigung eines bestimmten Instandhaltungs-

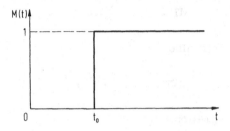

Abb.6.1. Idealisierter Verlauf der Instandhaltbarkeitsfunktion.

vorganges stets einer statistischen Streuung um einen Mittelwert. Für $M(t)$ werden wir daher eine Funktion gemäß Abb.6.2 erhalten. Auf diesen Funktionstyp, der uns bereits von der Ausfallverteilungsfunktion $Q(t) = 1 - R(t)$ her bekannt ist (Kap. 3), können wir alle dort angestellten Überlegungen übertragen.

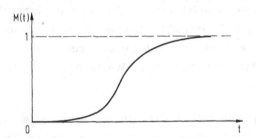

Abb.6.2. Tatsächlicher Verlauf der Instandhaltbarkeitsfunktion (schematisch).

Mit der Rate

$$\mu(t) = \frac{1}{1 - M(t)} \frac{d M(t)}{dt}$$

können wir die Instandhaltbarkeitsfunktion in der folgenden Form darstellen:

$$M(t) = 1 - \exp\left[-\int_0^t \mu(t') \, dt'\right]. \tag{6.2}$$

Die Zeit, die im Mittel vergeht, bis ein bestimmter Instandsetzungsvor-
gang beendet ist - im Englischen mit "MTTR" (Mean Time To Repair)
bezeichnet - ergibt sich (analog zu Kap.3) zu

$$MTTR = \int\limits_0^\infty t \frac{dM(t)}{dt} dt \qquad (6.3)$$

Bei konstanter Rate μ gilt also

$$MTTR = \mu \int\limits_0^\infty t\, e^{-\mu t} dt \ ,$$

und nach partieller Integration folgt

$$MTTR = \frac{1}{\mu} \ . \qquad (6.4)$$

Für t = MTTR = $1/\mu$ wird M(t) = $1 - e^{-1}$. Das bedeutet, daß innerhalb dieses Zeitraumes bei ungefähr 63,2 % der Einheiten eines Kollektives die
Arbeiten abgeschlossen sind.

Kann dagegen die Instandhaltbarkeit eines Kollektives von Einheiten durch
eine Normalverteilung beschrieben werden (Abschn.3.3), dann werden
bis zur Zeit MTTR genau 50 % der gewarteten Einheiten fertig.

In der Praxis läßt sich zumeist mit dem Ansatz einer logarithmischen Normalverteilung eine gute Übereinstimmung mit Erfahrungswerten erzielen.
Diese Verteilung kann wie folgt beschrieben werden: Sind t_i die Zeiten bis
zum Abschluß der Arbeiten, so sind die Werte $\ln t_i$ normalverteilt. Siehe
auch Abschn.3.3.

Hinsichtlich der experimentellen Ermittlung dieser Verteilung sei auf das
Kap.5 verwiesen, ebenso bezüglich der Bestimmung von Vertrauensgrenzen.

Beeinflussung der Instandhaltbarkeit

Man kann die Instandhaltbarkeit auf zwei Wegen günstig beeinflussen:

1. Einerseits durch Herstellung von Gerät, das notwendige Instandhaltungsarbeiten soweit wie möglich erleichtert.

2. Andererseits durch Bereitstellung von Verfahren, Geräten und Mann-
   schaften zur schnellen und sicheren Durchführung notwendiger Instandhaltungsarbeiten.

In den folgenden zwei Abschnitten sollen beide Einflußmöglichkeiten getrennt betrachtet werden. Bei dieser begrifflichen Trennung beider Themenkreise ist jedoch immer zu berücksichtigen, daß in der Praxis eine solche Trennung nicht streng möglich ist, sondern daß sie sich gegenseitig beeinflussen.

Betrachtet man die zur Herstellung einer guten Instandhaltbarkeit erforderlichen Aktivitäten in ihrem zeitlichen Ablauf über den Entstehungsgang von technischem Gerät, ähnlich wie es im Abschn.1.2 mit den Arbeiten zur Anhebung der Zuverlässigkeit getan wurde, so kann man die Abb.1.4 sinngemäß auch hier anwenden.

Insbesondere erscheint es erwähnenswert, daß der Grundstein für eine gute Instandhaltbarkeit des Gerätes in den frühen Phasen der Konzeption und Entwicklung dieses Gerätes gelegt werden muß. Nach festliegender Grundkonstruktion sind auftretende Instandhaltungsprobleme nur noch schwer beherrschbar. Solche Probleme können verursacht sein z.B. durch Fragen der Anordnung der Bauelemente im Gerät, der Fehlererkennbarkeit, der Montagefolge, der Zugänglichkeit, der Benutzung von Spezialwerkzeugen für Montage und Demontage. Die nachträgliche Behebung solcher Probleme ist oft noch schwieriger als die Korrektur eines Zuverlässigkeitsproblemes.

In den folgenden Ausführungen wird auf die Arbeitsteilung zwischen Hersteller und Nutzer des Gerätes nicht näher eingegangen, da diese von der Art des betrachteten Produktes abhängt. Bei fast allen für den Konsum vorgesehenen technischen Gütern, wie z.B. Haushaltsgeräten, Unterhaltungselektronik u.ä., liegt die Instandhaltung entweder in Händen der Service-Organisationen der Hersteller oder eigenständigen Service-Organisationen, während sie bei vielen Produkten der Investitionsgüterindustrie durch den Nutzer selber durchgeführt wird. Generell scheint sich aber eine Tendenz abzuzeichnen, immer mehr Instandhaltungsarbeiten für den Nutzer durchführbar zu gestalten.

6.2. Bereitstellung gut instandhaltbaren Gerätes

Um gut instandhaltbares Gerät auf den Markt bringen zu können, ist die Durchführung von Programmen ähnlich den bereits behandelten Zuverlässigkeitsprogrammen notwendig. Sinngemäß können die in Abschn.1.2 die-

ses Buches zum Thema Zuverlässigkeitsprogramm gemachten Aussagen
auf ein Instandhaltbarkeitsprogramm übertragen werden. Aus diesem
Grunde erscheint es nicht notwendig, gesonderte Ausführungen zum Thema
Instandhaltbarkeitsprogramm zu machen. Jedoch sollen einige typische
Elemente eines solchen Programmes kurz herausgegriffen werden.

Instandhaltbarkeitsanalysen

Abb.6.3 gibt einen schematischen Überblick über das Ziel von Instandhaltbarkeitsanalysen. Aus den operationellen Forderungen (also den Forderungen, die an das technische Gerät während seines Einsatzes gestellt werden)
werden die Forderungen an die Instandhaltung abgeleitet. Dies sind normalerweise Rahmenbedingungen etwa in der Art: "Das Gerät muß 10 Stunden
ohne planmäßige Instandhaltung arbeiten" oder "Zur Erzielung einer Verfügbarkeit von 90 % dürfen pro Monat nicht mehr als .... Mannstunden
verwendet werden."

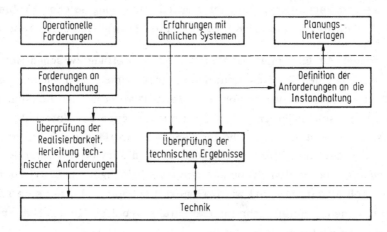

Abb.6.3. Ziel von Instandhaltbarkeitsanalysen.

Diese Grundforderung zusammen mit den Erfahrungen mit ähnlichen Systemen bilden den Ausgangspunkt für die Festlegung detaillierter Forderungen an die Technik, nachdem zunächst die Realisierbarkeit der Forderungen anhand der vorliegenden Erfahrung überprüft wurde. Dies muß bereits bei der Konzeption des Gerätes geschehen. Im Rahmen der Geräte-
entwicklung entstehen mehr und mehr technische Einzelheiten, die im Rah-

244

men der Analyse zu überprüfen sind: einmal auf die Einhaltung der gegebenen Instandhaltbarkeitsforderungen; zum anderen auf die aus der Technik resultierenden Forderungen an die Instandhaltung während der Nutzungsphase. Letzteres bietet dann die Basis für die Planung der Instandhaltung
und aller Hilfsmittel, auf die im nächsten Abschnitt kurz eingegangen werden soll.

Bei der Analyse müssen normalerweise planmäßige und außerplanmäßige
Arbeiten berücksichtigt werden. Außerplanmäßige Arbeiten sind alle Ar-
beiten, die aufgrund von Störfällen durchzuführen sind. Als planmäßige
Arbeiten werden solche Arbeiten betrachtet, die, nach einem bestimmten
Schema vorgeplant, durchgeführt werden, ohne daß ein akuter Störfall vor-
liegt.

Abb.6.4 zeigt den Ablauf einer solchen Analyse und die zu erwartenden
Aussagen. Ausgehend von der Zuverlässigkeitsbearbeitung werden Art und
Häufigkeit der einzelnen Beanstandungen, die im Rahmen der außerplanmäßigen Instandhaltung anfallen, festgestellt. Zum anderen werden aus der
Wartungs- und Inspektionsplanung alle planmäßig durchzuführenden Arbeiten - zweckmäßigerweise geordnet nach einzelnen Bestandteilen des Gerätes - mit ihrer Häufigkeit zusammengestellt. Im nächsten Arbeitsschritt
werden pro Beanstandungsart folgende Informationen gesammelt:

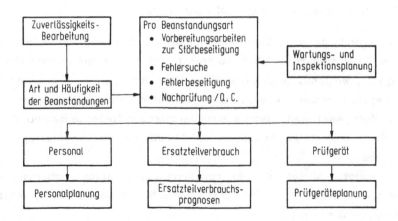

Abb.6.4. Ablauf und Aussagen von Instandhaltbarkeitsanalysen.

- Zur Störbehebung bzw. Arbeitsdurchführung notwendige Vorberei-
  tungsarbeiten (z.B. Demontage von Verkleidungen, Anbringung von
  Prüf- und Testgeräten);
- Fehlersuchverfahren;
- Verfahren der Fehlerbeseitigung;
- Notwendige Nachprüfungen, Qualitätskontrolle.

Für jede dieser einzelnen Aktivitäten werden zumindest festgestellt:

- Häufigkeit;
- benötigte Zeit (vgl. hierzu [6.1]);
- benötigtes Personal nach Anzahl, Art und Qualifikation;
- benötigtes Prüf- und Testgerät;
- benötigter Ersatzteilverbrauch.

Durch Summation über die einzelnen Baugruppen des Gerätes und schließlich über das Gesamtgerät resultieren aus diesen Überlegungen Schätzungen, die die Basis der Personalplanung für die Instandhaltung, der Ersatz-
teilverbrauchsprognosen, der Prüfgeräteplanung, der Infrastrukturplanung
und sonstiger für die Vorbereitung der Instandhaltung wesentlicher Pla-
nungsarbeiten bilden [6.2].

Diese analytische Arbeit ist nicht ein nur einmal durchzuführender Vorgang, sondern ein rekursiver Prozeß, der während der gesamten Entwicklungszeit laufend durchgeführt werden muß. In seinem Verlaufe müssen
oft einzelne Systemeigenschaften gegeneinander abgewogen werden (trade
off's), so z.B. Zuverlässigkeits- und Instandhaltbarkeitsforderungen oder
planmäßige und außerplanmäßige Instandhaltung.

Wird eine Arbeit, die ursprünglich planmäßig durchgeführt wurde, nur im
Falle einer Störung durchgeführt, so vermindert dieses immer dann die Zuverlässigkeit, wenn durch die planmäßige Durchführung ein vorbeugender
Effekt zu erreichen war. Dies wird im allgemeinen der Fall sein, wenn
- die dem jeweiligen Ausfallgeschehen zugrundeliegende Bauteil-Aus-
  fallrate eine steigende Tendenz hat (Vorliegen von Verschleißphäno-
  menen),
- mit anderen Mitteln nicht überprüfbare Degradationserscheinungen
  festgestellt werden (z.B. Ausfall redundanter Zweige ohne Auswirkung auf die Funktion).

Es ist feststellbar, daß die Fortschritte der Technologie den Zwang, Wartung und Inspektion planmäßig durchzuführen, verringert haben:

- Bausteine der Elektronik, insbesondere Halbleiterschaltungen, zeigen kein meßbares Verschleißverhalten;
- die Einführung von integrierten Prüfsystemen (built-in-test, BIT) setzt die Wahrscheinlichkeit für das Auftreten verborgener Fehler herunter.

Dies führt zu einer grundsätzlichen Änderung der Instandhaltungsphilosophie derart, daß ganz generell die Tendenz besteht, planmäßige Arbeiten soweit wie möglich zu verringern. Diese Entwicklung wird ganz deutlich in der zivilen Luftfahrt. Ursprünglich ging man von den sog. "hardtimelimits" aus, also von pro Gerät festgelegten maximal zulässigen Lebensdauern. Am Ende dieser Intervalle wurde normalerweise eine Überholung durchgeführt oder der Austausch der bis dahin benutzten Teile gegen neue Teile.

Bereits Mitte der 60er Jahre wurde dieses Konzept mehr und mehr ersetzt durch das Konzept der "on condition maintenance". In diesem Konzept führte man Inspektionen oder Überprüfungen durch, um den Zustand von Bauteilen oder Geräten festzustellen. Reparaturen wurden durchgeführt, wenn bei einer solchen Inspektion Probleme festgestellt wurden. Planmäßige Überholungen, die angesetzt waren ohne Rücksicht auf den Zustand des Gerätes, entfielen unter dieser Instandhaltungsphilosophie.

In jüngster Zeit gehen immer mehr Luftfahrtgesellschaften unter dem Druck der steigenden Kosten über auf das Konzept des "Condition Monitoring." In diesem Instandhaltungskonzept wird eine intensive Überwachung wichtiger Bauteile und Geräte im laufenden Betrieb durchgeführt. Dies kann teilweise geschehen dadurch, daß automatische Meßgeräte den Zustand wichtiger Baugruppen und Geräte während des Betriebes überwachen, andererseits aber auch durch sorgfältige Aufschriebe und Auswertungen der während des Betriebes aufgetretenen außerplanmäßigen Instandsetzungen. Erfahrungsgemäß bedingt dieses Vorgehen einen sehr hohen Aufwand auf der Seite der Datenerfassung und Auswertung, sie senkt aber auch die Gesamtinstandhaltungskosten recht deutlich, ohne daß in irgendeiner Form die Sicherheit und Zuverlässigkeit des Gerätes beeinträchtigt wird. Vielmehr gelang es einer Reihe von amerikanischen Luftfahrtgesellschaften, unter dem Prinzip des "Condition Monitoring" Zuverlässigkeit und Abflugpünktlichkeit ihrer Maschinen noch zu steigern.

Entwurfsüberprüfung

Neben der analytischen Bearbeitung der Instandhaltbarkeitsziele ist es ähnlich wie bei der Zuverlässigkeitsarbeit zweckmäßig, während der Entwicklungsphase durch formelle Entwurfsüberprüfungen und laufende Beratung sicherzustellen, daß bei der konstruktiven Systembearbeitung die Gesichtspunkte der Instandhaltbarkeit in einem hinreichenden Maß Anwendung finden. Es hat sich als zweckmäßig erwiesen, Entwurfsüberprüfungen durch ein Team durchführen zu lassen, in dem neben der Konstruktion selber der Service bzw. Kundendienst, das Ersatzteilwesen und das Handbuchwesen (bzw. diejenige Organisation, die die Kundendienstausbildung betreibt) vertreten sind.

Die Richtlinien für die Entwurfsüberprüfung entsprechen wiederum voll dem bei der Zuverlässigkeitsarbeit angewendeten Verfahren. Als Hilfsmittel kann eine Sammlung von konstruktiven Richtlinien benutzt werden, die aufgrund positiver und negativer Erfahrungen mit vorhandenem Gerät zusammengestellt und laufend überarbeitet wird. Eine solche Informationssammlung kann einerseits der Konstruktion als Anregung dienen, sie kann andererseits von dem Entwurfsüberprüfungsteam als Checkliste benützt werden.

Test und Demonstration

Die Analyse ist das wesentlichste Hilfsmittel der Instandhaltbarkeitsarbeit während der Entwicklung des Gerätes. Bei Vorliegen der ersten Prototypen jedoch müssen die notwendigerweise prognostischen und damit unsicheren Ergebnisse der Analyse bestätigt werden. Hierfür bieten sich Instandhaltbarkeitstests und -demonstrationen an. Sie sind im Prinzip einfacher zu planen und durchzuführen als Zuverlässigkeitstests. Es genügt, typische Fehlerarten am Gerät zu simulieren und diese Fehlerarten durch entsprechend ausgebildetes Personal mit den vorgesehenen Werkzeugen und Hilfsmitteln beheben zu lassen. Die Zeit, die für diese Behebung erforderlich ist, zusammen mit der Anzahl des benötigten Personals, gibt den gesuchten quantitativen Nachweis der Instandhaltbarkeit. Wird ein solcher Test hinreichend oft durchgeführt, so kann aufgrund der üblichen Statistik auch eine Aussage über die Signifikanz des Meßwertes gemacht werden.

Die eigentliche Schwierigkeit bei dieser Art der Demonstration liegt in der ungeheuren Vielfalt von möglichen Ausfällen und Ausfallarten. Allein

aus Aufwandsgründen verbietet diese Vielfalt normalerweise das Durch-
spielen aller denkbaren Ausfallarten. In der Praxis wird deshalb aus der
Summe aller denkbaren Ausfallarten eine aufgrund von Zuverlässigkeitsanalysen als typisch anzunehmende Stichprobe möglicher Ausfälle zur Demonstration herangezogen, und es wird von dieser Stichprobe her auf die Gesamtheit aller Ausfälle geschlossen. Dieser Schluß kann nun mit statistischen Mitteln nicht weiter untersucht werden, sondern muß als Analogie-
schluß hingenommen werden.

6.3. Instandhaltungsverfahren

Die Vorbereitung der Instandhaltung in der Nutzungsphase muß als Teil
des Leistungsumfanges des Geräteherstellers angesehen werden. Der folgende Abschnitt wird sich insbesondere mit diesem Aspekt beschäftigen.
Die eigentliche Durchführung der Instandhaltung kann in allgemeiner Form
nur schwer diskutiert werden, da sie durch eine Reihe von branchen- und
produkttypischen Eigenarten geprägt wird. Leitlinien hierzu sind aus der
weiterführenden Literatur [6.3 - 6.12] zu entnehmen.

Ausgangspunkt für die Vorbereitung der Instandhaltungsverfahren ist ein
grundsätzliches Konzept, das im groben festlegt,

1. ob routinemäßige Überholungen vorgesehen sind, ob man sich auf Inspektionen beschränkt, oder ob ein dem Condition Monitoring ähnliches
   Konzept angewendet wird;

2. welcher Umfang an planmäßigen Arbeiten überhaupt vorgesehen ist;

3. ob mehr als eine Reparaturebene eingeführt bzw. welche Anzahl von Reparaturebenen eingeführt wird.

Dabei wird der Begriff Reparaturebene wie folgt verstanden: Wird jede an-
fallende Arbeit am Gerät selber durchgeführt, so spricht man von einer Reparaturebene. Wird das Gerät instandgesetzt durch Austausch einer defek-
ten Baugruppe gegen eine funktionstüchtige und wird diese defekte Baugruppe
dann in einer (zentralen) Werkstatt instandgesetzt, so spricht man von einem Kreislauf mit zwei Reparaturebenen.

Die Anzahl von Reparaturebenen, die in einer Instandhaltungsorganisation
benutzt wird, schwankt in der Praxis zwischen 1 und 4. Sie wird aufgrund
der betrieblichen Anforderung an das Gerät (insbesondere Verfügbarkeit)

und aufgrund der vorhandenen Instandhaltungsorganisation festgelegt. Für
die Erarbeitung des Instandhaltungskonzeptes stehen folgende Werkzeuge
zur Verfügung:

Instandhaltbarkeitsanalyse ergänzt um den "trade off" zwischen planmäßiger und außerplanmäßiger Instandhaltung;

Reparaturebenenanalyse.

Festlegung planmäßiger Arbeiten

Bei der Festlegung der planmäßigen Arbeiten geht man normalerweise zunächst davon aus, daß nur diejenigen Arbeiten zu berücksichtigen sind, die
unbedingt notwendig sind, um den verlangten Zuverlässigkeitsstand zu halten. Es kann im zweiten Schritt dann für die aufgrund der Instandhaltbarkeitsanalyse am häufigsten vorkommenden bzw. den größten Aufwand ver-
ursachenden Störbehebungen untersucht werden, ob technisch eine vorbeugende Instandhaltung für diese Stördaten überhaupt infrage kommt und
- falls dieses der Fall ist - wie sich die Gesamtmannstundenaufwendungen
verändern, wenn solche Störbehebungen durch vorbeugende Instandhaltungsmaßnahmen wenigstens teilweise vermieden werden. Der dadurch
gewonnene höhere Zuverlässigkeitswert ist zusätzlich zu berücksichtigen.

Generell erscheint jedoch eine vorbeugende Instandhaltungsmaßnahme nur
dann sinnvoll, wenn sie
   - auftretende Verschleißerscheinungen korrigiert,
   - verborgene Fehler entdeckt,
   - und/oder sich anbahnende Ausfälle erkennt.

Es ist tendenziell zu beobachten, daß mit zunehmendem Wissen über Ausfallursachen und über die Ausfallverteilung die Notwendigkeit vorbeugender Instandhaltungsmaßnahmen immer besser beurteilt werden kann. So
verwenden die Hersteller und Betreiber von zivilen Verkehrsflugzeugen in
der westlichen Welt seit den frühen 70er Jahren ein formales Verfahren
"Maintenance System Guide (MSG)". Dieses Dokument beschreibt die gene-
relle Organisation sowie den Entscheidungsprozeß zur Festlegung von Art
und Umfang der vorbeugenden Instandhaltung. Seine Anwendung hat zu einer
deutlichen Senkung des Aufwandes für vorbeugende Instandhaltung bei
gleichzeitiger Erhöhung von Zuverlässigkeit und Sicherheit geführt.

250

Reparaturebenen-Analyse

Entschließt man sich, z.B. um eine gegebene Verfügbarkeit zu erhalten, am Großgerät nur Baugruppen auszutauschen und diese in einer zentralen Werkstätte instandzusetzen, also mehr als eine Reparaturebene einzuführen, so ergeben sich die Fragen:

1. Welches ist die zweckmäßigste Anzahl von Reparaturebenen für ein gegebenes Produkt?

2. Welches Teil sollte in welcher Reparaturebene repariert werden?

Diese Fragen versucht die Reparaturebenenanalyse zu beantworten. Hierbei geht man üblicherweise von folgenden Schritten aus:

1. Ausscheidung aller derjenigen Ersatzteile, die aufgrund ihrer Technik nicht instandgesetzt werden können (z.B. in einer gegebenen Reparaturebene mit dort vorgesehenem Werkzeug nicht weiter zerlegbar).

2. Sammlung von Informationen für jedes Ersatzteil über den voraussichtlichen Aufwand für die Instandhaltung während der gesamten Lebenszeit des betrachteten Gerätes/Systems; Durchführung einer Kostenschätzung über die gesamte Lebenszeit für die einzelne Reparaturebene; Auswahl der für das jeweilige Ersatzteil wirtschaftlichsten Reparaturebene.

3. Überprüfung der wirtschaftlichen Optimierung aufgrund der gegebenen Randbedingungen.

Legt man für die Entscheidung über die Reparaturebene der Wirtschaftlichkeit die größte Bedeutung bei, so ist die Überprüfung der Randbedingungen umso wichtiger. Solche Randbedingungen können zum Beispiel sein:

> Auswirkung auf die Verfügbarkeit;
>
> Auswirkungen auf Raum/Prüfgeräte Bereitstellung;
>
> Wahrscheinlichkeit einer erfolgreichen Instandsetzung;
>
> notwendiger Ausbildungsaufwand;
>
> erreichbare Genauigkeit der Fehlerlokalisierung (Wahrscheinlichkeit von irrtümlich ausgebauten und zur Instandsetzung versandten Bauteilen);
>
> für die Fehlerlokalisation vorgesehener Aufwand.

251

Bei der Wirtschaftlichkeitsüberprüfung sind im allgemeinen folgende Daten wichtig:

mittlere Zeit zwischen zwei Fehlern;

mittlerer Anteil von bei der Instandsetzung auszusondernden Ersatzteilen;

vorgesehene Betriebszeit pro Einheit und Jahr;

Anzahl von Falschbeanstandungen;

Preis des einzelnen Ersatzteiles;

mittlere Reparaturkosten pro Ersatzteil;

Volumen und Gewicht/Transportkosten;

Art, Anzahl und Belegungsdauer des erforderlichen Testgerätes;

Art und Umfang der für die Instandsetzung benötigten Dokumentation (Kosten);

für die Ausbildung der Reparaturmannschaft benötigtes spezielles Training;

Prüfgeräte und Werkstattkosten.

Ein Beispiel soll die Vorgehensweise bei der Reparaturebenenanalyse verdeutlichen.

Für die Komponenten eines Kraftwagens, wie z.B. Motor, Lichtmaschine, Blinkerrelais, Glühbirnen usw., kommen folgende Instandsetzungsmöglichkeiten infrage:

1. Bei Ausfall wird das ausgefallene Bauteil durch ein neues ersetzt, wie es z.B. für ein Blinkerrelais oder eine Glühlampe üblich ist.
2. Unter bestimmten Umständen kann das beschädigte Teil repariert und so der PKW wieder instandgesetzt werden, wie das z.B. für Karosserieschäden zutrifft.
3. Weiterhin ist es möglich, daß die Reparatur des ausgefallenen Teiles zwar möglich ist, aber so viel Aufwand verlangt, daß es zweckmäßiger ist, das ausgefallene Teil auszutauschen gegen ein zwar gebrauchtes, aber wieder instandgesetztes Teil, wie z.B. beim Austauschmotor.

Welche Entscheidung die zweckmäßigste ist, hängt offensichtlich von den Kosten des Teiles und der Austauschhäufigkeit ab. Im Beispiel können drei Reparaturebenen unterschieden werden. Analysiert man für jedes der Teile die günstigste Vorgehensweise, so ergibt sich die in Abb.6.5 gezeigte Darstellung.

Für relativ billige Teile mit begrenzter Austauschhäufigkeit lohnt sich im allgemeinen eine Reparatur nicht. Nicht zu teure Teile, die relativ häufig ausfallen, werden zweckmäßigerweise am Gerät instandgesetzt. Sehr teure

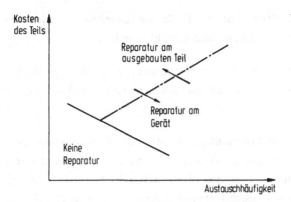

Abb.6.5. Ergebnisse einer Reparaturebenenanalyse.

Teile, deren Austauschhäufigkeit begrenzt ist, werden am Gerät ausgetauscht und in der Werkstatt repariert. Es erscheint erwähnenswert, daß
gerade durch diese Reparaturebenenanalyse in vielen Fällen mit relativ
kleinem Aufwand für das Sammeln und Bewerten einiger Kosteninformatio-
nen ganz wesentliche Einsparungen in der laufenden Instandhaltung erreicht
werden können.

Aufwandsschätzungen

Ausgehend vom Instandhaltungskonzept liefert die Analyse quantitative
Schätzungen für den Aufwand an Ersatzteilen, an Mannstunden und an Prüf-
geräten. Aufgabe der vorbereitenden Instandhaltung ist es, diese Angaben
in Planungen umzusetzen und in geeigneter Form zu dokumentieren.

Im Ersatzteilwesen ist zu unterscheiden zwischen der Erstbevorratung und
Folgeversorgung mit Ersatzteilen. Die Erstbevorratung dient dazu, bei Inbetriebnahme eines neuen Gerätes einen Ersatzteilvorrat bei den für die
Instandhaltung zuständigen Stellen so aufzubauen, daß häufig benötigte Ersatzteile in kürzester Zeit zur Verfügung stehen, um so unnötige Wartezeiten zu vermeiden. Die Instandhaltbarkeitsanalyse liefert hier die Information, welche Ersatzteile wie häufig benutzt werden. Aufgrund eines so prognosti-
zierten Bedarfes müssen dann die Kosten bei Nichtverfügbarkeit eines Ersatzteiles gegen die Kosten der Bevorratung dieses Teiles abgewogen werden.

Die Ergebnisse dieser Arbeiten werden einerseits in Ersatzteillisten bzw.
Ersatzteilkatalogen festgehalten, andererseits in Vorschlägen für die Ersatzteilgrundausstattung, die abhängig sind von den jeweiligen Einsatzzah-
len. Die Erstbevorratung oder Ersatzteilgrundausstattung ist dann im Rahmen der Folgeversorgung laufend zu ergänzen entsprechend den anfallenden

253

Betriebsverfahren. Dies kann mit Hilfe der üblichen bedarfs-orientierten Materialdispositionsverfahren beherrscht werden.

Eine weitere Aktivität der Vorbereitung der Instandhaltung ist die Planung und - falls notwendig - Ausbildung des für die Instandhaltung notwendigen Personals.

Abb.6.6 gibt einen Überblick über die hiermit zusammenhängenden Aufgaben. Aufgrund der Instandhaltbarkeitsanalyse sind Art und Dauer der plan- wie auch außerplanmäßigen Instandhaltungsarbeiten bekannt. Aus dieser Information wird die benötigte Personalanzahl, zum anderen die für dieses Personal benötigte Qualifikation z.B. in Form von Anforderungsprofilen abgeleitet. Aufgrund der Personalzahlen kann eine Personalplanung durchgeführt werden. Die Personalanforderungsprofile werden verglichen mit vorhandenen Personalqualifikationen, die Unterschiede erlauben es, Lehrziele zu definieren, aus den Lehrzielen wiederum sind Curricula ableitbar, die zusammen mit Information über vorhandene Ausbildungseinrichtungen und freie Kapazität einerseits die Ausbildungs- und Lehrplanung beeinflussen, zum anderen es ermöglichen, eine zweckmäßige Methoden- und Medienauswahl für die Ausbildungsplanung durchzuführen.

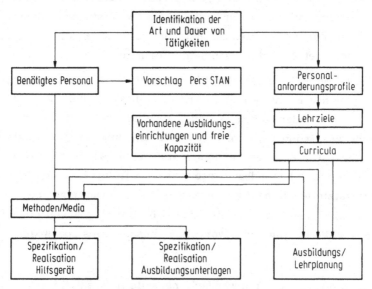

Abb.6.6. Aufgaben "Personal und Ausbildung".

Die Ergebnisse dieses Prozesses sind neben der Ausbildungs- und Lehrgangsplanung die Spezifikation und Bereitstellung des Ausbildungsgerätes und der erforderlichen Ausbildungsunterlagen.

254

6.4. Zuverlässigkeit instandsetzbarer Systeme

Bereits im Abschn.6.1 wurde auf den engen Zusammenhang zwischen Zuverlässigkeit und Instandhaltbarkeit hingewiesen. Wir wollen uns nun einigen
speziellen Fragen zuwenden, die sich aus diesem Zusammenhang ergeben.

Wir gehen davon aus, daß das Ziel der Instandhaltbarkeitsarbeit darin besteht, eine geforderte Einsatzverfügbarkeit zu erreichen bzw. aufrechtzu-
erhalten. Nimmt man als Schätzwert für die Einsatzverfügbarkeit das Verhältnis einsatzklare Zeit durch Gesamtzeit, so zeigt sich, daß dieses beeinflußt werden kann durch:

vorbeugende Instandhaltung, d.h. rechtzeitigen Austausch von Ver-
schleißteilen;

Anwendung von Redundanzen zur Vermeidung von Funktionsunterbre-
chung bei Einzelausfällen;

ausreichende Instandsetzungskapazität zur Vermeidung von Wartezeiten.

Vorbeugende Instandhaltung

Präventive Maßnahmen bilden einen wesentlichen Bestandteil jedes wirksa-
men Instandhaltungskonzepts. Die Hauptaufgabe bei der zugehörigen Planung besteht in der Festlegung kostenoptimaler Austauschintervalle. Im
folgenden wollen wir kurz erläutern, wann es überhaupt Sinn hat, vorbeugend Teile, die noch nicht ausgefallen sind, auszutauschen.

Ist $\lambda(t)$ die Ausfallrate der betrachteten Einheit, dann gilt nach Gl.(3.22)
für die bedingte Wahrscheinlichkeit, daß diese Einheit die Zeitspanne Δt
überlebt, unter der Voraussetzung, daß sie den unmittelbar davorliegenden
Zeitraum von 0 bis t_1 bereits überlebt hat:

$$R(t_1, \Delta t) = \exp\left[-\int_{t_1}^{t_1 + \Delta t} \lambda(t)\, dt\right] \qquad (6.5)$$

Jetzt müssen wir zwei Fälle unterscheiden:

1. Die Ausfallrate ist konstant bzw. nimmt mit der Zeit ab, d.h.

$$\lambda(t + \Delta t) \leqslant \lambda(t) \ .$$

Dann ist

$$R(t_1, \Delta t) \geqslant R(0, \Delta t) \ ,$$

und ein vorbeugender Ersatz bringt hinsichtlich der Missionszuverlässigkeit keinen Vorteil bzw. ist sogar von Nachteil.

2. Die Ausfallrate steigt mit der Zeit an, d.h.

$$\lambda(t + \Delta t) > \lambda(t) \ .$$

Dann ist

$$R(t_1, \Delta t) < R(0, \Delta t) \ .$$

Abb.6.7. Verschiebung eines Zeitintervalls Δt auf der Zeitachse (zur Erläuterung zeitlich zunehmender Ausfallraten).

In diesem Fall kann also die Missionszuverlässigkeit durch vorbeugenden Austausch erhöht werden. Bedeutet t_1 das Betriebsalter bei Austausch der Einheit, dann gilt bei steigender Ausfallrate offenbar (siehe Abb.6.7):

$$R(t_1 - \Delta t, \Delta t) < R(0, \Delta t)$$

Analog zu Gl.(6.5) können wir schreiben:

$$R(t_1 - \Delta t, \Delta t) = \exp\left[- \int_{t_1 - \Delta t}^{t_1} \lambda(t)\,dt \right] \qquad (6.6)$$

Damit besteht die Möglichkeit, die Zeit t_1 bis zum Austausch der Einheit so festzulegen, daß die Zuverlässigkeit für eine Mission der Dauer Δt einen bestimmten vorzugebenden Wert R_{min} nicht unterschreitet, wobei R_{min} so zu wählen ist, daß gilt:

$$R_{min} \leqslant R(0, \Delta t) \ . \qquad (6.7)$$

Dieser Sachverhalt soll an einem Beispiel verdeutlicht werden. Nehmen wir an, daß das Ausfallverhalten der betrachteten Einheit durch eine Weibullverteilung beschrieben werden kann, dann gilt nach Gl.(3.33) für die Ausfallrate $\lambda(t)$:

$$\lambda(t) = (\beta/\alpha)\, t^{\beta - 1} \qquad (\alpha, \beta \geqslant 0) \ .$$

Die maximal für eine Mission der Dauer Δt erreichbare Zuverlässigkeit ist in diesem Fall aufgrund von Gl.(3.29) bzw. (3.34) gegeben durch

$$R(0, \Delta t) = e^{-(1/\alpha)\Delta t^{\beta}} . \qquad (6.8)$$

Soll die Zuverlässigkeit für die Missionsdauer Δt einen vorgegebenen Wert R_{min} ($R_{min} \leqslant R(0, \Delta t)$) nicht unterschreiten, dann muß die Einheit nach einem Betriebsalter t_1 ausgetauscht werden, wobei t_1 zu bestimmen ist aus der Beziehung (6.6). Unter Zugrundelegung einer Weibullverteilung ergibt sich:

$$R_{min} = e^{-1/\alpha \left[t_1^{\beta} - (t_1 - \Delta t)^{\beta} \right]} \qquad (6.9)$$

[vgl. Gl.(3.34) in Abschn.3.3]. Für $\alpha = 1$, $\beta = 2$ erhält man z.B. die Lösung

$$t_1 = \frac{(\Delta t)^2 - \ln R_{min}}{2\Delta t} \qquad (6.10)$$

Ist β keine ganze Zahl, dann läßt sich Gl.(6.9) nur mit Hilfe von Näherungsverfahren nach t_1 auflösen.

Instandhaltung redundanter Systeme

Ein anderer, in der Praxis häufig auftretender Fall ist der, daß die geforderte Missionszuverlässigkeit durch Anwendung von Redundanzen erreicht wird: Bei Ausfall einer Einheit wird deren Funktion von einer Reserveeinheit übernommen, ohne daß die Mission dabei abgebrochen oder unterbrochen werden muß. Redundante Systeme erfordern grundsätzlich einen höheren Instandhaltungsaufwand als einfache Systeme. An zwei Beispielen wollen wir nun Methoden vorführen, die es erlauben, den Einfluß der Instandhaltung auf die Zuverlässigkeit redundanter Anordnungen quantitativ abzuschätzen.

Zuerst betrachten wir eine Anordnung von drei redundanten Einheiten, mit der 100 Missionen von je 10 h Dauer durchgeführt werden sollen. Die Ausfallrate der einzelnen Einheit betrage $\lambda_0 = 5 \cdot 10^{-2}/h$, ihre Zuverlässigkeit für eine Mission wird damit

$$R(\Delta t = 10\,h) = e^{-0,5} \approx 0,6 .$$

Es ist also damit zu rechnen, daß die Einheit bei rund 40 der 100 Operationen ausfällt.

Bei Benutzung der redundanten Anordnung unterscheiden wir folgende Fälle:

1. Nach jeder Mission wird die Anordnung überprüft; ausgefallene Einheiten werden instandgesetzt.

2. Die Anordnung wird erst instandgesetzt, wenn alle drei Einheiten ausgefallen sind (vorher keine Kontrolle).

Zu 1: Die Wahrscheinlichkeit W_k, daß während einer bestimmten Zeit von n Einheiten der Zuverlässigkeit R genau k ausfallen, kann mit Hilfe der Binomialverteilung (Abschn. 4.3 und 5.4) berechnet werden; es gilt:

$$W_k = \binom{n}{k} R^{n-k} Q^k \; .$$

In unserem Beispiel ergibt sich damit

$$
\begin{aligned}
W_0 &= R^3 &&= e^{-1,5} &&= 0,22 \\
W_1 &= 3R^2 Q = 3e^{-1}(1 - e^{-0,5}) &&&&= 0,43 \\
W_2 &= 3RQ^2 = 3e^{-0,5}(1 - e^{-0,5})^2 &&&&= 0,29 \\
W_3 &= Q^3 &&= (1 - e^{-0,5})^3 &&= 0,06
\end{aligned}
$$

Es ist also zu erwarten, daß von 100 Missionen bei 22 Missionen alle drei Einheiten der redundanten Anordnung überleben, bei 43 Missionen zwei Einheiten überleben, bei 29 Missionen eine Einheit überlebt und bei 6 Missionen alle drei Einheiten ausfallen.

Zu 2: Die mittlere Lebensdauer einer Anordnung von n identischen redundanten Einheiten unter Ausschluß von Wartungsmaßnahmen berechnet sich nach Abschn. 4.2 zu

$$\tau = \sum_{i=1}^{n} \frac{1}{i\lambda} \; .$$

In unserem Beispiel ergibt sich demnach

$$\tau = \frac{1}{\lambda} + \frac{1}{2\lambda} + \frac{1}{3\lambda} = 36,7 \, h \; .$$

Gefordert ist eine Betriebszeit von insgesamt $100 \cdot 10 = 1000\,h$. Die Gesamtbetriebszeit dividiert durch die mittlere Lebensdauer gibt die Zahl der zu erwartenden Ausfälle mit ungefähr $1000/36,7 \approx 27$ an.

Vom Standpunkt der Zuverlässigkeit ist selbstverständlich das unter 1 angedeutete Verfahren am günstigsten, da nur 6 Totalausfälle zu erwarten sind. Wie aus Tab. 6.1 hervorgeht, erfordert dieses Verfahren im Vergleich zur einzelnen Einheit bzw. zur unter 2 geschilderten Methode aber auch den höchsten Aufwand, worunter hier die notwendigen Kontrollen bzw. Instandsetzungen zu verstehen sind.

Tabelle 6.1. Arbeitsaufwand für eine zweifach redundante Anordnung mit und ohne vorbeugende Instandhaltung

	Zahl der Kontrollen	Zahl der Instandsetzungen an einzelnen Einheiten
Einzelne Einheit	0	40
Redundante Anordnung (Verfahren 1)	100 - 6 = 94	43×1 $+ 29 \times 2$ $+ 6 \times 3 = 119$
Redundante Anordnung (Verfahren 2)	0	$27 \times 3 = 81$

Als zweites Beispiel wollen wir folgenden Fall betrachten: Ein Gerät wird laufend betrieben und verfügt über ein oder mehrere Reservegeräte, die bei Ausfall seine Funktion übernehmen (Stand-by-Redundanz). Tritt ein Ausfall auf, so wird die ausgefallene Einheit - nach Umschaltung auf eine Reserveeinheit - wieder instandgesetzt und steht dann als Reserveeinheit zur Verfügung. Ein solches Verfahren wird in der amerikanischen Literatur häufig als "in service maintenance" bezeichnet. Ein Ausfall des Systems tritt in diesem Falle nur auf, wenn keine Reserveeinheit bei einem Geräteausfall mehr zur Verfügung steht und bei keinem der ausgefallenen Geräte die Reparatur bis zu diesem Zeitpunkt erledigt werden konnte.

Wir wollen nun speziell den Fall einer Anordnung bestehend aus zwei gleichen Einheiten A, B behandeln, die in Stand-by-Redundanz betrieben werden. Beide Einheiten sollen eine konstante Ausfallrate λ und eine konstante Reparaturrate μ besitzen. Der "Schalter", der bei Ausfall einer Einheit auf die Reserveeinheit umschaltet, werde als absolut zuverlässig angenommen, und die Reserveeinheit soll nicht ausfallen können, solange sie nicht betrieben wird (Abschn. 4.4 und 4.8). Um die Wahrscheinlichkeit zu berechnen, daß beide Einheiten der Anordnung ausfallen, und zwar unter Berücksichtigung der Instandsetzung, benutzt man am besten die Markow-Methode (Abschn. 4.8).

Wir unterscheiden folgende Zustände der Anordnung:

1. beide Einheiten funktionstüchtig;

2. eine Einheit ausgefallen, eine funktionstüchtig;

3. beide Einheiten ausgefallen.

Von Zustand 1 geht die Anordnung in den Zustand 2 über gemäß der Ausfallrate λ, von Zustand 2 in den Zustand 1 gemäß der Reparaturrate μ und von Zustand 2 in den Zustand 3 gemäß der Ausfallrate λ. Die Übergangsmatrix lautet also

$$\begin{pmatrix} b_1 & c_{21} & c_{31} \\ c_{12} & b_2 & c_{32} \\ c_{13} & c_{23} & b_3 \end{pmatrix} = \begin{pmatrix} -\lambda & \mu & 0 \\ \lambda & -(\mu+\lambda) & 0 \\ 0 & \lambda & 0 \end{pmatrix}$$

Die Koeffizientenmatrix des Laplace-transformierten Gleichungssystems ist dann

$$\begin{pmatrix} s+\lambda & -\mu & 0 \\ -\lambda & s+\mu+\lambda & 0 \\ 0 & -\lambda & s \end{pmatrix}$$

Die zugehörige Determinante Δ errechnet sich zu

$$\Delta = \begin{vmatrix} s+\lambda & -\mu & 0 \\ -\lambda & s+\mu+\lambda & 0 \\ 0 & -\lambda & s \end{vmatrix}$$

$$\Delta = s[(s+\lambda)(s+\mu+\lambda) - \mu\lambda] = s[s^2 + s(2\lambda+\mu) + \lambda^2]$$

Da uns hier nur die Wahrscheinlichkeit des Zustandes 3, $P_3(t)$ interessiert, errechnen wir ausschließlich Δ_3 mit den Anfangsbedingungen

$$P_1(0) = 1; \quad P_2(0) = 0; \quad P_3(0) = 0$$

und erhalten

$$\Delta_3 = \begin{vmatrix} s+\lambda & -\mu & 1 \\ -\lambda & s+\mu+\lambda & 0 \\ 0 & -\lambda & 0 \end{vmatrix} = \lambda^2 .$$

Die Bildfunktion $L\{P_3\}$ von $P_3(t)$ lautet also

$$L\{P_3\} = \frac{\Delta_3}{\Delta} = \frac{\lambda^2}{s[s^2 + s(2\lambda + \mu) + \lambda^2]} .$$

Setzt man nun

$$a + b = 2\lambda + \mu ,$$
$$a b = \lambda^2 , \qquad\qquad (6.11)$$

wobei vorausgesetzt ist, daß sowohl $\lambda > 0$ als auch $\mu > 0$ ist, so erhalten wir für die Bildfunktion:

$$L\{P_3\} = \frac{a b}{s[s^2 + (a+b)s + ab]} = \frac{a b}{s(s+a)(s+b)} .$$

Wie man durch Ausmultiplizieren leicht bestätigen kann, gilt weiter:

$$L\{P_3\} = \frac{1}{s} + \frac{b}{a-b}\frac{1}{s+a} - \frac{a}{a-b}\frac{1}{s+b} .$$

Dieser Funktion ist die Originalfunktion

$$P_3(t) = 1 + \frac{b}{a-b} e^{-at} - \frac{a}{a-b} e^{-bt} \qquad (6.12)$$

zugeordnet. $P_3(t)$ ist die Wahrscheinlichkeit für den Zustand 3 (beide Einheiten ausgefallen). Die gesuchte Zuverlässigkeit ist also

$$R(t) = 1 - P_3(t) = \frac{a}{a-b} e^{-bt} \left[1 - \frac{b}{a} e^{-(a-b)t} \right] . \qquad (6.13)$$

Die genaue Lösung ergibt sich hieraus durch Einsetzen der Werte für a und b gemäß Gl.(6.11). Eine der Praxis entsprechende Näherungslösung erhalten wir, wenn wir annehmen, daß

$$\lambda \ll \mu$$

ist. Dann wird aus Gl.(6.13) (vgl. Anhang 6):

$$R(t) \approx e^{-\gamma \lambda t} \qquad\qquad (6.14)$$

mit $\gamma = \lambda/\mu \ll 1$. Das bedeutet, daß die Ausfallrate der Anordnung gegenüber der Ausfallrate einer einzelnen Einheit um den Faktor

$$\frac{\lambda}{\mu} = \frac{\text{Mittlere Zeit bis zur Instandsetzung}}{\text{Mittlere Zeit bis zum Ausfall}}$$

herabgesetzt wurde. In der Praxis kann das bedeuten, daß die Ausfallrate um die Größenordnung 10^{-2} bis 10^{-3} herabgesetzt wird. Damit wird eine solche "in service maintenance" insbesondere interessant für Steuer- und Regelanlagen, wie sie z.B. in der Reaktortechnik angewendet werden.

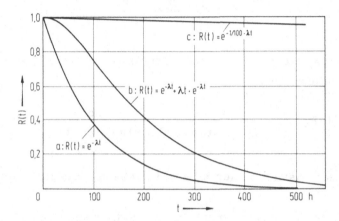

Abb.6.8. Zuverlässigkeit einer einzelnen Einheit a sowie einer passiv redundanten Anordnung von zwei gleichen Einheiten mit und ohne Wartung b, c.

Abb.6.8 zeigt einen Vergleich zwischen den Zuverlässigkeiten

a) einer einzelnen Einheit mit einer konstanten Ausfallrate $\lambda = 10^{-2}/h$;

b) einer Anordnung, bestehend aus zwei gleichen Einheiten A, B mit $\lambda_A = \lambda_B = 10^{-2}/h$, die in Stand-by-Redundanz betrieben werden;

c) der gleichen Anordnung wie unter b, jedoch mit zusätzlicher "in service maintenance" für ein Verhältnis $\gamma = 1/100$.

Instandsetzungskapazität

In den bisherigen Überlegungen haben wir stets angenommen, daß sämtliche erforderliche Instandsetzungsarbeiten ohne Verzögerung vorgenommen werden. Das ist in der Praxis selten der Fall, da bei der Bemessung von Instandhaltungskapazitäten ein wirtschaftlicher Kompromiss gefunden werden muß zwischen den Aufwendungen für

- die Bereitstellung einer Instandhaltungskapazität (Infrastruktur, Personal, Werkzeuge und Geräte, Austausch- und Ersatzteile)
- Wartezeiten verursacht durch die Nichtverfügbarkeit erforderlicher Instandhaltungskapazität.

Das Problem des Abwägens von Aufwand für das Vorhalten nicht voll ausgelasteter Instandhaltungskapazitäten gegen die durch Nichtverfügbarkeit solcher Kapazitäten im Bedarfsfall verursachten Kosten soll am Beispiel der Ersatzteilplanung näher erläutert werden.

Hierfür wird folgende Situation betrachtet: Ein fester Vorrat von N Ersatzteilen ist vorhanden und kann während der Zeit t nicht ergänzt werden. Wie groß ist die Wahrscheinlichkeit P(N,t), daß in der Zeit t die Instandsetzung nicht mehr als N Ersatzteile benötigt? Der Ausfall eines Ersatzteiles soll jeweils erst dann eintreten können, wenn es benutzt wird, die vorhergehenden Ersatzteile also verbraucht sind.

Das Umschaltorgan wird durch die Instandsetzungsmannschaft dargestellt. Es gilt also analog zu Gl.(4.16):

$$R(N,t) = e^{-\lambda t} \sum_{k=0}^{N} \frac{(\lambda t)^k}{k!} \,. \qquad (6.15)$$

Mit Hilfe dieser Gleichung kann N so ermittelt werden, daß R(N,t) mindestens gleich einem geforderten Wert wird.

Um zu ermitteln, wie groß der erwartete bzw. mittlere Ersatzteilbedarf in der Zeit t ist, bestimmt man zunächst die Wahrscheinlichkeit, daß bis zur Zeit t genau N Ausfälle aufgetreten sind, zu

$$P_N(t) = e^{-\lambda t} \frac{(\lambda t)^N}{N!} \qquad (6.16)$$

(Herleitung in Anhang 6). Der gesuchte mittlere Ersatzteilbedarf $\bar{k}$ bis zur Zeit t ergibt sich nach Gl.(3.6) aus Abschn.3.1 zu

$$\bar{k} = \sum_{k=0}^{\infty} k\, P_k(t) \ . \qquad\qquad (6.17)$$

Berücksichtigt man weiterhin, daß für $k = 0$ auch $k\, P_k(t) = 0$ ist, so kann man den gesuchten Mittelwert $\bar{k}$ auch schreiben als

$$\bar{k} = \sum_{k=1}^{\infty} k\, P_k(t) \ . \qquad\qquad (6.18)$$

Aufgrund von Gl. (6.16) folgt weiter

$$\bar{k} = \sum_{k=1}^{\infty} k\, e^{-\lambda t}\, \frac{(\lambda t)^k}{k!} \ = \ e^{-\lambda t}\, \lambda t \sum_{k=1}^{\infty} \frac{(\lambda t)^{k-1}}{(k-1)!} \ .$$

Die zuletzt geschriebene Summe ist aber gerade gleich dem Ausdruck $e^{+\lambda t}$, so daß sich ergibt

$$\bar{k} = \lambda t \ , \qquad\qquad (6.19)$$

was in Worten besagt, daß

$$\text{mittlerer Ersatzteilbedarf} = \frac{\text{Betriebsdauer}}{\text{mittlere Zeit bis zum Ausfall}}$$

ist. Dies gilt, wenn die betrachtete Einheit nur einmal im jeweiligen Gerät vorkommt und keine vorbeugenden Wartungsmaßnahmen durchgeführt werden.

Mit Hilfe von Gl. (6.19) kann die Wahrscheinlichkeit, im Zeitraum t nicht mehr als N Ersatzteile zu benötigen, in Abhängigkeit vom mittleren Ersatzteilbedarf $\bar{k}$ berechnet werden. Die umseitige Tabelle 6.2 zeigt eine Beispielrechnung.

Um mit großer Wahrscheinlichkeit ausreichend Ersatzteile zur Verfügung zu haben, muß eine deutlich höhere Anzahl als der erwartete Bedarf bevorratet werden. Nehmen wir gem. Tab. 6.2 zum Beispiel an, daß wir in einem gegebenen Zeitraum - z.B. der Ersatzteilwiederbeschaffungszeit - im Mittel 2 Ersatzteile benötigen, so würde die Bereithaltung von genau 2 Ersatzteilen dazu führen, daß in rund 32% aller Fälle die Instandsetzung wegen Mangel an Ersatzteilen verzögert wird. Will man die Wahrscheinlichkeit für das Auftreten solcher Verzögerung auf unter 1% drücken, so müßten in diesem Fall nicht 2, sondern 6 Ersatzteile vorgehalten werden.

Tabelle 6.2. Abhängigkeit der Wahrscheinlichkeit R(N,t), nicht mehr als N Ersatzteile zu benötigen, von dem mittleren Ersatzteilbedarf $\bar{k}$ (R(N,t)-Werte gerundet)

$\bar{k}$	1	2	3	4	5
N =	R(N,t)=				
0	,368	,135	,050	,018	,007
1	,736	,406	,199	,032	,040
2	,920	,677	,423	,238	,125
3	,981	,857	,647	,433	,265
4	,996	,947	,815	,629	,440
5	,999	,983	,916	,785	,616
6	1	,995	,966	,889	,762
7	1	,999	,988	,949	,867
8	1	1	,996	,979	,932
9	1	1	,999	,992	,968
10	1	1	1	,997	,986
11	1	1	1	,999	,995

Im konkreten Fall sind die Kosten für

- die Verzögerung der Instandsetzung und damit Nichtverfügbarkeit der instandzusetzenden Anlage
- die zusätzliche Kapitalbindung durch erhöhte Ersatzteilbevorratung

gegeneinander abzuwägen.

Ähnliche Überlegungen gelten auch bei Festlegung der anderen, die Instandhaltungskapazität beeinflussenden, Faktoren.

Anhang 6. Mathematische Ergänzungen

1. Ableitung der Gl.(6.14) aus Gl.(6.13)

Gegeben sei

$$R(t) = \frac{a}{a-b} e^{-bt} \left[1 - \frac{b}{a} e^{-(a-b)t} \right]$$

mit

$$a = \frac{1}{2}\left(2\lambda + \mu \pm \sqrt{4\lambda\mu + \mu^2}\right)$$

und

$$b = \frac{2\lambda^2}{2\lambda + \mu \pm \sqrt{4\lambda\mu + \mu^2}} \quad .$$

Behauptung:

$$R(t) \approx e^{-\gamma\lambda t} \quad \text{mit} \quad \gamma = \frac{\lambda}{\mu} \ll 1 \; .$$

Berücksichtigt man jeweils nur das Pluszeichen vor der Wurzel (bei negativer Wurzel ergäbe sich die nicht zugelassene Lösung $\mu = 0$), dann gilt

$$a = \frac{1}{2}\left(2\lambda + \mu + \sqrt{4\lambda\mu + \mu^2}\right) = \frac{1}{2}\left[2\lambda + \mu + \sqrt{\mu^2\left(\frac{4\lambda\mu}{\mu^2} + 1\right)}\right], \tag{6.20}$$

$$a \approx \frac{1}{2}\left(2\lambda + \mu + \sqrt{\mu^2}\right) = \lambda + \mu \; ,$$

$$b = \frac{2\lambda^2}{2\lambda + \mu + \sqrt{4\lambda\mu + \mu^2}} \approx \frac{2\lambda^2}{2\lambda + \mu + \sqrt{\mu^2}} = \frac{\lambda^2}{\lambda + \mu} \tag{6.21}$$

Aufgrund von Gl. (6.20) und (6.21) ergibt sich:

$$\frac{a}{a-b} \approx \frac{\lambda + \mu}{\lambda + \mu - \frac{\lambda^2}{\lambda + \mu}} = \frac{\lambda + \mu}{\frac{(\lambda+\mu)^2 - \lambda^2}{\lambda + \mu}} = \frac{\lambda^2 + 2\lambda\mu + \mu^2}{2\lambda\mu + \mu^2} \approx 1 \; , \tag{6.22}$$

$$e^{-bt} \approx e^{-\frac{\lambda^2}{\lambda + \mu}t} = e^{-\frac{\lambda^2/\mu}{(\lambda/\mu)+1}t} \approx e^{-\frac{\lambda^2}{\mu}t} \; , \tag{6.23}$$

$$\frac{b}{a} \approx \frac{\lambda^2}{(\lambda + \mu)^2} = \frac{\lambda^2}{\lambda^2 + 2\lambda\mu + \mu^2} = \frac{\frac{\lambda^2}{\mu^2}}{\frac{\lambda^2}{\mu^2} + \frac{2\lambda\mu}{\mu^2} + 1} \approx \frac{\lambda^2}{\mu^2} \approx 0 \; . \tag{6.24}$$

Diese drei Gleichungen in Gl. (6.13) eingesetzt liefert:

$$R(t) \approx e^{-\frac{\lambda^2}{\mu}t}(1 - 0) \approx e^{-\gamma\lambda t} \; .$$

2. Berechnung der Gl. (6.16)

Wir betrachten eine Stand-by-Anordnung aus $N + 1$ Einheiten; A_{N+1} sei das Ereignis des Überlebens dieser Anordnung, $\overline{A_{N+1}}$ das hierzu komplementäre Ereignis. Desgleichen bezeichne A_N bzw. $\overline{A_N}$ das Ereignis des Überlebens bzw. Ausfalls einer Stand-by-Anordnung aus N Einheiten. Eine Stand-by-Anordnung aus $N + 1$ gleichen Einheiten überlebt, wenn entweder genau N Einheiten der Anordnung ausgefallen sind und die restliche Einheit überlebt, oder wenn die Anordnung von N Einheiten überlebt hat:

$$P(A_{N+1}) = P[(\overline{A_N} \cap A_{N+1}) \cup A_N].$$

Die Ereignisse $(\overline{A_N} \cap A_{N+1})$ und A_N schließen einander aus. Es gilt also

$$P(A_{N+1}) = P(\overline{A_N} \cap A_{N+1}) + P(A_N) \, .$$

Der erste Summand auf der rechten Seite dieser Gleichung ist aber gleich der gesuchten Wahrscheinlichkeit $P_N(t)$, daß genau N Einheiten bis zum Zeitpunkt t ausfallen. Es gilt also

$$P_N(t) = P(\overline{A_N} \cap A_{N+1}) = P(A_{N+1}) - P(A_N) = P(N,t) - P(N-1,t) \, .$$

Mit Gl. (6.15) ergibt sich hieraus

$$P_N(t) = e^{-\lambda t} \sum_{k=0}^{N} \frac{(\lambda t)^k}{k!} - e^{-\lambda t} \sum_{k=0}^{N-1} \frac{(\lambda t)^k}{k!} = e^{-\lambda t} \frac{(\lambda t)^N}{N!} \, ,$$

also Gl. (6.16).

7. Datenerfassung

7.1. Grundlagen und Voraussetzungen

Im Kap. 1 wurde schon auf die Notwendigkeit einer systematischen Datenerfassung hingewiesen. Wie dort bereits erwähnt, wird schon wegen des relativ
hohen organisatorischen und finanziellen Aufwandes, den eine Datenerfassung mit sich bringt, ein Erfassungssystem im allgemeinen so ausgelegt
sein, daß es nicht nur Informationen über die Zuverlässigkeit liefert, d.h.
Daten, die mit der Nutzung eines Systems zusammenhängen, sondern auch
Angaben über den Aufwand, der erforderlich ist, um das System einsatzbereit zu halten, also Daten zur Materialerhaltung und -bewirtschaftung.
In diesem Zusammenhang seien genannt:

Mannstundenverbrauch und Vorgangsdauer im Rahmen planmäßiger und aus-
serplanmäßiger Wartung, gegliedert nach reiner Arbeitszeit und Verwal-
tungszeit bzw. Verzugszeit;

eingesetztes Personal, gegliedert nach Anzahl, Qualifikation und Tätigkeits-
merkmalen;

Auslastung des Personals und der Werkstätten;

Verwendete technische Hilfsmittel (Geräte, Werkzeuge usw.);

Ersatzteilverbrauch, gegliedert nach Art und Umfang;

Feststellung von Lagerbeständen, Beschaffungszeiten, Materialengpässen
usw.

Sollen Kostenwirksamkeitsstudien durchgeführt werden, dann sind diese
Daten durch Kostenangaben zu ergänzen.

Im Anhang 7 befindet sich eine Zusammenstellung von Zuverlässigkeitskenngrößen und den zu ihrer praktischen Ermittlung erforderlichen Angaben.

Wie aus Abb. 7.1 ersichtlich, fallen im Lauf der Entstehung eines Systems
Daten in mehr oder weniger großem Umfang und unterschiedlicher Aussage-

kraft an. Sie bilden die Grundlage für einen laufenden Vergleich zwischen dem jeweiligen Istzustand und den an das System gestellten Forderungen. Sie ermöglichen eine Abschätzung des gegebenenfalls noch zu leistenden Aufwandes zur Erfüllung dieser Forderungen.

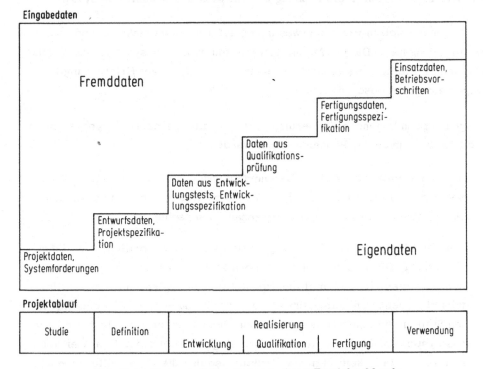

Abb. 7.1. Datenanfall während eines Projektablaufs.

Im Frühstadium eines Projektes stützen sich die Arbeiten in hohem Maße auf Fremddaten, also Erfahrungen, die im Rahmen der Realisierung und Verwendung früherer Systeme gewonnen wurden. Je weiter das Projekt vorangetrieben wird, umso mehr Eigendaten, wie z.B. Ergebnisse aus Prüfungen oder Erprobungen, werden vorliegen, und umso genauere Aussagen bezüglich des tatsächlichen Systemverhaltens im Einsatz sind möglich.

Je weiter ein Projekt fortgeschritten ist, umso aufwendiger sind in der Regel technische Modifikationen. Dennoch wird es sich nur verhältnismäßig selten vermeiden lassen, daß einige Mängel des Systems erst während seines Einsatzes zutage treten. Die Datenerfassung während der Verwendungsphase soll dazu beitragen, derartige Problemzonen zu erkennen, nach ihrer Bewertung Gegenmaßnahmen einzuleiten, die sowohl technischer als auch or-

ganisatorischer Natur sein können, und die Wirkung dieser Maßnahmen festzustellen. Darüberhinaus ermöglicht die Datenerfassung in diesem Stadium
den endgültigen Nachweis der Eignung des betreffenden Systems für den
vorgesehenen Verwendungszweck. Die gesammelten Daten fließen in Form
von Erfahrungen ein in die Planung und Entwicklung zukünftiger Systeme.

Im folgenden wollen wir nun etwas näher auf die Datenerfassung und -aus-
wertung eingehen. Da der Aufbau eines Datenerfassungssystems weitgehend
von seiner Zielsetzung abhängt, müssen wir uns hier auf Erläuterungen
allgemeiner Art beschränken.

Folgende grundlegenden Forderungen, die an ein Datenerfassungssystem gestellt werden müssen, können genannt werden:

1. Vor der Konzipierung eines Datenerfassungssystems muß seine Zielsetzung genau festliegen. Die Art und der Umfang der zu erfassenden
   Daten müssen dieser Zielsetzung genau entsprechen.

2. Bei der Planung eines Erfassungssystems ist es wesentlich, möglichst
   vollständig alle informationsliefernden Stellen abzudecken. Diese werden im allgemeinen einmal der Hersteller des Systems mit seinen Un-
   terauftragnehmern sein, zum anderen der Benutzer des Systems mit allen Stellen und Institutionen, die in die Instandsetzung und Instandhaltung
   des Systems und seiner Komponenten eingeschaltet sind. Damit ergibt
   sich eine relativ komplizierte Struktur, so daß die Datenweitergabe und
   die Reproduzierbarkeit der Daten problematisch werden können.

3. Die Daten müssen in übersichtlicher und eindeutiger Weise erfaßt werden. So muß ein und derselbe Sachverhalt von verschiedenen Personen
   bzw. Instanzen ohne Schwierigkeiten in die gleiche Rubrik eingeordnet
   werden können. Diese Forderung zwingt zur Definition von Tatbeständen,
   die eine falsche Einordnung ein und desselben Sachverhalts oder Ereignisses weitgehend ausschließen.

4. Bezüglich der Reproduzierbarkeit der Daten ist zu fordern, daß in der
   Rohdatenerfassung die Konfiguration des betrachteten Teils eindeutig gekennzeichnet ist. Dies bedeutet, daß jede Änderung an einem Teil, die
   seine äußere Form, sein Zusammenarbeiten mit anderen Teilen, seine
   Funktion und seine Zuverlässigkeit beeinflussen, aus der Kennzeichnung des Teils, z.B. seiner Teilenummer, erkennbar sein muß.

5. Die Benutzung des jeweiligen Erfassungssystems, insbesondere das
Ausfüllen der Formblätter, muß leicht erlernbar und auf die Fähigkeiten des die Formblätter ausfüllenden Personals zugeschnitten sein.
Dieses Personal ist in Lehrgängen in das verwendete Erfassungssystem
einzuweisen und über den Zweck der Datenerfassung aufzuklären.

6. Das Datenerfassungssystem muß ein integrierter Bestandteil des Ar-
beitsprozesses sein. Das Ausfüllen der Formblätter muß daher nach
Möglichkeit so in den Arbeitsprozeß eingeplant werden, daß es nicht
umgangen werden kann. So kann z. B. ein ausgefülltes Formblatt gleichzeitig als Arbeitsbeleg dienen.

7. Da falsche oder unvollständige Angaben zu falschen Aussagen führen
können, sollten Kontrollmöglichkeiten hinsichtlich der Richtigkeit und
Vollständigkeit der erfaßten Daten vorhanden sein. Diese Forderung
ist wenigstens teilweise realisierbar durch einen geeigneten Aufbau der
Formblätter des Erfassungssystems.

8. In der Regel werden mehrere Formblätter derselben Art benötigt. So
kann z. B. eines als Arbeitsbeleg dienen, ein anderes verbleibt beim
Aussteller und ein weiteres wird zur Auswertung benutzt. Zur Vermeidung von Abschreibefehlern sollten daher die Daten im Durchschreibe-
verfahren erfaßt werden.

9. Erstreckt sich ein bestimmter Arbeitsvorgang über mehrere Bearbei-
tungsinstanzen, dann kann es notwendig werden, mehrere Formblätter
entweder derselben oder unterschiedlicher Art zu erstellen. Der Ablauf dieses Arbeitsvorganges muß genau rekonstruierbar sein. Dies
wird z. B. erreicht durch eine Auftragsnummer für alle Formblätter
eines Arbeitsvorganges.

10. Sollen aufgrund des Datenmaterials Zuverlässigkeitsaussagen gemacht
werden, dann müssen die Einheiten der betreffenden Grundgesamtheit
oder wenigstens eine Stichprobe dieser Einheiten über ihre Betriebszeit verfolgbar sein.

11. Die ausgefüllten Formblätter müssen möglichst schnell der Auswerte-
stelle zugeleitet werden, damit die gewonnenen Ergebnisse sobald wie
möglich zur Verfügung stehen.

Prinzipiell wäre es wünschenswert, ein Datenerfassungssystem so auszu-
legen, daß die erfaßten Störungen nach Ausfällen und Schäden unterschieden
werden können. Die bisherigen Erfahrungen haben jedoch gezeigt, daß eine
solche Unterscheidungsmöglichkeit einen sehr hohen Aufwand bei der Erfassung verursacht und daher nur in gezielten Einzelstudien vorgesehen werden
kann.

7.2. Erfassung der Rohdaten

Wichtigste Arbeitsmittel für die Datenerfassung sind Formblätter und die
bei ihrer Ausfüllung anzuwendenden Kodes. In den Abb.7.2 bis 7.4 sind
einige Beispiele für Vorgangserfassungsformblätter dargestellt. Abb.7.2

Datum	Vorgangserfassung	Formblatt Nr.
_ _ _ _ _ _		_ _ _ _ _ _ _

Erfassung von Inspektionen, Sonderprüfungen und anderen Arbeiten am Gerät,
ausgenommen Störbehebung, Änderungen und Teiletausch

1. Betroffenes Teil   Gerät Nr. _ _ _ _ _ _ _

A Teil ☐   Nr. _ _ _ _ _ _   E Teil ☐   Nr. _ _ _ _ _ _
B Teil ☐   Nr. _ _ _ _ _ _   F Teil ☐   Nr. _ _ _ _ _ _
C Teil ☐   Nr. _ _ _ _ _ _   G Teil ☐   Nr. _ _ _ _ _ _
D Teil ☐   Nr. _ _ _ _ _ _   H Teil ☐   Nr. _ _ _ _ _ _

2. Letzter Vorgang

Lagerung ☐

Geschützt ☐   Einsatz ☐
Bedingung X ☐   Transport ☐
Bedingung Y ☐

3. Vorgang   Dauer _ _ _ _ h

Inspektion 1 ☐
Inspektion 2 ☐
Inspektion 3 ☐
Sonstiges ☐   Art :
              Grund :

4. Störung vorhanden   N J   Formblatt Nr. _ _ _ _ _

5. Bemerkungen :

6. Berichtende Stelle :

Abb.7.2. Beispiel für ein Formular zur Vorgangserfassung.

bzw. 7.3 zeigt Formblätter für rein manuelle Verfahren, wie sie z.B. im frühen Entwicklungsstadium oder für Geräte/Systeme, die relativ unkompliziert sind und nur in kleinen Stückzahlen hergestellt und benutzt werden, in Frage kommen. Beide Formblätter ergänzen sich in dem Sinne, daß das Formblatt in Abb.7.2 einer reinen Vorgangserfassung, das in Abb.7.3 einer reinen Störerfassung dient. Im Entwicklungsstadium wird nur das Störerfassungsformblatt benötigt, während bei Erprobung und Verwendung auch planmäßige Inspektionen dokumentiert werden müssen; hierfür ist dann das Formblatt nach Abb.7.2 auszufüllen. Abb.7.4 stellt ein reines Ausfallerfassungsformblatt dar, dessen Informationen teilweise (stark umrandetes Feld) direkt auf einen maschinenlesbaren Datenspeicher übertragen werden können.

Datum ______	Störerfassung	Formblatt Nr. ______

1. Art: Störung Teileaustausch Modifikation

2. Gestörtes Gerät bzw. Baueinheit

_______________ Teile Nr.: _____ Laufzeit: _____

3. Ort der Störungsfeststellung: Einsatzplatz ☐ Lager ☐

4. Umstände der Störungsfeststellung:

5. Beschreibung des gestörten Verhaltens:

6. Ort der Störbehebung: Einsatzplatz ☐ Lager ☐

7. Effektiver Fehler und Ursachen des Fehlers:

8. Ausgebaute Teile und reparierte Teile:

9. Sonstige besondere Umstände:

Abb.7.3. Beispiel für ein Formular zur Störerfassung.

Ausfallerfassungsformblatt	Nr.	Meldende Stelle	Datum

Betroffen	Systemkode	Benützerkode	Indienststunden	Seriennummer :
Ausgefallen 1.	Systemkode	Teilenummer	Störkode	Behebungskode
Ausgefallen 2.	Systemkode	Teilenummer	Störkode	Behebungskode
Ausgefallen 3.	Systemkode	Teilenummer	Störkode	Behebungskode
Ausgefallen 4.	Systemkode	Teilenummer	Störkode	Behebungskode
Ausgefallen 5.	Systemkode	Teilenummer	Störkode	Behebungskode

Bemerkungen :

Arbeitsanfang : _ _ _ _ _
Arbeitsende : _ _ _ _ _
Arbeitszeit : [   ] h

Unterschrift :

Abb. 7.4. Beispiel für ein Übersichtsformular zur Störerfassung.

Aus den oben erläuterten Formblattbeispielen kann man entnehmen, daß für eine Kodierung folgende Kodearten am wichtigsten sind:

Systemkode zur Kennzeichnung des einzelnen Bauteils, der Baugruppe und des Gerätes als Bestandteil des Systems;

Störkode zur Kennzeichnung der Art der aufgetretenen Störung;

Behebungskode zur Kennzeichnung, wie die aufgetretene Störung behoben wurde.

Auch wenn eine Teilenummer verfügbar ist, kann auf den Systemkode im allgemeinen nicht verzichtet werden. Die Teilenummer kennzeichnet das einzelne Teil gegebenenfalls mit seinem Konfigurationsstand, der Systemkode jedoch den Einsatz dieses Teils im System. Gleiche Teile können in einem System an verschiedenen Stellen eingesetzt sein, ihr Ausfallverhalten jedoch kann und wird sich oft je nach Aufgabe und Platz im System unterscheiden.

Diese Kodes müssen vor Einführung des Erfassungssystems ausgearbeitet werden. Aufgrund von Änderungen/Erweiterungen der technischen Anlage, bei Auftreten zusätzlicher Ausfallarten bzw. nach Bekanntwerden neuer Möglichkeiten, diese Ausfälle zu beheben, kann in der Folgezeit eine Änderung und Erweiterung des Kodesystems notwendig werden. Da eine strenge Gliederung des Kodes aus Gründen der Übersichtlichkeit und der leichteren Aus-

wertbarkeit erstrebt werden sollte, dürfen bei der erstmaligen Erstellung
des Kodes nicht alle zur Verfügung stehenden Kodezahlen ausgenutzt werden,
sondern es müssen Leerstellen im Kode für eventuelle Erweiterungen reser-
viert bleiben.

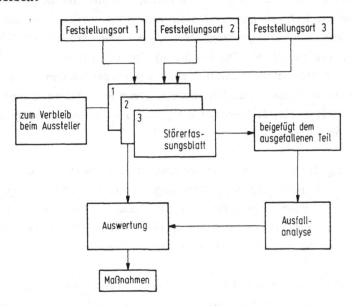

Abb.7.5. Informationsfluß bei innerbetrieblicher Datenerfassung.

Folgende Erfahrungen sollten bei der Wahl eines Kodes berücksichtigt werden: Bei einstelligen Kodes ist es gleichgültig, ob dieser numerisch oder
ein Alpha-Kode ist. Bei mehrstelligen Kodes ist der rein numerische Kode
vorzuziehen. Untersuchungen haben ergeben, daß die Fehlerrate bei gemisch-
ten Kodes auf das Acht- bis Zehnfache derjenigen des rein numerischen
Kodes ansteigt, (die ca. 1,2 % beträgt). Selbst ein reiner Alpha-Kode liegt
bezüglich der Fehlerrate noch wesentlich über dem rein numerischen Kode.

Um den notwendigen Informationsfluß sicherzustellen, sollte wenigstens das
Ausfallerfassungsformblatt in mehreren Kopien erstellt werden. Abb.7.5
zeigt den Informationsfluß bei der rein innerbetrieblichen Datenerfassung,
z.B. in einer frühen Entwicklungsphase oder zur Überwachung eigener Pro-
duktionsanlagen. Hier werden drei Exemplare benötigt, von denen eines beim
Aussteller verbleibt, eines beim zu reparierenden Teil bleibt und nach der
Reparatur zur Auswertung läuft und eines zu Kontrollzwecken direkt zur Auswertung läuft.

7.3. Datenaufbereitung und Auswertung

Im allgemeinen ist eine Kontrolle der Formblätter notwendig, bevor die Rohdaten ausgewertet werden. Sie soll verhindern, daß unvollständige oder fehlerhaft ausgefüllte Erfassungsblätter die Auswertung verfälschen. Sie bietet weiterhin praktisch die einzige Möglichkeit, eine Abschätzung der Genauigkeit der Daten durchzuführen. Die bei dieser Kontrolle festgestellten Eintragungsfehler sollten an die Ausfüller zurückgemeldet werden. Sie sollten zum anderen gegebenenfalls zur Modifizierung von Formblättern und/oder Kodes führen, wenn z.B. festgestellt wird, daß das Erfassungssystem nicht in allen Punkten eindeutig ist.

Die Aufbereitung der Rohdaten ist im wesentlichen ein Sortierprozeß, in dem die Daten nach bestimmten Gesichtspunkten geordnet und zusammengefaßt werden. Die wichtigsten Gesichtspunkte sind praktisch durch die Kodearten bereits vorgegeben, nämlich System, Gerät, Baugruppe, Bauteil; Feststellung der Störung; Art der Störung; Behebung der Störung.

Bei größeren Datenmengen wird man für diesen Sortiervorgang automatische Datenverarbeitungsanlagen einsetzen müssen. Man wird dann im gleichen Programmlauf die wesentlichen Kennwerte wie Mittelwerte, Toleranz- und Vertrauensbereich, Verteilungsparameter und Verteilungen errechnen lassen. Beispiele für in dieser Art auszulistende Größen sind Ausfälle pro Betriebsstunden, Behebungsarten pro Ausfallart, Dauer von Vorgängen (planmäßige Inspektionen, Instandsetzungen), Mannstundenaufwand von Vorgängen, Personalauslistung in der Wartung, Ersatzteilverbrauch u.a.

Diese Ergebnisse sind in übersichtlicher Form zusammenzustellen und mit den an das jeweilige System gestellten Forderungen zu vergleichen. Dadurch wird die optimale Anpassung von Plänen für vorbeugende Wartung und Überholung, Personal- und Personaleinsatzplanung, Ersatzteilbevorratung und Ersatzteillagerung sowie Einsatzplänen an die echten Betriebserfahrungen ermöglicht. Zum anderen sollte dieser Vergleich aufzeigen, an welcher Stelle und mit welcher Erscheinungsform das tatsächlich beobachtete Verhalten des Systems so stark von dem zu erwartenden Verhalten abweicht, daß Gegenmaßnahmen getroffen werden müssen.

Treten bei einem System solche Problemzonen auf, so empfiehlt es sich, die Einleitung und Verfolgung der daraus resultierenden Aktionen unmittel-

Datum	Anforderung einer Korrekturmaßnahme	lfd. Nr.

An   z. Erl.   z. Info.   Bemerkungen/Termin

Problembeschreibung: Betroffenes Teil : _ _ _ _ _ _ _ _ _
                             Teil Nr.   : _ _ _ _ _ _ _ _ _
                             Kode - Nr.   : _ _ _ _ _ _ _ _ _

Aussteller: _ _ _ _ _ _ _ _ _   _ _ _ _ _   _ _ _ _ _ _
              Abteilung   Ruf - Nr.   Name/Unterschrift

Analyse des Problems:

vorgeschlagene/durchgeführte Maßnahme:

zurück an Aussteller/Auswertung am : _ _ _ _ _ _ _ _ _ _ _ _ _ _ _ _

Erlediger: _ _ _ _ _ _ _ _ _   _ _ _ _ _   _ _ _ _ _ _
            Abteilung   Ruf - Nr.   Name/Unterschrift

Abb.7.6. Beispiel für ein Formular zur Veranlassung einer Korrekturmaßnahme.

bar an die Störerfassung anzuschließen. Abb.7.6 gibt ein Beispiel für ein
Formblatt, mit dem eine Korrekturmaßnahme veranlaßt wird. Ein so for-
malisiertes Verfahren hat den Vorteil, daß die Entdeckung von Schwachstellen und ihre Beseitigung leicht verfolgbar sind, auch wenn eine größere Anzahl von Schwachstellen zugleich zu bearbeiten ist. Ein weiteres Formblatt
nach Art von Abb.7.7 ermöglicht den Überblick über den Erledigungsstand
aller laufenden Maßnahmen zur Beseitigung von Problemzonen. Zu diesem
Zweck müssen die Eintragungen in das Formblatt in regelmäßigen Abständen
ergänzt und auf neuestem Stand gehalten werden.

Problemzonenverfolgung		System : _ _ _ _ _ _ _ _ Berichtszeitraum : _ _ _ _ _ _ _ _		
		alt	neu	Stand
Anzahl Problemzonen : davon erledigt : noch offen :				
Problem Nr.	betr. Gerät / Teil	Kurzbeschreibung	Korrekturmaßnahme	Abschluß- daten (○ geplant × tatsächlich)

Abb.7.7. Übersichtsformblatt zur Problemzonenverfolgung.

Anhang 7. Zuverlässigkeitskenngrößen und die zu ihrer Ermittlung erforderlichen Angaben

Nr.	Benennung	Mathematische Formulierung*	Erforderliche Angaben	Statistische Verfahren
1	Zuverlässigkeitsfunktion bzw. Ausfallverteilungsfunktion	$R(t) = \exp\left[-\int_0^t \lambda(t')\,dt'\right]$ $Q(t) = 1 - R(t)$ $R(t) \approx \dfrac{n(t)}{n_0}$ (n_0 hinreichend groß)	1. Stichprobenumfang n_0 2. (Betriebs-) alter der einzelnen Einheiten 3. Anzahl der nach einer bestimmten Betriebszeit t funktionsfähigen bzw. ausgefallenen Einheiten $n(t)$ bzw. $N(t)$	Vertrauensgrenzen für die Verteilungsparameter bzw. Vertrauensgrenzen für R bei festem Zeitraum t, falls R(t) geschlossen darstellbar.
2	Ausfallrate	$\lambda(t) = -\dfrac{1}{R(t)} \dfrac{dR(t)}{dt}$ $= \dfrac{f(t)}{R(t)}$ $\lambda(t) \approx \dfrac{1}{n(t)} \dfrac{\Delta N(t)}{\Delta t}$	1. Anzahl der funktionsfähigen Einheiten $n(t)$ mit einem Betriebsalter t seit Beanspruchungsbeginn 2. Anzahl der im darauffolgenden Zeitintervall Δt ausgefallenen Einheiten $\Delta N(t)$	Ermittlung von Ausfallquoten als Schätzwerte für Ausfallraten $\hat{\lambda}(t_1) = \dfrac{1}{n(t_1)} \dfrac{n(t_1) - n(t_2)}{t_2 - t_1}$ $\hat{\lambda}(t) = \dfrac{1}{n(t)} \dfrac{\Delta N}{\Delta t}$ Betrachtet werden jeweils Einheiten mit (annähernd) gleichen Betriebszeiten.

* Ableitung der mathematischen Formeln im Kap. 3.

Anhang 7 (Fortsetzung)

Nr.	Benennung	Mathematische Formulierung	Erforderliche Angaben	Statistische Verfahren
2a	Sonderfall: Ausfallrate konstant	$\lambda = \dfrac{1}{MTBF}$ $R(t) = e^{-\lambda t}$ $\left[R(\Delta t) = e^{-\lambda \Delta t} \right]$	1. Stichprobenumfang 2. Akkumulierte (Betriebs-)zeit aller Einheiten der Stichprobe (auch der nicht ausgefallenen) innerhalb des Betrachtungszeitraums 3. Anzahl der beobachteten Ausfälle N	Bestimmung eines Schätzwertes $\widehat{MTBF} = 1/\hat{\lambda} = t_{akk}/N$ (t_{akk} = akkum. Betriebszeit aller Einheiten). Vertrauensgrenzen für MTBF = $1/\lambda$: $\dfrac{2N \cdot \widehat{MTBF}}{\chi^2_{2(N+1), \frac{1+\alpha}{2}}} \leq MTBF \leq \dfrac{2N \cdot \widehat{MTBF}}{\chi^2_{2N, \frac{1-\alpha}{2}}}$
3	Einsatzzuverlässigkeit (Missionszuverlässigkeit)	$R(\Delta t)$	1. Anzahl k der insgesamt betrachteten Einsätze 2. Anzahl k-N der erfolgreichen Missionen bzw. Anzahl N der nicht erfolgreichen **Missionen 3. Missions-(Einsatz-)dauer Δt und -beschreibung 4. Betriebsalter t bei Missionsbeginn, bzw. Anzahl der vorangegangenen Missionen Bemerkung: Die Ausfallzeitpunkte brauchen nicht bekannt zu sein	Bestimmung eines Schätzwertes $\hat{R}(\Delta t) = (k - N)/k$ Bestimmung der Vertrauensgrenzen $R(\Delta t)*$ für $R(\Delta t)$. a) mit Hilfe der F-Verteilung $R(\Delta t)* = \dfrac{1}{1 + \dfrac{N+1}{k-N} F_{\alpha,\, 2(N+1),\, 2(k-N)}}$ b) mit Hilfe der Binomialverteilung aus $\sum_{j=0}^{N} \binom{k}{j} [C(N)]^j [1-C(N)]^{k-j} = 1-\alpha$ $1 - C(N) = R(\Delta t)*$ = untere Vertrauensgrenze für $R(\Delta t)$. (Die Gleichwertigkeit beider Verfahren folgt aus dem Zusammenhang zwischen F-Verteilung und Binomialverteilung).

* Ableitung der mathematischen Formeln im Kap. 3.

** Der Begriff "Mißerfolg" beinhaltet in diesem Zusammenhang lediglich die Nichterfüllung einer Funktion infolge einer Störung, jedoch nicht die technische Leistungsfähigkeit (capability) des betreffenden Objektes.

Anhang 7 (Fortsetzung)

Nr.	Benennung	Mathematische Formulierung	Erforderliche Angaben	Statistische Verfahren
4	Instandsetzungsfreiheit		Analog zu Punkt 1	Analog zu Punkt 1
5	Sicherheit		Analog zu Punkt 1 bzw. 3. Betrachtet werden jedoch hier lediglich sicherheitsgefährdende Störungen	Analog zu Punkt 1 bzw. 3
6	Mittlere Lebensdauer Bemerkung: Nur anwendbar auf nicht instandsetzbare Einheiten	$\tau = \int_0^\infty t\,f(t)\,dt$ $= \int_0^\infty R(t)\,dt$	(Betriebs-)zeiten der betrachteten Einheiten von Beanspruchungsbeginn bis zum Ausfallzeitpunkt	Bestimmung von Schätzwerten von Vertrauensgrenzen für τ, falls $f(t)$ bzw. $R(t)$ geschlossen darstellbar
6a	Zentrale Lebensdauer Bemerkung: Nur anwendbar auf nicht instandsetzbare Einheiten	Ordnung der Lebensdauer in einer Rangfolge $t_{(1)}, t_{(2)} \cdots t_{(k)}$. Dann ist $\tilde{\tau} = t_{(m)}$ für $k=2m-1$; $\tilde{\tau} = \frac{1}{2}\left|t_{(m)} + t_{(m+1)}\right|$ für $k=2m$	Betriebsalter der betrachteten beanspruchten Einheiten von Beanspruchungsbeginn bis zum Ausfallzeitpunkt	Bestimmung von Zentralwerten und Vertrauensgrenzen für Zentralwerte
7	Brauchbarkeitsdauer	(Definition der Brauchbarkeitsdauer s. Abschn. 3.3)	1. (Betriebs-)zeiten der betrachteten Einheiten seit Beanspruchungsbeginn 2. Angaben zu einem der Punkte 1, 2 oder 3	Siehe unter Punkt 1, 2 oder 3

8. Zuverlässigkeit in Beschaffungsverträgen

8.1. Vertragsrecht im Überblick

Kaufvertrag - Werkvertrag

Ein Unternehmen, das modernes technisches Gerät auf den Markt bringen oder einem Auftraggeber liefern will, wird nicht alle Komponenten selbst entwickeln und herstellen, aus denen sich das Gerät zusammensetzt. Einen mehr oder weniger großen Teil davon wird es von anderen Unternehmen beziehen und zu diesem Zweck Beschaffungsverträge abschließen.

Zwar gilt der Grundsatz der Vertragsfreiheit. Die Vertragsparteien können also den Vertragsinhalt (in weiten Grenzen) selbst bestimmen. Dennoch bewegen sich solche Verträge nicht in einem rechtsleeren Raum. Vielmehr gibt das geltende Recht eine aus langer Erfahrung gewachsene, vielfältige Struktur von Rechtsregeln vor, die gelten, soweit die Vertragsparteien nichts anderes vereinbaren. Da aber ein Vertrag unmöglich das gesamte geltende Recht ersetzen und für jeden erdenklichen Fall eine Regelung treffen kann, muß jeder Vertrag in diesem Kontext geltender Rechtsregeln sinnvoll eingeordnet werden. Geschieht das nicht, so gleicht das dem Versuch, ein Haus umzubauen, ohne seine statischen Verhältnisse zu berücksichtigen. Es entstehen Brüche und Unebenheiten, die zur Quelle von Schwierigkeiten und Streitigkeiten werden können. Die wichtigsten Vertragstypen, die das geltende Recht für Beschaffungsverträge vorgibt, sind

- der Kaufvertrag und
- der Werkvertrag.

Diese beiden Vertragstypen sind auch international geläufig. Sie gehören zu den Grundformen des wirtschaftlichen Austauschvertrages, der auf Austausch von Ware oder Leistung gegen Geld gerichtet ist.

Sie unterscheiden sich vor allem in der Art der vereinbarten Leistung. Gegenstand des Kaufvertrages sind Sachen, die als vorhanden oder mindestens

282

als bekannt vorausgesetzt werden. Gegenstand des Werkvertrages dagegen ist die Schaffung einer neuen, noch nicht vorhandenen, häufig in wichtigen Einzelheiten noch unbekannten Sache. Ein wichtiger Anwendungsfall für den Werkvertrag im Beschaffungswesen ist deshalb der Entwicklungsvertrag. Übernimmt es der Hersteller, das Entwicklungsergebnis auch in Serie zu liefern, so handelt es sich um eine Kombination aus Werkvertrag und Kaufvertrag. In der Praxis gibt es fliessende Übergänge zwischen diesen beiden Vertragstypen. Die wichtigste Zwischenform ist der Werklieferungsvertrag, auf den teils Kauf-, teils Werkvertragsrecht anzuwenden ist. Die Tabelle in Abb.8.1 gibt einen Überblick über diese Vertragsformen und die damit verbundenen Regelungen.

Gewährleistung

Wichtig ist die Unterscheidung der beiden Vertragstypen insbesondere wegen der unterschiedlichen Folgen, die sie an die mangelhafte Erfüllung knüpfen. Die für den kaufmännischen Liefervertrag, den Gattungskauf, typische Art der Gewährleistung ist die Ersatzlieferung: ist die gelieferte Ware mangelhaft, so erhält der Lieferer sie zurück und muß stattdessen mangelfreie Ware liefern. Die für den Werkvertrag typische Art der Gewährleistung ist dagegen die Nachbesserung: entspricht das Entwicklungsergebnis nicht dem vertraglich festgelegten Entwicklungsziel, so muß der Hersteller nachbessern, d.h.: er muß die Entwicklung fortsetzen, bis das Entwicklungsergebnis erreicht ist. Kommt der Hersteller mit dieser Verpflichtung in Verzug, so kann der Besteller die Nachbesserung an seiner Stelle vornehmen und die Kosten von ihm ersetzt verlangen; er kann in diesem Fall sogar verlangen, daß ihm der Hersteller die Kosten einer notwendigen Nachbesserung vorschießt.

Schadensersatz wegen mangelhafter Lieferung oder Leistung

Wird mangelhafte Ware geliefert oder ein Werk mangelhaft hergestellt, so können dadurch Schäden entstehen, die über den eigentlichen Mangel und die Nachbesserungskosten weit hinausgehen: andere Sachen können beschädigt, verdorben oder zerstört werden, Menschen können verletzt oder getötet werden, dem Besteller kann Gewinn entgehen, den er bei mangelfreier Lieferung gemacht hätte usw. Daß der Lieferer zur Gewährleistung verpflichtet ist, bedeutet nach deutschem Recht noch nicht, daß er dem Bestel-

Vertragstyp	Beispiel	Charakteristik	Gewährleistung	Schadensersatz
Kaufvertrag (Spezieskauf)	Ein Kunde kauft in einem Büromaschinengeschäft zwei dort ausgestellte Schreibmaschinen	Vertragsgegenstand sind konkret bezeichnete Sachen	- Wandelung - Minderung	bei Fehlen zugesicherter Eigenschaft
Kaufvertrag (Gattungskauf)	Ein Kunde bestellt zwei Schreibmaschinen nach einem Versandhauskatalog	Vertragsgegenstand sind abstrakt, der Gattung nach bezeichnete Sachen	- Ersatzlieferung - Wandelung - Minderung	bei Fehlen zugesicherter Eigenschaft
Kaufvertrag (Werklieferungsvertrag über vertretbare Sachen)	Eine Modeboutique bestellt bei einer Strickerin 10 Pullover eines bestimmten Modells aus von der Strickerin zu beschaffenden Garnen	Vertragsgegenstand sind Sachen, - die erst herzustellen sind, - aus vom Hersteller zu beschaffenden Stoffen, - aber "vertretbar" (= gängig, anderweitig brauchbar) sind	- Ersatzlieferung - Wandelung - Minderung	bei Fehlen zugesicherter Eigenschaft
Werkvertrag (Werklieferungsvertrag über nicht vertretbare Sachen)	Ein Kunde bestellt bei einem Schneider zwei Massanzüge aus vom Schneider zu beschaffenden Stoffen	Vertragsgegenstand sind Sachen, - die erst herzustellen sind, - aus vom Hersteller zu beschaffenden Stoffen, - aber nicht "vertretbar" (= gängig, anderweitig brauchbar) sind	- Nachbesserung - Ersatzvornahme - Wandelung - Minderung	Wenn ein Mangel vom Hersteller zu vertreten (= verschuldet) ist
Werkvertrag	Ein Gärtner übernimmt es, den Garten des Bestellers nach einem vorliegenden Plan mit vorhandenen Mitteln umzugestalten	Vertragsgegenstand ist die Erstellung eines "Werkes": die planmässige Umgestaltung des Gartens	- Nachbesserung - Ersatzvornahme - Wandelung - Minderung	Wenn ein Mangel vom Hersteller zu vertreten (= verschuldet) ist

Abb. 8.1. Tabelle: Vertragstypen (Kaufvertrag – Werkvertrag)

ler auch diese Folgeschäden zu ersetzen hat. Vielmehr knüpft das deutsche Recht einen solchen Schadensersatzanspruch an zusätzliche Voraussetzungen, die ebenfalls beim Kaufvertrag anders sind als beim Werkvertrag. Handelt es sich um einen Kaufvertrag, so kann der Käufer Schadensersatz verlangen, wenn der Mangel der gelieferten Sache sich als Fehlen einer zugesicherten Eigenschaft darstellt. Da nicht jede vereinbarte Eigenschaft eine zugesicherte Eigenschaft ist, bedeutet das: der Mangel muß ein Merkmal betreffen, zu dem der Verkäufer dem Käufer besondere, über die Warenbeschreibung hinausgehende, garantieartige Erklärungen gegeben hat, die dem Käufer das finanzielle Risiko etwaiger Mangelhaftigkeit ganz oder teilweise abnehmen sollen. In einer technischen Spezifikation festgelegte Merkmalswerte beispielsweise sind, auch wenn sie zum Inhalt eines Kaufvertrages gemacht werden, in aller Regel zwar vereinbarte, aber noch nicht zugesicherte Eigenschaften. Ihre Nichteinhaltung gibt dem Käufer also zwar Gewährleistungs-, nicht aber auch Schadensersatzansprüche. Erst wenn der Verkäufer bestimmte, dem Käufer besonders wichtige Merkmalswerte in besonderer Weise "garantiert", kann darin eine Eigenschaftszusicherung liegen, deren Nichteinhaltung den Verkäufer zum Schadensersatz verpflichtet.

Beim Werkvertrag dagegen ist der Schadensersatzanspruch des Bestellers an die zusätzliche Voraussetzung geknüpft, daß der Hersteller den Mangel des Werkes verschuldet hat. Auf den im Beschaffungswesen wichtigen Anwendungsfall des Entwicklungsvertrages bezogen bedeutet das beispielsweise: Verfehlt ein Hersteller das vereinbarte Entwicklungsziel, weil er sich übernommen hat und der gestellten Aufgabe nicht gewachsen ist, so kann schon darin ein Verschulden liegen, das ihn zum Schadensersatz verpflichtet.

Verzug

Nachteile können dem Besteller auch dadurch entstehen, daß der Vertragspartner seine Vertragspflicht nicht rechtzeitig erfüllt, also in Verzug kommt. Den eigentlichen Verzugsschaden - Bandstillstandskosten beispielsweise oder höhere Vorhaltekosten - hat der Lieferer auch dann zu ersetzen, wenn der Besteller am Vertrag festhält. Er kann sich nach deutschem Recht allerdings durch den Nachweis entlasten, daß er unverschuldet, also trotz aller Sorgfalt in seinen Dispositionen in Rückstand gekommen ist. Erst wenn er seine Leistung auch in einer angemessenen Nachfrist nicht erbringt, kann sich der Besteller von dem Vertrag lösen und statt der Erfüllung Schadensersatz wegen Nichterfüllung verlangen, der dann den Verzögerungsschaden mitumfaßt.

Zwischen nicht rechtzeitiger Erfüllung und mangelhafter Erfüllung ist allerdings zu unterscheiden. Durch eine mangelhafte Lieferung oder Leistung kommt der Verpflichtete nicht in Verzug, obwohl Nachbesserungen oder Ersatzlieferungen zu Verzögerungen führen können.

Gewährleistungsfrist - Verjährungsfrist

Im kaufmännischen Geschäftsverkehr ist die Gewährleistungsfrist eine bekannte und geläufige Erscheinung. Auf juristischer Seite zeigen sich dagegen nicht selten Schwierigkeiten in der richtigen Auffassung der Gewährleistungsfrist. Das gilt besonders, wenn diese im hochstaplerischen Gewand der "Garantiefrist" oder gar einfach der "Garantie" auftritt. Das Bürgerliche Gesetzbuch, an dem sich die deutsche juristische Begriffbildung orientiert, kennt nämlich die Gewährleistungsfrist nicht, sondern nur die Verjährungsfrist, von der sie sich aber nicht nur sprachlich unterscheidet. Mit Ablauf der Verjährungsfrist verlieren alle Gewährleistungsansprüche ihre gerichtliche Durchsetzbarkeit. Dagegen besagt die Gewährleistungsfrist, daß nur für die vor ihrem Ablauf aufgetretenen Mängel Gewähr zu leisten ist, ohne die gerichtliche Durchsetzbarkeit der daraus entstandenen Gewährleistungsansprüche zu befristen. Die gesetzliche Verjährungsfrist für Gewährleistungsansprüche ist relativ kurz. Nach dem BGB beträgt sie nur 6 Monate, beginnend mit der Lieferung beim Kaufvertrag bzw. mit der Abnahme beim Werkvertrag. Da diese Frist nur durch gerichtliche Geltendmachung gewahrt werden kann, läßt sie dem Besteller wenig Zeit zur Prüfung des Liefergegenstandes und zur außergerichtlichen Klärung von Gewährleistungsansprüchen. Wird dagegen eine Gewährleistungsfrist vereinbart, so verlängert sich der insgesamt zur Verfügung stehende Zeitraum. Der Beginn der Verjährungsfrist wird nämlich dadurch auf den Zeitpunkt der Feststellung und Rüge eines Mangels hinausgeschoben. Die beiden Fristen sind also getrennt zu berechnen, können sich zueinander addieren, und die Gewährleistungsfrist kann voll für die Prüfung des Liefergegenstandes verwendet werden, ohne daß ihr Ablauf die Verjährungsfrist verkürzt. Diese Verbindung von Gewährleistungsfrist und Verjährungsfrist sehen jedenfalls die in der Wirtschaft gebräuchlichen Verbandsbedingungen vor, so beispielsweise die vom Verein Deutscher Maschinenbauanstalten (VDMA)

und die vom Zentralverband der Elektrotechnischen Industrie (ZVEI) emp-
fohlenen Allgemeinen Lieferbedingungen. Diese Auffassung des Verhältnisses von Gewährleistungsfrist und Verjährungsfrist hat sich auch in der
Rechtsprechung durchgesetzt. Gleichwohl gibt es in der juristischen Literatur immer wieder Stimmen, die sie als unrichtig bekämpfen. Da eine
gesetzliche Regelung fehlt, empfiehlt es sich in diesem Punkt besonders
auf klare vertragliche Vereinbarungen zu achten. Die Abb.8.2 verdeutlicht den Unterschied von Gewährleistungsfrist und Verjährungsfrist und
die Wirkung ihrer Verbindung am Beispiel der VDMA-Bedingungen.

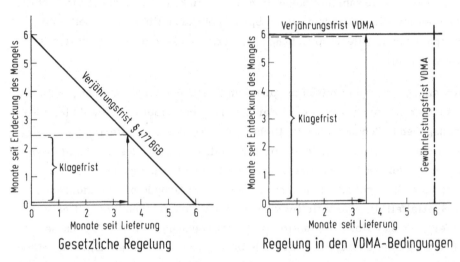

Abb. 8.2. Gewährleistungsfrist - Verjährungsfrist

"Garantie" und "garantieren"

Nicht selten verwendet die industrielle Praxis juristische Begriffe in be-
denklich unkritischer und mißverständlicher Weise. Das gilt besonders
für die Worte "Garantie" und "garantieren". Im juristischen Sprachgebrauch wird darunter eine sehr weitgehende Verpflichtung verstanden: Wer
eine Garantie übernimmt, verpflichtet sich, uneingeschränkt für das ein-
zustehen, was er garantiert, notfalls allen Schaden zu ersetzen, wenn das
garantierte Ereignis nicht eintritt oder die garantierte Eigenschaft sich
als nicht vorhanden herausstellt. Eine solche Garantie kann als Teil eines
Kauf- oder Werkvertrages, sie kann aber auch als selbständige Verpflichtung übernommen werden. In der industriellen Praxis werden diese
Worte dagegen in sehr diffuser Weise verwendet; in den seltensten Fällen

287

ist damit eine Garantie im juristischen Sinne gemeint. Häufig gilt hier "Garantie" als Synonym für "Gewährleistung", wird häufig auch gleich mit "Gewährleistungsfrist" gleichgesetzt, indem es etwa heißt: "Garantie: 12 Monate". Wenn sich dagegen in technischen Spezifikationen häufig die Wendung findet, ein Parameter werde "garantiert", so ist damit meist nichts weiter gemeint, als daß er vertraglich vereinbart wird. Auch sonst werden im industriellen Vertrieb insbesondere Leistungsangaben immer wieder vollmundig "garantiert", ohne daß die Tragweite einer solchen Erklärung bedacht wird. Dagegen sollen die bekannten "Garantiescheine" meist eher die Gewährleistungspflicht beschränken. Die juristischen Schwierigkeiten mit diesem industriellen Sprachgebrauch ziehen sich seit Jahrzehnten durch die Rechtsprechung. Mißverständnisse entstehen hier aus zwei Gründen:

Zum einen hängen sie mit dem vorerwähnten Umstand zusammen, daß nach deutschem Kaufrecht den Verkäufer nur dann eine über die Gewährleistung hinausgehende Schadensersatzpflicht trifft, wenn der gelieferten Sache eine zugesicherte Eigenschaft fehlt. Im Streitfall kommt es deshalb häufig darauf an, ob der Verkäufer eine Eigenschaftszusicherung gegeben hat oder nicht. Die Eigenschaftszusicherung aber ist im Grunde nichts anderes als ein Spezialfall der Garantie im vorerwähnten juristischen Sinne. Der Verkäufer, der das Wort "Garantie" im Zusammenhang mit der Produktbeschreibung verwendet, riskiert deshalb immer, daß dies als Eigenschaftszusicherung aufgefaßt wird mit der Folge weitgehender Schadensersatzverpflichtungen. Daß es häufig so nicht gemeint war, zeigen die nicht eben seltenen Fälle, in denen darüber bis zur letzten Instanz gestritten wird.

Zum anderen entstehen Mißverständnisse aus dem ebenfalls vorerwähnten Umstand, daß es die in der kaufmännischen Praxis durchaus geläufige und sinnvolle Einrichtung der Gewährleistungsfrist juristisch eigentlich nicht gibt. Da aber gerade die Gewährleistungsfrist eng mit der Zuverlässigkeit des Produkts zusammenhängt, ist es nicht allzu fernliegend, eine zeitlich befristete "Garantie" als Zuverlässigkeitsgarantie aufzufassen und damit als etwas viel weitergehendes als die Gewährleistungsfrist. Wie weitreichend Gewährleistungsvereinbarungen inzwischen sind, soll ein Beispiel zeigen, das in den Vereinigten Staaten zur Anwendung kommt. Gemeint ist die "Reliability Improvement Warranty" (RIW). Sie beinhaltet, daß alle Kaufeinheiten, die dieser Vereinbarung unterliegen, vom Hersteller über einen längeren Zeitraum der Nutzungsphase , z.B. 4 Jahre, bei Ausfall ohne

Zusatzkosten repariert werden, nachdem bei Vertragsvereinbarung ein Festpreis dafür vereinbart wurde. Dadurch soll der Hersteller motiviert werden, eine hohe Zuverlässigkeit und gute Reparierbarkeit in das Gerät hineinzuentwickeln bzw. durch nachträgliche Verbesserungsmaßnahmen zu realisieren. Denn dann verbleibt der nicht benötigte Teil des vereinbarten Festpreises als Gewinn beim Hersteller.

Die RIW wird häufig gekoppelt mit einer "MTBF Guarantee". Hierbei besteht die Gewährleistung darin, daß der Hersteller die durch Nichteinhaltung der MTBF zusätzlich beim Nutzer benötigten Ersatzgeräte kostenlos zur Verfügung stellt. Sollte die MTBF auch bei Ende der Gewährleistungsfrist, d.h. am Ende der RIW, noch nicht erreicht sein, so gehen diese Ersatzgeräte endgültig in das Eigentum des Nutzers über.

Die "RIW" bzw. "MTBF Guarantee" sind nicht überall anwendbar. Optimale Anwendungsbedingungen liegen dann vor, wenn möglichst wenige Nutzer jeweils eine große Anzahl von Kaufeinheiten betreiben.

Internationaler Geschäftsverkehr - nationales Recht

Handel und Technik sind internationale, grenzüberschreitende Phänomene. Das Recht dagegen ist ein nationales, an nationale Grenzen gebundenes Phänomen. Aus dieser Diskrepanz ergeben sich Schwierigkeiten, die schwer lösbar sind. Bei der heutigen internationalen Verflechtung von Wirtschaft und Industrie spielen sie gerade auch im Beschaffungswesen eine große Rolle. Alle Versuche, durch internationale Abmachungen zu einheitlichen rechtlichen Regelungen zu kommen, haben sich immer als überaus schwierig erwiesen und sind auf nur ganz wenigen Teilgebieten gelungen. Auf dem Gebiet des Kaufrechts sind solche Versuche seit vielen Jahrzehnten unternommen worden. Sie sind mit dem Haager Übereinkommen zur Einführung eines Einheitlichen Kaufrechts vom 1. Juli 1964 auch zu einem gewissen Erfolg gekommen. Nur wenige Staaten haben sich diesem Übereinkommen jedoch angeschlossen, darunter allerdings die Bundesrepublik Deutschland. Mit den beiden, auf diesem Übereinkommen beruhenden Gesetzen, dem Einheitlichen Kaufgesetz und dem Einheitlichen Kaufabschlußgesetz, beide vom 17. Juli 1973 (BGBl I 1973, 856 ff und 868 ff) gibt es also in der Bundesrepublik Deutschland detaillierte gesetzliche Regelungen für internationale Kaufverträge. Praktische Bedeutung haben sie jedoch kaum erlangt, sind sogar weitgehend unbekannt geblieben. Soweit diese Gesetze in Verträgen oder Geschäftsbedingungen überhaupt erwähnt werden, geschieht das meist nur, um ihre Geltung ausdrücklich auszuschließen, was zulässig ist. Darin spiegelt sich die enorme Schwierigkeit aller internationalen Rechtsvereinheitlichung. Dieses Einheitliche Kaufrecht beruht zu wesentlichen Teilen auf angelsächsischen Rechtsvorstellungen, ist dem deutschen Rechtsdenken folglich fremd und wird deshalb nicht angenommen, zumal es auch nur von wenigen Staaten übernommen worden ist.

Zwar hat inzwischen die UNO das Thema aufgegriffen. Aus ihren Beratungen ist bereits im April 1980 eine überarbeitete Wiener Fassung des Einheitlichen Kaufrechts hervorgegangen. An diesen Beratungen hat sich ein weit größerer Kreis von Staaten beteiligt und dem Ergebnis auch zugestimmt. Keiner der Staaten hat das Wiener Übereinkommen jedoch bisher durch Übernahme in sein nationales Recht verwirklicht. Selbst auf dem so wichtigen Gebiet des Kaufrechts gibt es deshalb bisher praktisch keine internationale Regelung.

Es würde aber nicht nur die Möglichkeit der Autoren, sondern auch den Rahmen dieses Buches sprengen, wenn der Versuch unternommen würde, die Regelungen in verschiedenen nationalen Rechtsordnungen darzustellen. Die Darstellung muß deshalb im wesentlichen auf das deutsche Recht beschränkt bleiben. Auch unter internationalen Aspekten wird sie dadurch allerdings nicht wertlos. Gerade bei der Gestaltung umfangreicher und komplizierter Verträge kommt es besonders auf klare Begriffsbildung und begriffliche Systematik an. Insoweit aber schneidet gerade das deutsche Recht im internationalen Vergleich nicht schlecht ab. Das um die Wende vom 19. ins 20. Jahrhundert entstandene Bürgerliche Gesetzbuch, auf dem es im wesentlichen beruht, gilt in seiner klaren Systematik als eine bis heute fortwirkende besondere gesetzgeberische Leistung. Gegenüber dem französischen code civil hat es den Vorteil, daß es um ein rundes Jahrhundert jünger und deshalb weitaus besser auf moderne Verkehrs- und Wirtschaftsverhältnisse zugeschnitten ist. Sowohl das englische als auch das US-amerikanische Recht haben demgegenüber den Nachteil, daß sie im wesentlichen von der Rechtsprechung entwickelt und deshalb weniger systematisch sind. Der Umgang mit dem US-amerikanischen Recht wird zudem durch eine gewisse föderalistische Zersplitterung erschwert, da keineswegs in allen US-Bundesstaaten das gleiche Recht gilt. Wegen der Weltgeltung der englischen Sprache einerseits und der US-amerikanischen Industrie andererseits ist es zwar heute weitgehend üblich geworden, internationale Verträge in englischer Sprache abzufassen. Man sollte sich jedoch davor hüten, mit der Sprache auch das fremde Recht unbesehen zu übernehmen. Wegen seiner Unübersichtlichkeit gilt unter Fachleuten gerade das anglo-amerikanische Recht als besonders ungeeignet zur Vereinbarung als internationales Vertragsstatut.

8.2. Zuverlässigkeit im Vertragsrecht

Während die technisch-naturwissenschaftliche Bewältigung der Zuverlässigkeit weit fortgeschritten ist, hat sich die Rechtswissenschaft mit ihren Problemen bisher kaum systematisch befaßt. Der Begriff "Zuverlässigkeit" ist von ihr bisher nicht aufgenommen worden. Wenn das Phänomen gelegentlich unter dem Begriff der "Haltbarkeitsgarantie" behandelt wird, so zeigt das eher eine gewisse Verlegenheit in seiner juristischen Beurteilung. Zwischen der technisch-naturwissenschaftlichen Entwicklung einerseits und ihrer rechtlichen Bewältigung andererseits klafft daher hier eine besonders große Lücke.

Das hat im wesentlichen zwei Gründe: Zum einen ist die methodische Befassung mit der Zuverlässigkeit von Komponenten, Geräten und Systemen auch in der Technik noch eine relativ junge Erscheinung. Zum Gegenstand einer DIN-Norm beispielsweise wurde das Phänomen nicht früher als 1967 mit der DIN 40041 über die "Zuverlässigkeit elektronischer Bauelemente" [1.1]. Zum anderen sind es in der industriellen Praxis gewöhnlich Ingenieure und Naturwissenschaftler, die sich mit der technischen Zuverlässigkeit und ihren Problemen befassen. Auch die Kapitel 1 - 7 dieses Buchs sind so entstanden, wobei sich die Autoren zur Darstellung der technischen Zusammenhänge der abstrakten mathematischen Formelsprache bedienen, die ihnen aus ihrem Fachbereich vertraut ist. Leider wird damit eine Sprachbarriere für jeden errichtet, der diese Sprache nicht beherrscht. Die interdisziplinäre Verständigung, insbesondere zwischen Ingenieuren und Juristen, wird dadurch ungemein erschwert.

Mit der zunehmenden Bedeutung vertraglicher Zuverlässigkeitsregelungen wird jedoch die interdisziplinäre Verständigung zwischen Ingenieuren und Juristen gerade auf dem Gebiet der Zuverlässigkeit immer dringender. Wenn zu dieser Verständigung hier beigetragen werden soll, so folgt aus dem Vorstehenden, daß dem eine doppelte Schwierigkeit entgegensteht: zum einen muß die erwähnte Sprachbarriere zwischen Ingenieuren und Juristen überwunden werden, zum anderen muß eine neue technische Betrachtungsweise in ein Rechtssystem eingeordnet werden, dem diese Betrachtungsweise bisher fremd ist. Diese Betrachtungsweise kann in dem Slogan zusammengefaßt werden: Zuverlässigkeit ist "Qualität auf Zeit".

Wird ein Qualitätsmerkmal in einem bestimmten Parameter angegeben - etwa die Profiltiefe eines PKW-Reifens in Millimetern - so ist damit der statisch gedachte Zustand im Zeitpunkt irgendeiner Prüfung gemeint. Über die Veränderung dieses Qualitätsmerkmals im Zeitablauf - also während einer bestimmten Beanspruchung - ist damit noch nichts gesagt und ebensowenig über die Fähigkeit der geprüften Einheit, dieses Qualitätsmerkmal über eine gewisse Zeit- oder Beanspruchungsdauer zu halten. Genau diese Fähigkeit bezeichnet man als "Zuverlässigkeit". Die besondere Leistung dieses Begriffs liegt auf der Hand: es wird damit möglich, ein in der modernen Technik ganz besonders wichtiges Qualitätsmerkmal gesondert zu erfassen, nämlich die Fähigkeit einer Komponente, eines Geräts oder eines Systems, die für seinen Verwendungszweck wichtigen Eigenschaften über eine gewisse Zeitdauer zu halten. Die Zuverlässigkeitsbetrachtung bringt also das zeitliche Moment zur Qualitätsbetrachtung hinzu. Vereinfachend könnte man sagen: Wenn Qualitätsangaben generell die "Qualität zur Zeit" bezeichnen, so bezeichnen Zuverlässigkeitsangaben speziell die "Qualität auf Zeit".

Der messenden Erfassung des zeitlichen Moments für die Zuverlässigkeitsbestimmung stehen einige spezifische Schwierigkeiten entgegen, die auch für die Einordnung der Zuverlässigkeit in das System des Vertragsrechts von Bedeutung sind. Zunächst sind wir gewöhnt, Zeit in unseren üblichen Zeitbegriffen - Tag, Stunde, Minute usw. - zu messen. Zeit kann aber auch auf vielfach andere Weise gemessen werden, z.B. in Schaltspielen, Lastwechseln, Umdrehungen usw. Das ist in der Zuverlässigkeitsbetrachtung vielfach üblich. Dabei muß jedoch klar gesehen werden, daß es auch bei diesen Begriffen immer um die Erfassung des zeitlichen Moments geht. Eine weitere, größere Schwierigkeit sei durch folgende Überlegung verdeutlicht: Die Lebensdauer eines Produkts - der einfachste Parameter zur Messung seiner Zuverlässigkeit - läßt sich an ihrem Ende sicher bestimmen. Zugleich aber ist dieses Produkt unbrauchbar, so daß die Kenntnis seiner Lebensdauer jedenfalls für diese Einheit nichts mehr nützt. In diesem Sinne sind Zuverlässigkeitsprüfungen immer zerstörende Prüfungen.

Die daraus gewonnenen Erkenntnisse lassen sich nur nutzbar machen, wenn daraus auf die Zuverlässigkeit vergleichbarer Einheiten geschlossen werden kann. Das ist möglich mit Hilfe mathematischer Methoden aus Statistik und Wahrscheinlichkeitsrechnung, wie sie in Kapitel 5 beschrieben werden. Grundsätzlich läßt sich daher sagen, daß Ist-Aussagen über die Zuverlässigkeit eines Produkts immer Wahrscheinlichkeitsaussagen sind, die auf der Annahme beruhen, daß die betreffenden Einheiten aus einer homogenen Grundgesamtheit stammen, von deren Zuverlässigkeit man aus Stichproben statistisch gesicherte Kenntnisse hat.

Ist- und Soll-Aussagen über die Zuverlässigkeit

Aus dem vorstehend Gesagten folgt nicht, daß Zuverlässigkeitsaussagen über ein Produkt immer in dem genannten Sinne probabilistisch aufgefaßt werden müssen. Werden sie in einem Zusammenhang gemacht, in dem sie rechtliche Relevanz gewinnen, etwa indem sie in einem Vertrag festgelegt werden, so sind sie in der Regel nicht als Ist-, sondern als Soll-Aussagen gemeint, und als solche können sie durchaus diskrete Bedeutung haben. Wird beispielsweise in der Spezifikation eines Relais, die zur Grundlage eines Beschaffungsvertrages gemacht worden ist, dessen Kontaktwiderstand und gleichzeitig seine Lebensdauer in einer Anzahl von Schaltspielen angegeben, so ist diese Angabe mehrdeutig. Sie kann als ein Mittelwert verstanden werden, der aus der Betrachtung der Gesamtproduktion oder des betreffenden Lieferloses gewonnen ist und insoweit als probabilistische Ist-Aussage über ein Kollektiv von Relais, von der die einzelnen Einheiten mehr oder weniger weit abweichen können. Sie kann aber auch als diskrete Soll-Aussage dahin verstanden werden, daß jedes einzelne der zu liefernden Relais mindestens die spezifizierte Anzahl von Schaltspielen ableisten muß, ohne daß sich der spezifizierte Kontaktwiderstand wesentlich verändert. Daß diese beiden Auffassungen nicht nur technisch Unterschiedliches bedeuten, daß sich daran vielmehr auch unterschiedliche Rechtsfolgen knüpfen können, wird in der industriellen Praxis nicht selten verkannt. Die ausschließlich technisch bestimmte Betrachtungsweise verstellt hier den Blick für die rechtlichen Gestaltungsmöglichkeiten. Selbst was genau genommen gar nicht zu verwirklichen ist, kann rechtlich wirksam zugesichert werden. Das wird einleuchten, wenn man bedenkt, daß die technische Realisierbarkeit gerade das Problem sein kann, das der eine Vertragspartner nicht zu beurteilen vermag und dessen

Beurteilung er von dem anderen Vertragspartner erwartet. Wenn der sie zusichert, muß er dafür einstehen, notfalls indem er Schadensersatz leistet.

Zuverlässigkeit als Sacheigenschaft

Da Ist-Aussagen über die Zuverlässigkeit eines Produkts grundsätzlich Wahrscheinlichkeitsaussagen sind, hatte eine ältere Definition die Zuverlässigkeit kurzerhand als "Wahrscheinlichkeit" definiert, nämlich als "die Wahrscheinlichkeit dafür, daß eine Einheit ... nicht ausfällt". Demgegenüber bezeichnen die neueren, heute gebräuchlichen Definitionen die Zuverlässigkeit sinngemäß als "Qualität ... während oder nach einer vorgegebenen Zeit" (s. Kapitel 1.1). Gerade für die richtige rechtliche Einordnung der Zuverlässigkeit stellt diese neuere Definition einen wesentlichen Fortschritt dar. Sie erlaubt es nämlich, Zuverlässigkeit als eine einer Sache anhaftende Eigenschaft aufzufassen. Erst als solche Sacheigenschaft wird Zuverlässigkeit vertragsrechtlich fassbar. Verkauft wird - um es auf eine einfache Formel zu bringen - nicht eine Sache mit Wahrscheinlichkeiten, sondern eine Sache mit Eigenschaften, z.B. mit der Eigenschaft, daß sie eine in bestimmter Weise festgelegte Zuverlässigkeit aufweist. Daß diese Eigenschaft in probabilistischen Parametern gemessen und angegeben wird, ändert daran nichts. Für ihre richtige rechtliche Einordnung ist es deshalb besonders wichtig, die Auffassung der Zuverlässigkeit als Sacheigenschaft konsequent durchzuhalten und davon die probabilistischen Parameter zu unterscheiden, in denen diese Sacheigenschaft gemessen wird.

Zuverlässigkeit und Vertragserfüllung

Ob die zur Erfüllung eines Kaufvertrages gelieferte Sache von vertragsgemäßer Beschaffenheit ist, das ist nach deutschem Kaufrecht nach dem Zustand der Sache in einem bestimmten Zeitpunkt zu beurteilen. Nicht vertragsgemäß ist die Sache, wenn sie "zu der Zeit, zu welcher die Gefahr auf den Käufer übergeht" (§ 459 BGB), mit Fehlern behaftet ist. Maßgeblich für die Beurteilung des Kaufgegenstandes ist also deren Zustand im Zeitpunkt des Gefahrübergangs oder - etwas vereinfachend - im Zeitpunkt der Lieferung. Das gilt übrigens nicht nur im deutschen Recht, sondern - cum grano salis - in vielen anderen Rechtsordnungen, ist also eine international geläufige Betrachtungsweise. Für den Werkvertrag gilt im Prinzip das gleiche nur mit dem Unterschied, daß es hier auf den Zeitpunkt der Abnahme ankommt. Berücksichtigt man nun, daß die Zuverlässigkeit eines Produkts nicht in einem Zeitpunkt, sondern nur über eine Zeitdauer geprüft und gemessen werden kann, so wird die Schwierigkeit deutlich, die ihrer Einordnung in das geltende Vertragsrecht entgegensteht.

Zwar ist die vertragsrechtliche Konzentration der Qualitätsbeurteilung auf einen Zeitpunkt nicht dahin zu verstehen, daß die Qualitätsverantwortung des Lieferers sich auf diesen einen Zeitpunkt beschränke, seine Zuverlässigkeitsverantwortung also gleich Null sei. Vielmehr dient sie der Abgrenzung der Verantwortungsbereiche zwischen Lieferer und Besteller. Tritt ein Ausfall oder eine andere Beeinträchtigung der Gebrauchstauglichkeit des Liefergegenstandes erst nach dem maßgeblichen Zeitpunkt - Lieferung oder Abnahme - auf, so ist zu prüfen, ob dies auf einem Fehler beruht, den die Sache bereits in diesem früheren Zeitpunkt hatte. Läßt sich das feststellen, so hat der Lieferer seine Vertragspflicht zur Lieferung einer mangelfreien Sache nicht erfüllt und der Besteller hat Gewährleistungsansprüche. Dieser Zurückführung einer späteren Ausfallerscheinung auf einen bereits früher vorhandenen (verborgenen) Mangel zieht das deutsche gesetzliche Gewährleistungsrecht allerdings eine rigorose Grenze durch die sechsmonatige Verjährungsfrist für Gewährleistungsansprüche: Sechs Monate nach Lieferung oder Abnahme wird allen Gewährleistungsansprüchen die rechtliche Durchsetzbarkeit entzogen.

Der unmittelbaren Anwendung dieses gewährleistungs-rechtlichen Grundschemas auf Zuverlässigkeitsvereinbarungen stehen insbesondere zwei Schwierigkeiten entgegen: Zum einen ist die sechsmonatige Verjährungsfrist für Gewährleistungsansprüche auf Zuverlässigkeitsmerkmale nicht abgestimmt und für deren Verifizierung in aller Regel zu kurz. Ein Reifenhersteller etwa, der für seine PKW-Reifen eine Lebensdauer von 40.000 Fahrkilometer "garantieren" würde, ohne die gesetzliche Verjährungsfrist für Gewährleistungsansprüche zu verlängern, würde wenig riskieren, weil kaum ein PKW-Fahrer in sechs Monaten 40.000 Fahrkilometer zurückzulegen und damit diesen Zuverlässigkeitswert zu verifizieren vermag. Um die Vereinbarung von Zuverlässigkeitsmerkmalen in das System des geltenden Vertragsrechts sinnvoll einzuordnen, bedarf jede solche Vereinbarung deshalb der Ergänzung um eine Gewährleistungsfrist, die auf das jeweils vereinbarte Zuverlässigkeitsmerkmal so abgestimmt ist, daß es innerhalb dieser Frist verifiziert werden kann.

Der Einordnung von Zuverlässigkeitsvereinbarungen in das System des geltenden Vertragsrechts steht aber noch eine zweite, größere Schwierigkeit entgegen. Die technische Zuverlässigkeitsbetrachtung enthält nämlich ein grundlegendes Element, welches die rückschauende Qualitätsbeurteilung des "klassischen" Gewährleistungsrechts als überholt erscheinen läßt. Bei hochkomplexen Produkten, wie sie die moderne Technik hervorbringt - man denke etwa an hochintegrierte elektronische Bauelemente und daraus zusammengesetzte Systeme - ist diese rückschauende Fehlersuche ohnehin häufig gar nicht mehr oder nur mit unverhältnismäßigem Aufwand möglich. Gleichzeitig ermöglicht moderne Technik jedoch eine so weitgehende Zuverlässigkeitssicherung, daß bei richtigem Einsatz des Produkts allein dessen Ausfall bzw. Ausfallhäufigkeit zur Grundlage von Gewährleistungsansprüchen gemacht werden kann, ohne daß es auf die rückschauende Klärung der Ausfallursache ankäme. In ihrer voll entwickelten Form beinhalten Zuverlässigkeitsvereinbarungen eine grundlegende Änderung des geltenden Vertragsrechts in dieser Richtung. Im "klassischen" Vertragsrecht ist der Liefergegenstand vertragsgemäß, wenn er in einem bestimmten Zeitpunkt - bei Lieferung oder Abnahme - keinen Fehler hat. In seiner zur echten Zuverlässigkeitsvereinbarung weiterentwickelten Form dagegen ist der Liefergegenstand vertragsgemäß, wenn er bei richtigem Einsatz innerhalb eines bestimmten Zeitraums - der Gewährleistungsfrist - nicht oder nicht zu häufig ausfällt. Daß eine solche echte Zuverlässigkeitsvereinbarung gewollt ist, muß allerdings in der jeweiligen Vereinbarung klar zum Ausdruck kommen. Insbesondere muß sie klar sagen, daß allein der Ausfall oder die Ausfallhäufigkeit des Produkts Gewährleistungsansprüche auslösen, wenn sie trotz Einhaltung aller Anwendungsbedingungen innerhalb der Gewährleistungsfrist auftreten. Als solche echte Zuverlässigkeitsvereinbarung ist beispielsweise die in der Kraftfahrzeugindustrie üblich gewordene Gewährleistungsklausel für Neufahrzeuge zu verstehen. Danach wird Gewähr geleistet für eine "dem jeweiligen Stand der Technik ... entsprechende Fehlerfreiheit während eines Jahres seit Auslieferung", sofern nicht der Fehler darauf zurückzuführen ist, daß das Fahrzeug "unsachgemäß behandelt oder überbeansprucht worden ist". Das Grundschema des "klassischen" Gewährleistungsrechts ist hier verlassen. Gewähr wird geleistet nicht für Fehlerfreiheit bei Auslieferung, sondern für Fehlerfreiheit während eines Jahres seit Auslieferung, sofern das Fahrzeug "richtig" behandelt und betrieben worden ist.

8.3. Zuverlässigkeitsvereinbarungen

Eine vertragliche Vereinbarung enthält regelmäßig zwei grundlegende Elemente. Sie legt

- einerseits eine vertragliche Verpflichtung

fest und bestimmt

- andererseits die Folgen, die es haben soll, wenn diese Verpflichtung nicht erfüllt wird.

Diese beiden Grundelemente stehen in einem implikativen Verhältnis zueinander, lassen sich also in ihrer einfachsten Form auf ein Wenn-Dann-Schema zurückführen. So könnte man gewisse grundlegende Verpflichtungen aus einem Kaufvertrag beispielsweise in die Form bringen: "Wenn der Verkäufer eine mangelhafte Sache liefert, dann kann der Käufer Ersatzlieferung verlangen" oder: "Wenn der Verkäufer seine Lieferpflicht nicht rechtzeitig erfüllt, dann muß er dem Käufer den Verzugsschaden ersetzen" Jede Vertragsvereinbarung stellt also im Grunde eine Implikation dar aus Voraussetzung und Folge, Tatbestand und Rechtsfolge. Zwar wird in der Praxis kein Vertrag alle möglichen damit begründeten Verpflichtungen und alle möglichen daran geknüpften Folgen vollständig aufführen und in dieses Schema bringen, weil dabei vieles einfach vorausgesetzt werden kann. Dennoch empfiehlt es sich, bei der Gestaltung und Abfassung von Verträgen dieses Wenn-Dann-Schema im Auge zu behalten und auf diese Weise die Rechtsfolgen begrifflich zu unterscheiden von den Voraussetzungen, an welche sie geknüpft werden. Das gilt ganz besonders für Verträge, mit denen - wie mit echten Zuverlässigkeitsvereinbarungen - juristisches Neuland betreten wird und die deshalb besonders klarer Gestaltung und Abfassung bedürfen.

In diesem Wenn-Dann-Schema gesehen, sind auf der Wenn-Seite von Zuverlässigkeitsvereinbarungen zwei Festlegungen besonders wichtig, nämlich die des Ausfalls bzw. der Ausfallkriterien und die der Anwendungsbedingungen.

Ausfall und Ausfallkriterien

Eine Zuverlässigkeitsvereinbarung verpflichtet den Lieferer, den Liefergegenstand so zu entwickeln, zu fertigen und zu liefern, daß er vor Ableistung einer bestimmten Beanspruchungsdauer nicht oder nur mit einer bestimmten Häufigkeit ausfällt. Das entscheidende Kriterium für die Beurteilung der Vertragsgerechtigkeit des Liefergegenstandes wird damit sein Ausfall. Eine solche Vereinbarung kann deshalb nur praktikabel sein, wenn sie hinreichend genau festlegt, welches Ereignis als "Ausfall" gelten soll. Das ist weniger selbstverständlich, als es scheinen mag. So ist die vertragliche Festlegung der Lebensdauer eines PKW-Reifens nur dann sinnvoll, wenn zugleich feststeht, bei welcher Profiltiefe sie als beendet gelten soll: schon bei 2 mm oder erst bei 1 mm restlicher Profiltiefe. Da sich ein PKW-Reifen normalerweise kontinuierlich abnützt, seine Profiltiefe also kontinuierlich abnimmt, handelt es sich hier um die Festlegung eines typischen Driftausfalls: das ausfallkritische Merkmal verändert sich nicht plötzlich, sondern kontinuierlich in Richtung auf einen bestimmten Grenzwert. Dieser Grenzwert muß als Ausfallkriterium festgelegt werden, wenn eine entsprechende Zuverlässigkeitsvereinbarung praktikabel sein soll. Nicht immer ist das so relativ einfach möglich wie bei der Profiltiefe von PKW-Reifen. Die vorerwähnte Gewährleistungsbestimmung für Kraftfahrzeuge (s. Seite 295) umschreibt das Kriterium, indem sie auf die Fehlerfreiheit nach dem jeweiligen Stand der Technik des betreffenden Kraftfahrzeugtyps abstellt. Als gewährleistungsauslösender Ausfall hat danach jede Funktionsweise zu gelten, die dem Stand der Technik des betreffenden Kraftfahrzeugtyps nicht entspricht. Bei einem so komplexen Gerät wie einem Kraftfahrzeug wird diese relativ summarische Umschreibung unumgänglich, wahrscheinlich aber auch ausreichend sein, weil der Stand der Technik hier relativ klar umrissen ist. Ganz anders wird jedoch zu verfahren sein, wenn etwa im Liefervertrag mit einem Zulieferer die Zuverlässigkeit einer bestimmten Komponente umschrieben werden soll. Wird hier nur an den Totalausfall gedacht und nicht berücksichtigt, daß die Leistungsparameter von Komponenten sich aus den verschiedensten Gründen im Zeitablauf graduell verändern können, so sind spätere Streitigkeiten darüber vorprogrammiert, ob bei einem bestimmten Grad der Veränderung bereits ein gewährleistungsbegründender Ausfall anzunehmen ist oder nicht. Dabei ist insbesondere zu berücksichtigen, daß der Lieferer gewöhnlich nicht, jedenfalls nicht ohne weiteres beurteilen kann, auf welchen Grenzwert es für die Zwecke des Bestellers ankommt. Der Grenzwert muß deshalb vom Besteller spezifiziert werden.

Die Anwendungs- und Einsatzbedingungen

Daß jeder technischer Vorgang nur unter gewissen Rand- und Umgebungsbedingungen einwandfrei abläuft, ist an sich selbstverständlich, so selbstverständlich wie es beispielsweise ist, daß ein Verbrennungsmotor nur
funktionieren kann, wenn er ausreichend sauerstoffhaltige Luft ansaugt. So
offensichtlich sind die Zusammenhänge jedoch bei weitem nicht immer, und
da die Zuverlässigkeit einer Einheit von der Art ihrer Lagerung, ihrer Handhabung, ihres Betriebs usw. maßgeblich beeinflußt wird, gehört die Klar-
stellung dieser Anwendungs- und Einsatzbedingungen im weitesten Sinne
notwendig zu einer praktikablen Zuverlässigkeitsvereinbarung.

In der technischen Spezifikation erscheinen diese Anwendungs- und Einsatzbedingungen häufig in der Form von Prüfvorschriften: es werden gewisse
Belastungstests vorgeschrieben, in denen die zu prüfenden Einheiten unter
bestimmten Temperatur-, Feuchtigkeits-, Rüttelbelastungen oder dergleichen betrieben werden müssen, ohne daß eine bestimmte Ausfallhäufigkeit
überschritten werden darf. Dafür spricht die klare Fassbarkeit und Nach-
prüfbarkeit solcher Festlegungen: die Qualitätsverpflichtung des Lieferers
wird gewissermaßen in ein Handlungsprogramm umgesetzt, nach dessen
störungsfreiem Auflauf der Liefergegenstand als vertragsgerecht angesehen
werden kann. Dieser Vorteil wird jedoch erkauft mit dem Nachteil, den jedes detaillierte Konditionalprogramm hat: Die Vielfalt der Realität läßt
sich auch nur annähernd allenfalls mit großem Aufwand simulieren, so daß
solche Prüfprogramme immer nur einen begrenzten Teil der möglichen Belastungen in der Einsatzwirklichkeit erfassen können. Detaillierte Prüfvorschriften dieser Art machen es deshalb nicht unnötig, den konkreten Verwendungszweck des Liefergegenstandes möglichst umfassend zu umschreiben und vertraglich festzulegen, um daraus im Zweifel entnehmen zu können, unter welchen Anwendungs- und Einsatzbedingungen die vereinbarte
Zuverlässigkeit gelten soll.

Zuverlässigkeitsparameter

Die Parameter, in denen Zuverlässigkeit gemessen wird, sind vielfältig.
Die in der Praxis wichtigsten sind:

- die Lebensdauer (s. Abschn. 3.1)
- die Ausfallrate (s. Abschn. 3.1)
- der Mittlere Ausfallabstand = MTBF (s. Abschn. 3.2).

Dabei sind die beiden letztgenannten Parameter - genau genommen - nur
aussagekräftig, wenn angegeben wird, auf welches Kollektiv sie sich beziehen sollen. Gibt beispielsweise ein Hersteller in seinem Katalog für
eine Standardkomponente eine bestimmte Ausfallrate an, so meint er damit in der Regel einen Wert, der sich auf seine Gesamtproduktion bezieht.
Der Besteller dagegen wird annehmen, daß von ihm bezogene Lieferlose
die gleiche Ausfallrate aufweisen, was aber keineswegs zutreffen muß, insbesondere nicht bei kleinen Lieferlosen. Im Prinzip das gleiche gilt für den
Mittleren Ausfallabstand.

Beim Umgang mit der Ausfallrate wird nicht selten verkannt, daß sie die
relative Bestandsveränderung in einem Zeitintervall angibt, ohne eine Aussage über die individuelle Lebensdauer zu machen.

Wird beispielsweise für ein elektronisches Bauelement eine Ausfallrate von
5×10^{-6}/h genannt, so bedeutet das, daß in 1 Million Betriebsstunden
5 Einheiten ausfallen dürfen. Dabei kann aber diese Betriebsstundenzahl
(theoretisch) erreicht werden durch den Betrieb

- von 100.000 Einheiten über   10 Stunden
- von   10.000 Einheiten über   100 Stunden
- von   1.000 Einheiten über 1.000 Stunden.

Über die individuelle Lebensdauer der Einheiten ist damit noch nichts ausgesagt, da die gleiche Betriebsstundenzahl mit Gegenständen ganz unterschiedlicher Lebensdauer erreicht werden kann.

Die Lebensdauer kann sowohl als statistischer als auch als diskreter Wert
verstanden werden; als statistischer Wert, wenn die mittlere Lebensdauer
eines Kollektivs, als diskreter Wert dagegen, wenn die Mindestlebensdauer
der einzelnen Einheit gemeint ist.

Zuverlässigkeitsvereinbarungen im "Wenn-Dann-Schema"

Um sich die gegebenen Gestaltungsmöglichkeiten für eine Zuverlässigkeitsvereinbarung klar zu machen, kann man Zuverlässigkeitsforderungen einerseits und Folgen der Nichteinhaltung dieser Forderungen andererseits in
das Wenn-Dann-Schema bringen, indem man beides in eine Tabelle ein-
trägt. Auf diese Weise wird unübersehbar, daß die Festlegung von Zuverlässigkeitsforderungen nur sinnvoll ist in einer Form, in der sich ihre Ein-

haltung nachweisen läßt. Es empfiehlt sich folglich, sie von vornherein in dieser Form zu umschreiben. Das kann man beispielsweise, indem man an das Ausfallverhalten anknüpft, das seinerseits festgestellt werden kann:

- an Kollektiven im Einsatz,
- an einzelnen Einheiten im Einsatz
- an Stichproben im Test.

Als mögliche Ausfallfolgen kommen dann in Betracht:

- die Ersetzung einzelner ausgefallener Einheiten,
- die Reparatur einzelner ausgefallener Einheiten,
- die Gestellung von Ersatzeinheiten für die Ausfalldauer,
- die Vergütung von Ausfallzeiten pro rata temporis,
- die Nachbesserung in Form der Fortsetzung einer Entwicklung.

Auf diese Weise kommt man zu der in Abb. 8.3 wiedergegebenen Tabelle. Aus dieser Tabelle läßt sich bereits ein relativ klares Bild davon gewinnen, welche Folge sinnvollerweise an welche Voraussetzung geknüpft werden kann. Welches Ausfallverhalten als Voraussetzung für die Anknüpfung von Rechtsfolgen im konkreten Fall in Betracht kommt, das wird sehr stark von der Art des Liefergegenstandes einerseits und der Vertragspartner andererseits abhängen. So wird man an das Verhalten von Kollektiven oder von einzelnen Einheiten im Einsatz nur dann anknüpfen können, wenn damit gerechnet werden kann, daß man darüber hinreichend Daten aus dem Feld bekommt. Weiter wird zu überlegen sein, welcher Parameter bzw. welche Kombination von Parametern für die Messung des Ausfallverhaltens in Betracht kommt. Ob ein statistischer Parameter, wie die Ausfallrate oder der Mittlere Ausfallabstand, gewählt werden kann oder ein diskreter Parameter wie die Lebensdauer, bemessen in Schaltspielen, Lastwechseln, Betriebsstunden usw., das wird wesentlich davon abhängen, ob das Ausfallverhalten an Kollektiven, einzelnen Einheiten oder Stichproben festgestellt werden muß. Die Wahl der Rechtsfolgen andererseits wird wesentlich davon abhängen, ob der betreffende Liefergegenstand reparabel oder nicht reparabel ist, ob der Vertragspartner Ersatzgeräte überhaupt stellen oder die Ausfalldauer lediglich vergüten kann. Sowohl auf der Seite der Zuverlässigkeitsforderungen als auch auf der Seite der an die Nichterfüllung dieser Forderungen geknüpften Rechtsfolgen läßt sich die Tabelle in vielfacher Weise erweitern und verändern. Hier kann es nicht darum gehen, mit erschöpfender Vollständigkeit alle Möglichkeiten der Verknüpfung von Zu-

Gewährleistungsfolgen –

– WENN –

– lassen sich knüpfen an das Zuverlässigkeitsverhalten

– von Kollektiven		– von einzelnen Einheiten	
– im Einsatz	– im Test	– im Einsatz	– im Test

– DANN –

– können sein

- Fortsetzung der Entwicklung
- Ersetzung einzelner Einheiten
- Ersetzung von Losen
- Reparatur einzelner Einheiten
- Ersatzeinheiten für Ausfallzeit
- Ersatz der Austauschkosten
- Gutschrift pro rata temporis

Abb.8.3. Tabelle: Zuverlässigkeitsvereinbarungen im Wenn–Dann–Schema.

verlässigkeitsforderungen mit Gewährleistungsverpflichtungen aufzuzeigen. Vielmehr geht es darum, die Möglichkeiten dieser tabellarischen Darstellung des Wenn-Dann-Schemas deutlich zu machen. Sie nötigt dazu, den notwendigen Zusammenhang zwischen Zuverlässigkeitsforderung und Gewährleistungsverpflichtung ständig im Auge zu behalten, und ist insoweit ein nützliches Hilfsmittel.

Zuverlässigkeit als Entwicklungs- und als Liefergegenstand

Nicht selten ist ein Beschaffungsvertrag Entwicklungs- und Liefervertrag zugleich: Der Lieferer soll den Liefergegenstand zunächst entwickeln, um ihn dann in Serie herzustellen und zu liefern. Rechtlich ist der Entwicklungsvertrag dann als Werkvertrag, der Liefervertrag dagegen als Kaufvertrag zu beurteilen. Für die Verbindung dieser beiden Kooperationsformen spricht, daß die Entwicklungskosten ganz oder teilweise über den Preis der Serienlieferungen amortisiert werden können. Daraus können jedoch Abgrenzungsschwierigkeiten besonderer Art entstehen, die sich auch auf die Zuverlässigkeitssicherung auswirken können.

Es liegt in der Natur technischer Entwicklungsarbeit, daß an ihrem Beginn die Erreichbarkeit des angestrebten Ziels noch nicht sicher bekannt ist. Andererseits ist eine Fertigung in großen Stückzahlen erst sinnvoll, wenn das Entwicklungsziel erreicht und nun also das Ergebnis bekannt und beschreibbar ist. Zwischen diesen beiden Phasen der Zusammenarbeit - die Entwicklung einerseits und die Serienfertigung andererseits - muß deshalb eine Zwischenphase eingeschoben werden, in der über die Erreichung oder Nichterreichung des Entwicklungsziels zu entscheiden ist. Sie wird gewöhnlich als "Freigabe" bezeichnet und stellt gewissermaßen das Gelenk dar, das Entwicklung und Serienfertigung miteinander verbindet. Für die Zuverlässigkeit bietet diese Zwischenphase besondere Schwierigkeiten, weil Zuverlässigkeit naturgemäß nur über eine gewisse Zeitdauer geprüft und festgestellt werden kann, Zuverlässigkeitsdaten also häufig erst aus dem wirklichen Einsatz gewonnen werden können und damit meist auch ein gewisser Lerneffekt verbunden ist, der zur Verbesserung der Zuverlässigkeit genutzt werden kann und soll. Hier bedarf es deshalb besonders sorgfältiger Abstimmung der beiderseitigen Interessen bei der vertraglichen Festlegung der Zusammenarbeit.

Der Besteller hat ein berechtigtes Interesse daran, die aus dem wirklichen Einsatz gewonnenen Erfahrungen in die Entwicklungsarbeit einfließen zu lassen, um dadurch eine stetige Verbesserung der Zuverlässigkeit zu erreichen. Dem Lieferer dagegen kann nicht eine unbeschränkte Fortsetzung der Entwicklung zugemutet werden; er hat ein berechtigtes Interesse daran, daß das Entwicklungsziel erreicht und festgeschrieben wird, bevor die Serienfertigung beginnt. Die Abstimmung dieser gegenläufigen Interessen macht eine sorgfältige Ausgestaltung und Handhabung der Freigabephase notwendig. Das kann durch stufenweise Freigaben geschehen, wobei gewöhnlich folgende Stufen zu unterscheiden sind:

1. Stufe: Der Lieferer erstellt einen Entwurf oder ein Modell (z.B. Breadboard-Schaltung in der Elektronik), das vom Besteller auf Geeignetheit zu prüfen und gegebenenfalls freizugeben ist;

2. Stufe: Der Lieferer fertigt Muster an, die noch nicht auf den für die Serienfertigung bestimmten Fertigungseinrichtungen hergestellt sein müssen, sondern von Hand oder im Labor gefertigt sein können. Auch diese Muster sind vom Besteller auf ihre Geeignetheit zu prüfen und gegebenenfalls freizugeben;

3. Stufe: Der Lieferer stellt eine Vorserie möglichst weitgehend bereits mit den für die Serienfertigung bestimmten Fertigungseinrichtungen und unter Serienfertigungsbedingungen her, die wiederum vom Besteller auf ihre Geeignetheit zu prüfen und gegebenenfalls freizugeben ist.

Da die Aufnahme der Serienfertigung dem Lieferer gewöhnlich beträchtliche Investitionen verursacht, sollte mit der letzten Freigabestufe die Entwicklung vertragsrechtlich abgeschlossen werden in dem Sinne, daß eine Fortsetzung der Entwicklung auch im Wege der Gewährleistung (= Nachbesserung) nicht verlangt werden kann und daß alle Serienlieferungen, die dem freigegebenen Entwicklungsergebnis entsprechen, vertragsgerecht sind. Das setzt freilich voraus, daß der Besteller mit der Vorserie umfassende Prüfungen durchführt, die dem wirklichen Einsatz entsprechen oder möglichst nahekommen, z.B. Zuverlässigkeitsdemonstrationstests oder Einführungstests. Da derartige Entwicklungen aber fast immer unter beträchtlichem Zeit- und Termindruck stehen, wird das nicht selten vernachlässigt auch in der Überlegung, die beste Prüfung werde der wirkliche Einsatz sein. Wenn damit das Risiko des Fehlschlagens der Entwicklung erhöht wird mit der möglichen Folge, daß die Serienlieferungen selbst sich als ungeeignet erweisen, so wäre es unangemessen, den Lieferer mit diesem Risiko einseitig zu belasten. Ihm wird zugestanden werden müssen, daß mit der endgültigen Freigabe durch den Besteller das Entwicklungsziel erreicht ist, daß seine Lieferverpflichtungen an dem damit erreichten Entwicklungsergebnis zu messen sind und daß jede Fortsetzung der Entwicklung neue vertragliche Abmachungen insbesondere über deren Kosten voraussetzt. Für die 3. Entwicklungsstufe gilt deshalb in besonderem Maße, daß dafür ausreichende Zeiträume vorgesehen werden sollten, um umfassende Prüfungen zu ermöglichen und damit sicherzustellen, daß die Serienfertigung zu einer mindestens ausreichenden Zuverlässigkeit führt. Für die Umsetzung des aus dem wirklichen Einsatz zu erwartenden Lerneffekts zur Verbesserung der Zuverlässigkeit sollten besondere Vereinbarungen Vorsorge treffen.

8.4. Die Ermittlung von Parametern für Zuverlässigkeitsvereinbarungen

Quantitative Angaben

Im folgenden wird die Annahme gemacht, daß ein komplexes technisches System entwickelt werden soll. Ein Auftraggeber habe einen Hauptauftragnehmer beauftragt, der Aufträge für Systemteile an Unterauftragnehmer vergibt und dazu vorher eine Ausschreibungsphase durchführt. Es existiere eine Gesamtforderung bezüglich der Zuverlässigkeit, die nach dem in Abschn. 1.3 beschriebenen Verfahren bestimmt worden ist. Diese Gesamtforderung muß aufgeteilt werden auf die einzelnen Bestandteile des Systems, wobei wiederum grundsätzlich nach einem Optimierungsprozeß (vgl. Abschn.1.3) verfahren wird, meistens ohne jedoch eine mathematische Behandlung vorzunehmen. Dann sieht das Verfahren folgendermaßen aus:

Anhand von Erfahrungswerten ähnlicher Geräte werden vorläufige Geräteforderungen ermittelt. Technologische Fortschritte sind in der Regel noch nicht quantitativ als Zuverlässigkeitsverbesserung erfaßt; sie können dadurch berücksichtigt werden, daß die Erfahrungswerte um einen geschätzten Betrag (z.B. 20%) vermindert werden.

Mit diesen korrigierten Werten wird die Systemzuverlässigkeit mithilfe des Zuverlässigkeitsmodells berechnet. Liegt das Ergebnis um einen bestimmten Sicherheitsabstand höher als das vorgegebene Gesamtziel, so können die korrigierten Gerätewerte in der Ausschreibungsspezifikation verwendet werden.

Der Sicherheitsabstand (z.B. 30%) ist notwendig, um einerseits bei Nichterreichung von Gerätezielen das Gesamtziel noch einhalten zu können und um andererseits bei fast zwangsläufig erfolgenden Komplexitätszunahmen im System während der Entwicklung einen Spielraum für die Neueinführung bzw. Erweiterung von Geräten zu haben.

Zeigen die Ergebnisse der Analyse, daß der Zielwert nicht eingehalten werden kann, so muß entweder der Entwurf oder der Zielwert geändert werden Beim Entwurf besteht z.B. die Möglichkeit, entweder Komponenten mit höherer Zuverlässigkeit zu verwenden, oder zusätzliche Redundanzen einzubauen, oder evtl. unter Abschätzung anderer Forderungen den Entwurf zu vereinfachen, oder die Belastungen (evtl. durch Zwangskühlung) herabzusetzen. Wenn diese Möglichkeiten ausscheiden, bleibt nur die Alternative, den Zielwert anzupassen.

Liegen keine Erfahrungswerte vor, da das Gerät eine Neuentwicklung darstellt, so muß versucht werden, über eine vorläufige Komponentenliste mit Komponentenausfallraten zu einem Gerätewert zu gelangen.

Bei einer Ausschreibung nehmen die anbietenden Gerätehersteller zu den Zuverlässigkeitswerten Stellung, nachdem vorläufige Zuverlässigkeitsanalysen von ihnen durchgeführt worden sind.

Das Ergebnis dieser Zuverlässigkeitsanalysen zusammen mit den vorläufig spezifizierten Ausfallraten dient dann als Basis bei der Aushandlung der endgültigen, vertraglich festzulegenden Ausfallraten mit dem ausgewählten Gerätehersteller.

Im Anhang zu diesem Abschnitt ist ein möglicher Spezifikationstext wiedergegeben.

Wie oben besprochen, müssen in gewissen Fällen Ausfallwahrscheinlichkeiten anstelle der Ausfall- bzw. Sicherheitsrate eingeführt werden.

Zum Schluß sei noch gesagt, daß eine Verwendung von MTBF-Werten zumindest bei Ausfall- und Sicherheitswerten nicht empfohlen wird, da die MTBF-Werte nur dann den Kehrwert von Raten darstellen, wenn alle Teile

306

des Gerätes logisch in Reihe liegen und keine Redundanzen vorhanden sind. Bei Redundanzen ist die Angabe der mittleren Lebensdauer (entsprechend Abschn. 4.2) nur einem Betrieb mit langen Betriebszeiten ohne Inspektion und Reparaturmöglichkeit (z.B. Satellit) angepaßt.

Qualitative Angaben

Zur Unterstützung des oben Gesagten sollen noch einige Beispiele angegeben werden, bei denen qualitative Zuverlässigkeitsforderungen sinnvoller sind als quantitative; z.B. bei

1. Strukturteilen, die neu konstruiert wurden, und für die deswegen keine Ausfallraten angegeben werden können (im Gegensatz zu Lebensdauerangaben, die berechnet werden können).

2. Wenn das Zusammenspiel Mensch/Maschine durch Zuverlässigkeitsforderungen abgedeckt werden soll.

3. Bei Raumfahrprojekten, von denen nur wenige Einheiten gebaut werden, die nicht für Zuverlässigkeitstests zur Verfügung stehen.

4. Bei Sicherheitsrisiken, die sehr selten auftreten sollen. Eine dafür festgelegte Wahrscheinlichkeit liegt häufig in der Größenordnung von 10^{-6} oder niedriger. Sie ist daher schwer nachweisbar und muß durch zusätzliche qualitative Forderungen abgestützt werden.

Aus der großen Auswahl möglicher qualitativer Forderungen sollen nun einige typische herausgegriffen werden, die sich an das Gerät selbst richten.

1. Forderungen an den Aufbau des Gerätes.

   Es wird ein bestimmter Redundanzgrad und auch die Wirksamkeit der Redundanz vorgeschrieben. Soll das System nach einem Ausfall noch voll funktionsfähig bleiben, so wird gefordert, daß das System "fail-operate" sein muß. Wenn dagegen eine reduzierte Funktion hingenommen werden kann, ohne daß die Sicherheit gefährdet sein soll, so soll das System eine "fail-safe" Eigenschaft haben. Häufig wird auch folgender Wortlaut benützt:

   Ein erster Ausfall im System darf nicht zu einer sicherheitskritischen Lage führen.

Ein anderer Forderungskomplex kann sich auf die Anzeigemöglichkeit von Ausfällen beziehen. Kann nach einem Ausfall eine sicherheitskritische Lage dadurch vermieden werden, daß z.B. der Pilot eines Flugzeugs rechtzeitig reagiert und sich z.B. auf die eingeschränkte Flugtüchtigkeit einstellt, so muß auch die Anzeige des Ausfalls eindeutig sein.

2. Forderungen an Belastungsbedingungen.

Die Ausfallhäufigkeit ist direkt abhängig von der tatsächlichen Belastung im Verhältnis zur Nennlast. Daher kann man gerade bei unbekannter oder nicht nachzuweisender Ausfallrate fordern, daß die Belastung einen bestimmten Wert nicht überschreiten soll, um die Voraussetzung zur Erzielung einer kleinen Ausfallrate zu schaffen.

3. Forderungen an die Verwendung bestimmter Bauelemente.

Bestimmte Bauelemente (die sog. High-Reliability-Komponenten) haben besondere Herstellungsverfahren oder umfangreiche Auswahlverfahren durchlaufen, so daß sie niedrige Ausfallraten aufweisen. Dafür sind sie auch entsprechend teuer. Aus diesem Grunde werden High-Rel-Bauteile in der Regel auch nur an bestimmten Schwerpunkten gefordert und eingesetzt. Andere Bauteile, die zwar nicht extrem hohen Anforderungen genügen wie die High-Rel-Bauteile, für die aber immerhin Angaben über Ausfallraten existieren, sind die MIL-STD-Bauteile (Military-Standard-Bauteile). Aber auch diese Bauteile können nicht uneingeschränkt gefordert werden, da z.B. die Verwendung neuer Bauteile, die noch nicht in Standards erfaßt worden sind, blockiert würde.

Qualitative Forderungen können sich auch auf bestimmte Verfahrensweisen bei der Entwicklung und Fertigung beziehen, die sich dann als geforderte Zuverlässigkeitsprogrammelemente niederschlagen. Dieser Punkt wird unter Abschn. 1.4 behandelt. Weiterhin können bestimmte Tests gefordert werden, die im folgenden Abschnitt beleuchtet werden.

8.5. Unterstützende Maßnahmen in Zuverlässigkeitsvereinbarungen

8.5.1. Zuverlässigkeitstestvereinbarungen

Zuverlässigkeitstests lassen sich einteilen in Langzeittests (z.B. Sequentialtests nach MIL-STD-781) und Kurzzeittests. Der Zweck von Langzeittests ist durchweg unmittelbar auf die quantitative Zuverlässigkeitsforderung bezogen z. B. als Nachweistests, während Kurzzeittests nur zur indirekten Aussage über die quantitativen Forderungen dienen, indem bestimmte Kenntnisse über die Voraussagen zur Erfüllung der Zuverlässigkeitsforderungen ermöglicht werden, z. B. die Ermittlung von Kenntnissen über Komponentenbelastungen oder über Auswirkungen von Komponentenausfällen.

Zuverlässigkeitstests während der Entwicklungsphase

Zuverlässigkeitsentwicklungstests

In der Entwicklungsphase eines Gerätes können grundsätzlich sowohl Langzeit- als auch Kurzzeittests zur Anwendung kommen, wobei Kosten und Zeitgründe meistens für die Kurzzeittests sprechen. Je komplexer jedoch ein Gerät ist, desto höher ist auch die Ausfallrate, und desto kürzer wird ein Langzeittest zu ihrer Ermittlung oder Nachweis. Die Grenze der Anwendbarkeit zu höheren MTBF-Werten hin ist neben den Kosten durch die Zeitdauer des Entwicklungsprogramms vorgegeben, insbesondere ist der Zeitpunkt maßgebend, zu dem ein Einfrieren des Entwicklungsstandards zum Zweck einer Serienfertigung mit diesem Standard stattfinden soll. Denn ein Langzeittest sollte so früh wie möglich durchgeführt werden, damit sich ergebende Auslegungsänderungen vom Beginn der Serienfertigung an berücksichtigt werden können. Andererseits sollten Langzeittests so spät wie möglich durchgeführt werden, um Geräte zur Verfügung zu haben, die für den Serienstandard hinreichend repräsentativ sind. Eine Möglichkeit für Langzeittests besteht in der Anwendung von Sequentialtests (vgl. Abschn. 5. 4), deren Einzelheiten nach MIL-STD-781 bestimmt werden können. Die Grenze der Anwendbarkeit dieser Tests liegt bei einer Ausfallrate des zu testenden Gerätes von etwa $0,4 \cdot 10^{-3}$ pro Betriebsstunde unter den Annahmen, daß das Entwicklungsprogramm ca. 4 Jahre dauert, der Test selbst nicht mehr als 1 Jahr in Anspruch nehmen soll und 3 Geräte für den Test zur Verfügung stehen.

Sehr häufig läßt sich ein Test zur günstigsten Zeit nicht verwirklichen, da entweder repräsentative Geräte, die für den Zuverlässigkeitstest bestellt waren, für andere Aktionen des Entwicklungsprogramms mit angeblich höherer Priorität verwendet werden oder große Entwurfsänderungen, die sich während des Entwicklungsprogramms als notwendig erwiesen haben, eine langwierige Umrüstung der Testgeräte nach sich ziehen oder Testkammern zur Simulation von Umweltbedingungen nicht zur Verfügung stehen.

Ein Ausweg aus dieser Schwierigkeit besteht darin, daß während der Entwicklungsphase kein voller Sequentialtest im Sinne von MIL-STD-781 durchgeführt wird, sondern kürzere Tests über eine feste Zeitdauer, wann immer ein oder mehrere Geräte für bestimmte Zeiten nicht gebraucht werden. Dabei sollte jedoch die für das Gerät erforderliche Simulation der Umweltbedingungen beibehalten werden.

Eine andere Möglichkeit besteht darin, schon in der Entwicklungsphase bei jedem Gerät nach dem Einbrenntest eine bestimmte Testzeit anzuhängen, diese Testzeit aufzuaddieren und die auftretenden Fehler nach bestimmten Kriterien zu beurteilen. Dieses Verfahren wird noch für Tests während der Serienproduktionsphase näher erläutert. Da diese Tests zerstörungsfreie Tests darstellen, ist eine Weiterverwendung nach dem Zuverlässigkeitstest für andere Zwecke (auch für den Flugbetrieb) in der Regel unbedenklich. Sind periodische Wartungsintervalle festgelegt, bzw. müssen Verschleißteile regelmäßig ausgewechselt werden, so sind die Zuverlässigkeitsteststunden natürlich bei der zeitlichen Festlegung dieser Aktivitäten zu berücksichtigen.

Derart verkürzte Tests sollen nicht als Nachweistests angesehen werden, sondern als Zuverlässigkeitsentwicklungstests (engl. TAF = Test, Analyse and Fix), die die Voraussetzungen schaffen, einen Nachweistest am Ende der Entwicklungsphase bzw. am Anfang der Produktionsphase erfolgreich abzuschließen. Deswegen ist bei jedem auftretenden Fehler eine genaue Analyse notwendig, sowie der Vorschlag und die Durchführung von Verbesserungsmaßnahmen am Entwurf. Das erreichte Zuverlässigkeitswachstum (z.B. als Ausfälle pro Test) sollte laufend verfolgt werden, um eine Annäherung an den geforderten Wert zu überwachen. Ein Mittel hierzu unter anderen ist die Darstellung der erreichten momentanen Zuverlässigkeiten für jeden Testlauf auf log-log-Papier. Die Steigung α der Ausgleichgeraden stellt nach der Theorie von Duane [8.1] entsprechend der Wachstumsformel

$$\lambda_2 = \lambda_1 \left(\frac{t_1}{t_2} \right)^{\alpha}$$

ein Maß für die Wirksamkeit des Zuverlässigkeitsprogramms dar, worin λ_2 die Ausfallrate zum Zeitpunkt t_2, λ_1 die Ausfallrate zum Zeitpunkt t_1, t_2 und t_1 die Teststunden bedeuten und $\alpha = 0,5$ der maximal erreichbare Wert ist.

Eine andere Möglichkeit, Langzeittests besser mit dem Gesamtentwicklungs-
ablauf in Einklang zu bringen, ist die Durchführung eines beschleunigten
Testablaufs. Es gibt zwei Wege um einen Test zu beschleunigen: Wenn das
Ausfallverhalten des Gerätes abhängig ist von einem (relativ kurzzeitigen)
Betriebszyklus mit langen Belastungsunterbrechungen und nicht von einem
mehr oder minder kontinuierlichen Betrieb, so ist durch eine Kürzung dieser Unterbrechungen eine Beschleunigung erreichbar. Doch ist darauf zu
achten, daß die spezifizierten Belastungsgrenzen nicht überschritten werden. Denn sehr häufig sind auch die Betriebspausen spezifiziert, z.B. wenn
sie zur Abkühlung erforderlich sind.

Die zweite Möglichkeit, den Test zu beschleunigen, besteht in der Anwendung von erhöhten Belastungen, doch ist diese Methode nur für Entwicklungstests zu empfehlen, nicht dagegen für die späteren Nachweistests. Denn meistens ist die Abhängigkeit der Ausfallraten von der Belastung unbekannt.
Dann kann nicht angegeben werden, welche Belastungserhöhung welcher Kürzung des Tests entspricht, so daß die notwendige Testzeit zum Nachweis der
Ausfallrate unbestimmt ist.

Ein wichtiger Punkt bei der Spezifizierung von Zuverlässigkeitstests ist die
Festlegung der anzuwendenden Umgebungsbedingungen. In MIL-STD-781
sind "Testlevel" mit verschiedenen Temperatur- und Vibrationsbedingungen
angegeben, aus denen die für die Anwendung des Gerätes (Laborbetrieb,
Fahrzeug, Schiff, Flugzeug, Hubschrauber) zutreffenden auszuwählen sind.
Zur Erzeugung dieser Umweltbedingungen dienen Temperaturkammern in
Kombination mit Rütteltischen.

Bei der Auswahl der zu simulierenden Umweltbedingungen ist folgendes zu
beachten: Während der Entwicklungsphase sollten die Geräte bei den Zuverlässigkeitstests möglichst härter belastet werden, als es der geplanten
Anwendung entspricht, um Schwachstellen schneller zu entdecken und einen Sicherheitsspielraum durch die Beseitigung der Schwachstellen zu
schaffen. Nach diesem Prinzip sollten auch Geräte, die am Boden unter
(fast) konstanten Temperaturen arbeiten, wenn möglich, während des Tests
mit einem Temperaturwechsel beaufschlagt werden.

Für Geräte (z.B. aus dem Flugzeugbau), die während des Betriebs großen
Temperaturschwankungen unterliegen, sollten die Grenzwerte der zulässigen spezifizierten Umgebungstemperatur während des Tests bevorzugt simuliert werden.

Es sollte auch gewährleistet sein, daß eine genügend hohe Temperaturände-
rung ($\geq 5\,\mathrm{K/min}$) erreicht wird.

Die früher nach der inzwischen veralteten Ausgabe B von MIL-STD-781 an-
gewendete Vibrationsbelastung (2,2 g bei Frequenzen zwischen 20 und 60 Hz)
hat sich als zu schwach erwiesen. Deshalb sind in MIL-STD-781 C höhere
Vibrationsbelastungen bei einem erweiterten Frequenzbereich (auch bei Re-
sonanzfrequenzen) während der gesamten Testzeit gefordert (z.B. maximal
$0,04\,\mathrm{g}^2/\mathrm{Hz}$ zwischen 20 und 2000 Hz und ständige Anwendung während des
Tests).

Weitere Umgebungsbelastungen (wie Stoß und Feuchtigkeit) werden in
MIL-STD-781 C ebenfalls angegeben.

Die oben genannten Langzeittests kommen hauptsächlich für elektronische
Geräte in Betracht. MIL-STD-781 basiert auf der Exponentialverteilung
und ist damit auf Geräte mit konstanter Ausfallrate, d.h. vornehmlich elek-
tronische Geräte, zugeschnitten. Elektronische Geräte haben außerdem den
Vorteil, daß die Betriebssimulation relativ einfach ist, da die Eingangs- und
Ausgangsgrößen nur aus Steuerströmen oder -Spannungen bestehen.

Nichtelektronische Geräte haben meistens eine durch Verschleißeffekte bedingte Verteilung, die von der Exponentialverteilung abweicht. Die Verteilung kann zwar durch eine Exponentialverteilung angenähert werden, wenn
bekannt ist, wie lange das Gerät in Betrieb sein wird bis zum Ende des Tests
oder bis zu einer Überholung. Jedoch kann die Anwendung eines Testplans von
MIL-STD-781, der der durchschnittlichen Ausfallrate der angenäherten Exponentialverteilung angepaßt ist, zu falschen Ergebnissen führen, wenn durch
die anfängliche, tatsächliche Ausfallrate, die niedriger ist als der Durchschnittswert, eine voreilige Annahmeentscheidung erreicht wird. Es ist deswegen günstiger, in solchen Fällen einen Test mit einer festen Testlänge
durchzuführen.

Außerdem erfordert der anwendungsgetreue Testbetrieb von nichtelektro-
nischen Geräten häufig sehr große Testaufbauten, um große Kräfte und Ge-
genkräfte aufnehmen zu können. Deswegen werden Zuverlässigkeitslang-
zeittests an solchen Geräten in der Regel nur auf solche Fälle beschränkt,
wo Testaufbauten bereits für andere Zwecke zur Verfügung stehen bzw. wo
durch einen Lebensdauertest mit Anwendung von Umgebungsbelastungen auch
die Zuverlässigkeitsbelange abgedeckt werden können.

Eine andere Art von Zuverlässigkeitstests stellen die Einbrenntests dar, durch die erreicht werden soll, daß die Frühausfälle nicht während der Anwendung des Gerätes auftreten, sondern das Gerät schon vorgealtert ist, d.h. eine konstante niedrige Ausfallrate hat, wenn es ausgeliefert wird. Dieser Test sollte für alle Geräte eines Typs durchgeführt werden, auch für solche Geräte, die später für Zuverlässigkeitstestzwecke verwendet werden sollen. Doch muß dafür gesorgt werden, daß diese Geräte keine längere Einbrenntestzeit erfahren als die spätere Serie, da sonst die Bedingungen nicht mehr repräsentativ sind. Auch für Einbrenntests ist es günstig, veränderliche Umgebungsbedingungen mithilfe einer Temperaturkammer mit Vibrationsvorrichtung anzuwenden.

Die Länge der Einbrennzeit muß wiederum als Kompromiß zwischen Kosten und Entbehrbarkeit der Geräte auf der einen Seite und dem völligen Abklingen der Frühausfälle auf der anderen Seite bestimmt werden. Bei den meisten Geräten wird dieser Kompromißwert zwischen 50 und 150 h liegen.

Zuverlässigkeitsnachweistest

Wenn ein Zuverlässigkeitsnachweistest vereinbart wurde, muß er als Teil der Musterzulassung an solchen Geräten durchgeführt werden, die den Serienstandard repräsentieren.

Als Testvorschrift kommt wieder MIL-STD-781 C in Frage. Es bietet sich an, dieselben Temperaturkammern mit Rütteltischen zu verwenden, die vorher für die Entwicklungstests und später für die Serienproduktion benötigt wurden bzw. werden. Die simulierten Umgebungsbedingungen sollten nicht strenger sein als während der Zuverlässigkeitsentwicklungstests, aber auch nicht weniger streng als die später in der Anwendung anzutreffenden.

Zuverlässigkeitstests während der Serienproduktionsphase

Das Hauptanwendungsgebiet von Einbrenntests liegt in der Serienphase. Allerdings sollte im Vertrag die Möglichkeit zur Kürzung oder Streichung vorgesehen sein, falls die spätere Erfahrung zeigt, daß nur wenige Frühausfälle auftreten und der Einbrenntest nicht kosteneffektiv ist.

Zusätzlich zum Einbrenntest wurde in letzter Zeit in den Vereinigten Staaten und auch in Europa ein Verfahren angewandt, bei dem ein Zuverlässigkeitssicherungstest als Standardvorgang bei jedem produzierten Gerät durchgeführt wird und somit von Anbeginn an exakt planbar ist. Das Verfahren besteht darin, daß nach dem Einbrenntest ein weiterer Test mit einer Testzeit, die dem Einbrenntest etwa entspricht, unter den gleichen Umgebungsbedingungen durchgeführt wird. Diese Testzeit wird von Gerät zu Gerät aufaddiert. Zugleich wird die Summe der aufgetretenen Ausfälle mit einem für die aufaddierte Testzeit zulässigen Grenzwert verglichen, der nach der spezifierten Ausfallrate ausgelegt ist. Bei Überschreiten des Grenzwertes liegt mit hoher Wahrscheinlichkeit eine Abweichung vom spezifizierten Zuverlässigkeitswert vor. Dieses Nachlassen der Qualität muß dann von demjenigen Gerät an, dessen Ausfall zu einer Überschreitung des Grenzwertes führte, korrigiert werden. Eine typische Grenzwertlinie ist in Abb.5.21 dargestellt.

Bei Annahme einer konstanten Ausfallrate, die für die kurze Testzeit pro Gerät auf jeden Fall gerechtfertigt ist, läßt sich die Wahrscheinlichkeit, mit der Geräte mit einer bestimmten wahren MTBF bei einer vorgegebenen Testzeit den Grenzwert nicht überschreiten, mit Hilfe der Poisson-Verteilung (vgl. Abschn.5.4) berechnen. Diese sogenannten OC-Kurven (Operational Characteristic) sind für eine häufig verwendete Grenzwertlinie in Abb.5.22 angegeben. Ein anderes Verfahren, das bei jedem auszuliefernden Gerät angewendet werden kann, basiert ebenfalls auf einer zusätzlichen Testzeit, die unmittelbar nach dem Einbrenntest durchgeführt wird. Diese Testzeit muß ausfallfrei sein. Treten Fehler auf, so ist die Testzeit zu wiederholen, solange, bis die Ausfallfreiheit erreicht ist. Das Entscheidungskriterium, ob die Zuverlässigkeitsanforderungen erfüllt sind oder nicht, ist durch die Zahl der Versuche für ein Produktionslos gegeben, die notwendig sind, um eine ausfallfreie Testzeit bei jedem Gerät zu erreichen: Wird eine maximal zulässige Zahl von Versuchen überschritten, so müssen korrektive Maßnahmen durchgeführt werden.

Durch dieses Verfahren wird erreicht, daß nicht nur die Gesamtheit aller Geräte ein bestimmtes durchschnittliches Zuverlässigkeitsniveau erreicht, sondern auch von jedem Gerät eine Mindestzuverlässigkeit zu erwarten ist, da grobe individuelle Verschlechterungen durch die Forderung nach Ausfallfreiheit beseitigt sein dürften.

Während hier nur das Prinzip dieser Testmöglichkeit geschildert wurde, werden im Abschn.5.4 weitere Einzelheiten erläutert.

8.5.2. Unterstützende Zuverlässigkeitstätigkeiten (außer Tests) während Entwicklung und Serienproduktion

Zuverlässigkeitsaktivitäten sollten bei komplexen Geräten die gesamte Entwicklung und auch die Serienproduktion über die gesamte Zeitdauer begleiten. Schon während einer Angebotsphase sollten sich sowohl Auftraggeber als auch Auftragnehmer über den Umfang und die Art der Zuverlässigkeitsaktivitäten klar sein und entsprechende Formulierungen in den Vertragsdokumenten niederlegen.

Angebotsphase

Die Angebotsspezifikation wird in der Regel quantitative Zuverlässigkeitsforderungen (vgl. Abschn. 8.4.2) bereits enthalten. Um zu einer Beurteilung zu gelangen, ob die Ausfallraten überhaupt mit der gewählten technischen Konzeption erreichbar ist, muß das Angebot eine Zuverlässigkeitsanalyse enthalten, die genügend detailliert ist, um die Schlußfolgerung der Analyse nachvollziehen zu können (Einzelheiten werden in Abschn. 1.4 beschrieben).

Außerdem muß während der Angebotsphase ein Programmplan erstellt werden, der alle Aktivitäten während der Entwicklung bzw. Serienproduktion beschreibt, und zugleich aussagen sollte, welche Organisation zu welcher Zeit, welche Tätigkeiten unternimmt und dabei mit welchen anderen Stellen zusammenarbeitet. (Einzelheiten sind in Abschn. 1.2 beschrieben.) In Kostenvoranschlägen und -Angeboten sollte jede Aktivität möglichst einzeln durchgeführt werden, da alle Arbeiten nach Kosteneffektivitätsgesichtspunkten beurteilt werden müssen, bevor eine endgültige Entscheidung über die Durchführung getroffen werden kann.

Entwicklungsphase

Die erste Tätigkeit während der Entwicklungsphase sollte in einer Vertiefung und Ausdehnung der Zuverlässigkeitsanalyse bestehen, die dann im weiteren Verlauf der Entwicklungsphase bei Änderungen am Entwurf auf dem neuesten Stand gehalten werden muß. Die Zuverlässigkeitsanalyse hat zur Voraussetzung, daß eine Komponentenliste mit eindeutiger Kennzeichnung der Art, Lage und Verwendung der Komponenten vorliegt. Die Analyse selbst sollte alle in Abschn. 1.4 beschriebenen Teilaufgaben umfassen – bei komplexen und einfachen Geräten. Die Analysen unterscheiden sich nur dadurch, daß bei einfachen Geräten die Teilaufgaben kürzer abgehandelt werden können als bei komplexen.

Ein zweites Tätigkeitsfeld neben den Zuverlässigkeitsanalysen erstreckt sich auf die Sammlung und Auswertung von Störungsdaten (vgl. auch Abschn. 7.3) nicht nur bei der Durchführung von Zuverlässigkeitstests, sondern auch bei allen anderen Entwicklungstests.

Hierzu muß ein Stördatenerfassungssystem zur Verfügung stehen, das die Erfassung folgender Daten gestattet:

Tag des Auftretens der Störung;
Gerätenummer, Seriennummer des gestörten Gerätes;
Betriebsart bei Auftreten der Störung;
Umgebungsbedingungen bei Auftreten der Störung;
Kennzeichnung der gestörten Komponenten;
Erscheinungsform und Ursache der Störung.

Besondere Beachtung müssen solche Störungen finden, die sich wiederholen, jedoch sollten je nach Kritikalität auch für einmal auftretende Störungen Verbesserungen am Gerät vorgeschlagen und nach Abstimmung eingeführt werden.

Störungen, die nach der Auslieferung auftreten, müssen natürlich vom Auftraggeber in genügenden Einzelheiten beschrieben werden, so daß der Gerätehersteller bei einer Untersuchung des zurückgesandten gestörten Gerätes über die Umstände beim Auftreten der Störung ausreichend informiert ist, um Verbesserungsmaßnahmen vorschlagen und durchführen zu können.

Am Ende der Entwicklungsphase ist es vorteilhaft, wenn ein zusammenfassender Bericht vom Gerätehersteller verfaßt wird, in dem aufgrund aller Aktivitäten während der Entwicklungsphase nachgewiesen wird, daß die Zuverlässigkeitsforderungen eingehalten werden können. Dieser Bericht sollte als Teil der notwendigen Unterlagen zur Musterzulassung (wenn diese gefordert ist) behandelt werden.

Während der ganzen Entwicklungsphase sollte zumindest bei komplexen Geräten der Stand der Zuverlässigkeitsarbeiten häufig überprüft werden und ein gutes Zusammenspiel der verschiedenen Entwicklungsgesichtspunkte

erwirkt werden. Hierzu dienen die in Abschn. 1.4 beschriebenen Entwurfsüberprüfungen. Auch die im selben Paragraphen beschriebene Zuverlässigkeits-Checkliste kann zu diesem Zweck herangezogen werden. Beide
Hilfsmittel sollten im Entwicklungsvertrag abgedeckt sein.

Serienproduktions- und Anwendungsphase

Die Tätigkeiten auf dem Gebiet der Zuverlässigkeit setzen sich bei einem
vollständigen Zuverlässigkeitsprogramm auch während der Serienproduk-
tions- und Anwendungsphase fort, später allerdings mehr unter dem Blick-
winkel der Erhaltung einer erreichbaren und am Ende der Entwicklungsphase nachgewiesenen Zuverlässigkeit. Die erste Phase während der Serienproduktion, die mehr oder minder zeitverschoben der ersten Phase der
Anwendung vorangeht, wird dadurch gekennzeichnet sein, daß die Einge-
wöhnung in Produktions- und Handhabungsmethoden ein Absinken der Zuverlässigkeit bewirkt. Während dieser Zeit ist ein sorgfältiges Beobachten
der Trends notwendig, die wieder auf den spezifizierten Wert hinführen sollten.

Somit sind auch die Zuverlässigkeitstätigkeiten während der Produktionsphase durch Auswerten von Stördaten bestimmt, die sowohl vom Anwender
bereitgestellt werden, als auch beim Gerätehersteller bei Produktions-
testaktivitäten anfallen.

Anhang 8. Beispiel einer Zuverlässigkeitsspezifikation für Systeme oder Geräte

Der folgende Text darf nur als eine Möglichkeit von vielen betrachtet werden. Er hat daher nicht den Charakter eines Standardtextes. Die verwendeten Definitionen sind im Anhang 1 erläutert.

Spezifikationswortlaut (Beispiel)

Quantitative Zuverlässigkeitsforderungen

Die folgenden Forderungen sollen eingehalten werden während der gesamten in Paragraph ... spezifizierten Lebensdauer des Systems/Gerätes

unter der Voraussetzung, daß alle vertraglich festgelegten periodischen Wartungs- und Inspektionsmaßnahmen durchgeführt werden.

Die Forderungen beziehen sich nur auf solche Beanstandungen, die dem System/Gerät selbst zuzuschreiben sind (also nicht durch falschen Einsatz, Beschädigung von außerhalb oder fehlerhafte Behandlung verursacht worden sind) und die außerdem nicht durch einen Ausfall von Komponenten in anderen Systemen/Geräten verursacht worden sind.

1. Forderungen an das Instandsetzungsverhalten:
   Rate der bestätigten technischen Primärbeanstandungen.

   Das System/Gerät soll nach Einbau in das Gesamtsystem eine Rate bestätigter technischer Primärbeanstandungen von nicht mehr als ... pro Betriebsstunde (bzw. Betriebszyklus) erreichen, wenn das System/ Gerät innerhalb der spezifizierten Grenzen nach Paragraph .. betrieben

2. Forderungen an die Ausfallentdeckbarkeit:
   Die Entdeckbarkeit der bestätigten Beanstandungen.

   ... % der auftretenden bestätigten Störungen sollen durch die eingebauten Fehleranzeigen entdeckt werden können. Es soll außerdem gewährleistet sein, daß ... % der auftretenden bestätigten Störungen eindeutig auf Komponenten- (Funktionsgruppen, Geräte-)Ebene lokalisiert werden können.

3. Forderungen bezüglich der Missionsdurchführbarkeit:
   Rate für technische Primärausfälle.

   Das System/Gerät soll nach Einbau in das Gesamtsystem eine Rate für technische Primärausfälle von nicht mehr als ... pro Betriebsstunde (bzw. Betriebszyklus) erreichen, wenn das Gerät innerhalb der in Paragraph ... spezifizierten Grenzen betrieben wird. Als Funktionsbeeinträchtigung/-beendigung gilt: ...

4. Forderungen an die Sicherheit:
   Wahrscheinlichkeit für sicherheitskritische Ereignisse.

   Das System/Gerät soll nach Einbau in das Gesamtsystem eine Wahrscheinlichkeit für sicherheitskritische Ereignisse von nicht mehr als ... pro Betriebsstunde (bzw. Betriebszyklus) erreichen, wenn das Gerät innerhalb der in Paragraph ... spezifizierten Grenzen betrieben wird. Folgende Ausfallarten sind sicherheitskritisch: ...

5. Forderungen an die Brauchbarkeitsdauer bzw. Lebensdauer:

Die durch Verschleiß, Ermüdung, Korrosion oder Alterung bedingten Brauchbarkeits-/Lebensdauerbeschränkungen sind aus folgenden Paragraphen zu entnehmen:

5.1 Brauchbarkeitsdauer des Gerätes:

... Jahre oder ... Betriebsstunden, je nach dem, welche Anzahl zuerst erreicht wird.

5.2 Lebensdauer von Komponenten:

... Jahre oder ... Betriebsstunden, je nach dem, welche Anzahl zuerst erreicht wird.

Zufallsbedingte Primärbeanstandungen, deren Raten in 1. spezifiziert sind, werden bei der Ermittlung der Lebensdauer nicht berücksichtigt.

5.3 Lebensdauer während der Lagerung:

... Jahre unter Lagerbedingungen wie folgt: ...

Literaturverzeichnis

Zu Kap. 1:

1.1 DIN 40041: Zuverlässigkeit in der Elektrotechnik, Begriffe.
Vornorm November 1982 (in Überarbeitung).

1.2 DIN 55350: Begriffe der Qualitätssicherung und Statistik. Teil 11:
Begriffe der Qualitätssicherung; Grundbegriffe. Entwurf März 1986
(in Überarbeitung).

1.3 ARINC Res. Corp.: Reliability Engineering. Herausg. W.H. von
Alven. Englewood Cliffs, New Jersey: Prentice Hall 1964.

1.4 Lloyd, D.K., and M. Lipow: Reliability: Management, Methods and
Mathematics. Second printing. Englewood Cliffs, New Jersey: Prentice Hall 1964.

1.5 Wenzel, H.: Zuverlässigkeit als Parameter bei Luft- und Raumfahrt-
projekten. In: Technische Zuverlässigkeit in Einzeldarstellungen.
Herausg. A. Etzrodt, Heft 1. München, Wien: R. Oldenbourg Verlag 1964; insbes. S. 77/95.

1.6 MIL-STD-785 B: Reliability program for systems and equipment
development and production. Washington, D.C.: Departm. of Defense, 15.9.1980.

1.7 NASA Reliability Publication NPC 250-1: Reliability program pro-
visions for space system contractors. Washington, D.C.: US Government Printing Office, July 1963.

1.8 VDI-Richtlinie 4003, Blatt 2: Allgemeine Forderungen an ein Si-
cherungsprogramm, Klasse A - Funktionszuverlässigkeit.
Mai 1986.

1.9 Huber, R.K.: Operationsanalytische Beiträge zur Erstellung von
Entwurfsforderungen für Flugzeugentwicklungen. Luftfahrtt. Raum-
fahrtt. 14 (1968) Nr. 11, S. 267/73.

1.10 Burton, R.M.; Howard, G.T.: Optimal system reliability for a
mixed series and parallel structure. Journ. of Math. Anal. and
Applic. 28 (1969), S. 370/82.

1.11 Amstadter, B.L.: Reliability mathematics. New York: McGraw Hill
1971. Insbes. S. 193/219.

1.12 MIL-HDBK 217 D: Reliability stress and failure rate data for electronic equipment. Washington, D.C.: Departm. of Defense, 1983.
Nonelectronic parts reliability data. NPRD-2. Rome Air Development Center, Reliability Analysis Center, Air Force Systems Com-
mand, Griffiss Air Force Base, New York, 1981.

1.13 Deixler, A.: Zählende und messende Methoden für Zuverlässigkeitsangaben. In: Technische Zuverlässigkeit in Einzeldarstellungen.
Herausg. A. Etzrodt, Heft 9. München, Wien: R. Oldenbourg Verlag 1967; insbes. S. 11/26.

1.14 MIL-STD-810 B: Environmental test methods. Washington, D.C.:
Departm. of Defense.

1.15 Ball, L.W.: Management policies for assigning department reliability responsibilities. In: Proceeding 6th joint military-industry guided
missile reliability symposium, Volume 1. Washington, D.C.: Departm. of Defense, Febr. 1960; insbes. S. 24.

1.16 Groß, H.: Stand der Normung auf dem Gebiet der Zuverlässigkeit.
Tagung Techn. Zuv. 1983.

1.17 Groß, H.: Begriffsnormung auf dem Gebiet der Softwarequalität
und Systemzuverlässigkeit. Tagung Techn. Zuv. 1985.

1.18 DGQ-Schrift Nr. 11 - 04, 3. Aufl. 1979: Begriffe und Formelzeichen
auf dem Gebiet der Qualitätssicherung.

1.19 AFSC-TR-65-2, Vol. II: Prediction-measurement (concepts, task
analysis, principles of model construction). Final report of the
WSEIAC task group II. Washington, D.C.: US Government Printing
Office, 1965.

Zu Kap. 2:

2.1 Benker, H.A.: Vereinfachte Ableitung von Zuverlässigkeits-Glei-
chungen. Elektronik 1971 Nr. 10, S. 341/44.

2.2 Heinhold-Gaede: Ingenieur-Statistik. München, Wien: R. Oldenbourg
Verlag 1964.

2.3 Fisz, M.: Wahrscheinlichkeitsrechnung und mathematische Statistik.
Berlin: VEB Deutscher Verlag der Wissenschaften 1965.

Zu Kap. 4:

4.1 Doetsch, G.: Handbuch der Laplace-Transformation, Band I, II und
III. Basel, Stuttgart: Birkhäuser Verlag 1964.

4.2 Lingenberg, R.: Lineare Algebra. Mannheim, Zürich: Bibliograph.
Institut 1969. Insbes.: S. 110/11

4.3 Haasl, D.F.: Advanced concepts in fault-tree analysis. System Safety
Symposium 1965, June 8-9, Seattle: The Boeing Co.

Zu Kap. 5:

5.1 Graf/Henning/Stange: Formeln und Tabellen der Mathematischen
Statistik. Berlin/Heidelberg/New York: Springer 1966.

5.2 Epstein, B.; Sobel, M.: "Life Testing", Journal of the American
Statistical Association, Vol. 48-1953.

5.3 Epstein, B.: "Estimation From Life Test Data", IRE Transactions
on Reliability and Quality Control, Vol. RQC-9, 1960.

5.4 MIL-STD 781C: Reliability design qualification and production acceptance tests, exponential distribution. Washington, D.C.: Departm.
of Defense, 1977.

5.5   Rényi, A.: Wahrscheinlichkeitsrechnung. Berlin: VEB Deutscher
       Verlag der Wissenschaften, 1966. Insbes. S. 169.

Zu Kap. 6:

6.1   RADC-TDR-64-373, Vol. I und II: Analysis of Maintenance Task
       Time Tata.

6.2   MIL-HDBK-472: Maintainability Prediction.

6.3   Blanchard, B.S., Logistics Engineering And Management, 2nd Edi-
       tion, Prentice-Hall, Inc., Englewood Cliffs, N.J., 1981. This book
       includes life cycle cost data and covers cost analysis applications.

6.4   Blanchard, B.S., and E.E. Lowery, Maintainability Principles And
       Practices, McGraw-Hill Book Company, N.Y., 1969.

6.5   Cunningham, D., and W. Cox, Applied Maintainability, John Wiley
       and Sons, Inc., N.Y., 1972.

6.6   Davis, G., and S. Brown, Logistics Management, Lexington Books,
       D.C. Heath and Company, Lexington, Mass., 1974.

6.7   Goldman, A., and T. Slattery, Maintainability - A Major Element
       Of System Effectiveness, John Wiley and Sons, Inc., N.Y., 1967.

6.8   Heskett, J.L., R. Ivie, N. Glaskowsky, Business Logistics, Man-
       agement Of Physical Supply and Distribution, 2nd Edition, The
       Ronald Press Co., N.Y., 1973.

6.9   Jardine, A.K.S., Maintenance Replacement, and Reliability,
       Halsted Press, Division of John Wiley and Sons, Inc., N.Y., 1973.

6.10   H.E. Ascher (1982). "Regression Analysis of Repairable Systems
       Reliability," in Electronic Systems Effectiveness and Life Cycle
       Costing, ed. J.K. Skwirzynski, Springer-Verlag, New York.

6.11   H.E. Ascher and H. Feingold (1984), "Repairable Systems Reliability:
       Modeling, Inference, Misconceptions and Their Causes," Marcel Dek-
       ker, New York and Basel.

6.12   Patton, J.D., Maintainability And Maintenance Management, Instru-
       ment Society of America, 67 Alecander Dribe, P.O. Box 12277,
       Research Triangle Park, N.C. 27709, 1980.

Zu Kap. 8:

8.1   Duane, J.T.: Learning curve approach to reliability monitoring.
       IEEE Trans. Aerospace 2 (1964), Nr. 2.

Sachverzeichnis

U. Höfle-Isphording

Zuverlässigkeitsrechnung

Einführung in ihre Methoden

1978. Mit zahlreichen Darstellungen. VIII, 179 Seiten. Broschiert DM 54,-. ISBN 3-540-08412-6

Inhaltsübersicht: Mathematische Hilfsmittel. - Die Zuverlässigkeit einer Einheit. - Das Boolesche Modell. - Das Markowsche Modell.

Aus den Besprechungen:
„Um es vorwegzunehmen, die Autorin gibt mit diesem Buch eine ausgezeichnete Einführung in mathematische Grundlagen und Standardmodelle der Zuverlässigkeitstheorie. ... Das Buch wendet sich vor allem an den anspruchsvollen Ingenieur und Naturwissenschaftler, der sich neben den Fakten auch für die Beweise interessiert. Doch wird bei aller mathematischen Strenge der Stoff klar und gut verständlich dargeboten, vor allem auch durch die Illustration theoretischer Ergebnisse anhand geschickt ausgewählter numerischer Beispiele. Das Buch kann daher unbedingt auch denjenigen Lesern (insbesondere Nichtmathematikern) empfohlen werden, die sich im Selbststudium mit den Elementen der mathematischen Zuverlässigkeitstheorie vertraut machen möchten. Es bildet darüber hinaus eine gute Grundlage für den Erwerb weiterführender Kenntnisse. Das Buch schließt die bestehende Lücke an modernen, einführenden Darstellungen der Zuverlässigkeitstheorie." *Messen - Steuern - Regeln*

„... Es darf ohne Übertreibung gesagt werden, daß mit dem Buch 'Zuverlässigkeitsrechnung' ein Standardwerk vorliegt, das in vorbildlicher Weise eine Lücke im deutschsprachigen Raum ausfüllt." *Qualität und Zuverlässigkeit*

Springer-Verlag
Berlin Heidelberg
New York Tokyo

Springer

A. Birolini

Qualität und Zuverlässigkeit technischer Systeme

Theorie, Praxis, Management

1985. 92 Abbildungen, 54 Tabellen, 79 Beispiele.
XIV, 425 Seiten. Broschiert DM 68,–. ISBN 3-540-15542-2

Inhaltsübersicht: Grundbegriffe, Aufgaben und Organisation der Qualitäts-und Zuverlässigkeitssicherung. – Zuverlässigkeitsanalysen in der Entwicklungsphase. – Wahl und Qualifikation elektronischer Bauteile; Entwicklungs- und Konstruktionsrichtlinien. – Instandhaltbarkeitsanalysen in der Entwicklungsphase. – Qualitätssicherung der Software. – Zuverlässigkeit und Verfügbarkeit reparierbarer Betrachtungseinheiten. – Statistische Qualitätskontrolle und Zuverlässigkeitsprüfungen. – Hebung der Qualität und der Zuverlässigkeit in der Fertigungsphase. – Anhänge. – Sigels. – Literaturverzeichnis. – Sachverzeichnis.

Dieses Buch zeigt den Stand der Technik auf dem Gebiet der Qualitäts-und Zuverlässigkeitssicherung von Geräten und Anlagen auf. Es deckt sowohl die theoretischen und die praktischen Aspekte als auch diejenigen des Managements ab. Sein Ziel ist es, Entwicklungsingenieure, Qualitätssicherungsfachleute, Projektleiter und andere Führungskräfte mit einem einzigen Werk in die Aufgaben und Methoden dieses modernen Fachgebiets einzuführen.
Neu und umfassend sind die Darlegungen über Wahl und Qualifikation von Bauteilen, Entwicklungs- und Konstruktionsrichtlinien, Qualitätssicherung der Software, Entwurfsüberprüfungen, Möglichkeiten und Grenzen der Vorbehandlung sowie die systematische Anwendung der stochastischen Prozesse auf die Zuverlässigkeits- und Verfügbarkeitsanalysen reparierbarer Geräte und Anlagen. Umfassend und systematisch dargelegt sind auch die Zuverlässigkeits-und Instandhaltbarkeitsanalysen in der Entwicklungsphase, die statistischen Qualitäts-, Zuverlässigkeits- und Instandhaltbarkeitsprüfungen und die Methoden zur Hebung der Qualität und der Zuverlässigkeit in der Fertigungsphase.

Springer-Verlag
Berlin Heidelberg
New York Tokyo

Springer